アーノルド・

古典力学のエルゴード問題

吉田耕作訳

数学叢書
20

吉岡書店

PROBLÈMES ERGODIQUES

DE LA MÉCANIQUE CLASSIQE

Par

V. I. Arnold et A. Avez

序

力学における基本的な問題は，与えられた力学系について，その初期条件を知ったときのこの系の時間的発展を量的に計算したり質的に研究したりすることにある.

数値計算の方法では，有限な時間間隔における系の軌道を(よい近似で)求めることができたにしても，時刻が無限大になるときの系の質的研究(そのような例としては三体問題が典型的であるが*))に適切でない.

数学的な観点からいえば，力学の問題は状相空間(phase space)に与えられたベクトル場の軌道を研究することであるといえるであろう．この問題は解決にはまだほど遠いといわなければならず，これに近づくためには，確率論やトポロジー，整数論，微分幾何などのようにさまざまな理論の深い知識を利用しなければならないのである．このように相異なるいろいろな理論を混ぜ合わすことについては Nicolas Bourbaki 氏のおゆるしを乞わなければなりません.

歴史を調べてみると，複雑な力学系に対しその確率論的研究を提唱したのは Maxwell, Boltzmann, Gibbs および Poincaré で，このような研究は今日エルゴード理論と呼ばれている，**) しかし，この理論を組立てる数学的定義やそれに基づく最初の主要定理(第二章6節—9節)は，やっと1930年代になってから J. von Neumann, G. D. Birkhoff, E. Hopf などによって得られたのである.

最近の10年間に Shannon の情報理論に示唆された新しい進歩がなされた．そこにおいて Kolmogorov, Rohlin, Sinai および Anosov などによって得られ主要たな結果は，力学系のうちで著しく確率論的なある類の深い研究であった．この類は満足できるぐらい広くて，古典力学における十分に不安定な力学系を全て含む．これらのなかには，Hadamard, Morse, Hedlund, E. Hopf, Gelfand および Fomin によって研究された，負曲率空間における測地線に沿う流れが含まれている．この類にはまた，Sinai が示したように，互いに弾性的衝突をする剛い球の系によって構成される Boltzmann-Gibbs の力学モデルも含まれているので，古典的な“エルゴード仮設”が数学的に証明されたことになるのである.

---

*) たとえば，初期条件のいか程でも小さい摂動で，三体の一つが無限に遠く飛び去ってしまうようなことがあるかどうかという問題のごときがその例である

**) エルゴード理論は力学に対して考えられたものであるが，他のいろいろな部門たとえば整数論にも応用される：2^n を10進法で表わしたときの最高桁の数字の(n を変化させたときの)分布の問題のごときがその例である(付録12をみよう).

この書物はエルゴード理論の完全な教程を与えるものでもなく，また引用文献も網羅的になってはいないことをお断わりしておかなければならない．

本書の内容は，1965年の春に，われわれのうちの一人すなわち第4章を執筆した，Arnold によってなされた講義*) をもととして著わされたものであって，われわれの他の一人 Avez が第1章，第2章，第3章の証明を執筆した責めを負うものである．

V. I. Arnold　　A. Avez

---

*) われわれは，Y. Choquet-Bruhat, H. Cabannes, P. Germain, J. Kowalsky, G. Reeb, L. Schwartz, R. Thom, および M. Zerner の諸教授が，彼等のセミナーにおいてこの講義を歓迎して下さったことに感謝する．われわれはまた，この講義の内容を書物の形にするようにおすすめ下さった Mandelbrojt 教授にも感謝したい．なお書き上げた原稿を読みかつ沢山の有用な改善を施して下さった Y. Sinai 氏にもお礼を申し上げなければなりません．

訳　者　序

この日本語訳は，1967年にパリの Gauthier-Villars から出版された原著の全訳で，その翌年にニューヨークの Benjamin から出版された英語版をも参照した．この英語版は索引の作製にも役立った．

本書の内容および意義については著者の序にも述べられているが，これをつぎのように補なっておこう．

1930年代のはじめに G. D. Birkhoff つづいて J. von Neumann が与えた個別エルゴード定理および平均エルゴード定理は，統計力学を数学的に基礎づけるエルゴード理論の出発点になったのである．すなわち，与えられた力学系の状相空間を Ω と書けばこの系の時間的発展は，Ω の点 ω が t 単位時間後に移る Ω の点 $\varphi_t\cdot\omega$ を表わす写像 φ_t によって記述される．系の運動方程式が，時間を陽には含まないハミルトニアンによって

$$\frac{dp_i}{dt}=\frac{\partial H}{\partial p_i},\ \frac{dp_i}{dt}=-\frac{\partial H}{\partial q_i}\quad (i=1,2,\cdots,n,\ \omega=(q_1,\cdots,q_n,\ p_1,\cdots,p_n)$$

のごとく与えられるときには，φ_t は半群性質 $\varphi_t\cdot\varphi_s=\varphi_{t+s}$ をもちかつ Ω の測度 $\mu(d\omega)=dq_1,\cdots dq_n\,dp_1\cdots dp_n$ を保存する (Liouville の定理)．前世紀の末頃に L.Boltzmann と W. Gibbs が，$t\to\infty$ におけるこの系の発展を確率論的に把えるために，函数 f で表現される物理量 $f(\omega)$ についてその時間平均 $=\lim_{t\to\infty}t^{-1}\int_0^t f(\varphi_\tau\cdot\omega)\,d\tau$ が f の状相空間平均 $\mu(\Omega)^{-1}\int_\Omega f(\omega)\mu(d\omega)$ に一致するという"エルゴード仮設"を提唱しこれに基づく統計力学を創めた．これから30数年後になって Birkhoff が，Ω で Lebesgue 可積分な函数の空間 $L_1(\Omega)$ に属する f に対しては"ほとんど全ての $\omega\in\Omega$ に対して"有限な時間平均値 $f^*(\omega)=\lim_{t\to\infty}t^{-1}\int_0^t f(\varphi_\tau\cdot\omega)\,d\tau$ が存在しかつ $f^*\in L_1(\Omega)$ および $\int_\Omega f^*(\omega)\mu(d\omega)=\int_\Omega f(\omega)\mu(d\omega)$ が成り立つことを証明したのであった．つづいて Neumann は f が $L_2(\Omega)$ に入っておるときには $\lim_{t\to\infty}\int_\Omega\left|t^{-1}\int_0^t f(\varphi_\tau\cdot\omega)\,d\tau-f^*(\omega)\right|^2\mu(d\omega)=0$ となるような時間平均 $f^*\in L_2(\Omega)$ が存在することを証明して，エルゴード理論をヒルベルト空間論に結び付けたのであった．このように保測変換 φ_t によって誘導された，$L_p((\Omega)$ から $L_p(\Omega)$ のなかへの有界線形作用素 $(T_tf)(\omega)=f(\varphi_t\cdot\omega))$ について $t^{-1}\int_0^t T_\tau\,d\tau$ の $t\to\infty$ における極限を研究するという観点からすれば，保測変換をもっと一般にした Markov 過程 $P(t,\omega,\mu(d\omega'))$ によって誘導された有界線形作用素 $(T_tf)(\omega)=\int_\Omega P(t,\omega,\ \mu(d\omega'))f(\omega'))$ の時間平均 $t^{-1}\int_0^t T_\tau\,d\tau$ にも適用できるようなエルゴード定理を求めたくなる．このようにして，1930年代の研究は，力学系の保測変換 φ_t そのものというよりは，これから誘導

された作用素 T_t のスペクトルの研究にやや傾斜していたのであった．勿論，力学系の分類の問題に関連して，Neumann 自身および角谷静夫や安西廣忠などによる，やや断片的ながら先駆的なすぐれた研究があったことを述べておかなければならない．たとえば本書の附録15にも述べられているように，安西は1951年に発表された論文 Anzai[1] において“二つの相異なる力学系で同じスペクトルをもつ例”を与えた．この論文は現在でもまだ重要な意義を有する．というのは1950年代のなかばになって力学系の分類の為に A. Kolmogorov の導入したエントロピーの概念をもってしても安西の与えた二つの力学系は区別できない（双方ともエントロピーが0である）からである．

さて世紀のなかばである1950年のボストンにおける国際数学者会議において角谷は，Birkhoff と Neumann に始まり世紀の前半に得られたエルゴード理論の成果について綜合報告を行なった．これについてはこの会議の Proceedings を見られたい．この報告から数年を経て，A. Kolmogorov をリーダーとするロシア学派が，1940年代の終りにアメリカの電気工学者 C. Schannon によって創められた情報理論に示唆されて，保測変換のエントロピイの概念をエルゴード理論に導入して以来力学系の特徴づけや分類に新しく大きな進歩がもたらされたのである．すなわちまず，正のエントロピイをもつ力学系のある類として Kolmogorov が定義したK一力学系は混合性のような高度に彷徨的（stochastic）な特性をもつ．しかも Ya. Sinai が示したように，互いに弾性的衝突をする剛い球の系から成る Boltzmann-Gibbs の力学モデルは K-力学系になるので，“古典的なエルゴード仮設”が証明されたことになるのである．Kolmogorov によるK-力学系の定義には状相空間の可微分構造を用いていないので，K-力学系は抽象力学系的な概念であるともいえるであろう．1960年代になって D. V. Anosov が Ω の可微分構造を考慮に入れて K-力学系よりもより彷徨的な C-力学系の概念を導入した．C-力学系は J.Hadamard や E.Hopf によって研究された古典的に有名な力学系すなわち“負曲率の Riemann 空間の測地線に沿う流れ”を一般にしたもので，初期条件が相近くても $t\to\infty$ なるとき t の指数函数的に相離れるほどの不安定性をもつような K-力学系なのである．

これらの議論を展開するためには，著者の序にもあるように，確率論や，トポロジー整数論，微分幾何などの現代的知識を動員しなければならないのである．その意味で，エルゴード理論の最近の進歩の大筋を要領よく講義した本書は，著者が序に述べているように，これをエルゴード理論の完全な教程とするためにはさらに多くの頁数を必要とすることになるであろう．

1972年10月

吉　田　耕　作

目　　次

第4章　安定な力学系

付　録

第1章　力学系の概念

この章は力学系の例と関連する問題を含む.

第1節　古典力学系

定義 1.1.

古典力学系 (M, μ, φ_t) とよぶのは，十分滑らかな可微分多様体 M，と M の上で定義された，正値で連続な密度をもつ測度 μ と，この測度を保存する M の M への可微分同相変換 (*difféomorphismes*) φ_t のパラメーター t に依存する群との3つの組合せである．すなわち

すべての t とすべての可測集合 A に対して $\mu(A) = \mu(\varphi_t A)$ が成り立つ．ここに t は実数または整数すなわち $t \in \mathbf{R}$ または $t \in \mathbf{Z}$ であり，$t \in \mathbf{R}$ のときには上に述べた群は局所座標で

$$x^i = f^i(x^1, \ldots, x^n),\ \ i = 1, 2, \ldots, n = M \text{ の次元}$$

と書き表わされる．もし $t \in \mathbf{Z}$ ならば，φ_t は測度を保存する可微分な点変換 φ によって生成される離散的な (discret) 群を表わす．そしてこの古典系は (M, μ, φ) と書かれ，φ は M の自己同型とよばれる．

例 1.2. 準周期的 (quasi périodique) 運動

M はドーナツ形すなわち {その座標 x, y が，1を法とする点 (x, y)} に測度 $dx\,dy$ を付与したもので，φ_t は

$$\dot{x} = 1,\ \ \dot{y} = \alpha \quad (\alpha \in \mathbf{R})$$

で与えられたものとする．ここに・は微分 $\dfrac{d}{dt}$ を示し，また α は有理数で，整

数 p と p と素な正の整数 q によって $\alpha=\dfrac{p}{q}$ と表わされるものとする.

初期条件 $x(0)=x_0$, $y(0)=y_0$ に対応する軌道は式

$$y=y_0+\frac{p}{q}(x-x_0)\quad (1\text{ を法として})$$

で表わされる.

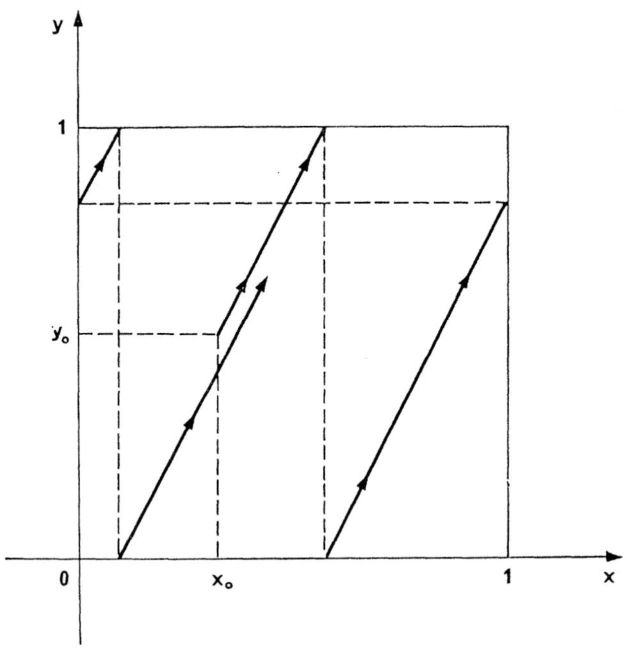

図 1.3.

被覆平面 (covering plane)(x, y) で $x=x_0+q$ とすると $y=y_0+p$ となる. これに対するドーナツ形 M 上の点は初期値 (x_0, y_0) に対応する M 上の点と一致する. だから $\alpha=$ 有理数のときには, ドーナツ形は閉じた軌道の群でおおわれる.

もし α が無理数ならば, 各軌道はドーナツ形上でいたるところ[1] 稠密である (1835 年 Jacobi によって示された ; 付録1をみよ).

---

[1] presque partout. p. p. と略記することあり.

なお一般に，$T^n = \{$座標が1を法とする点$(x^1, \dots, x^n)\}$をn次元のドーナツ形で測度$dx^1 \dots dx^n$を付与されたものとし，群φ_tは

$$\dot{x}^i = \omega^i, \quad i = 1, \dots, n, \quad \omega^i \in \mathbf{R}$$

で与えられるものとする．このとき

もし，$k_i \in \mathbf{Z}$に対して$k_1 \cdot \omega^1 + \cdots + k_n \cdot \omega^n = 0$ならばいつも$k_1 = \cdots = k_n = 0$とすれば（すなわち$\omega^1, \dots, \omega^n$が整係数で一次独立ならば），軌道$\varphi_t$は$T^n$においていたるところ稠密である．

例 1.4. 測地線に沿う流れ

コンパクトなリーマン多様体Vの単位長の切線ベクトルのファイバーの成す$M = T_1V$を考える．Vの点xにおける単位長のベクトル$\xi \in T_1V_x$は，xにおいてξに切するVの測地線γを定義する．この測地線γ上の点でxからξ方向にtの距離にあるVの点を$\gamma(\xi, t)$で表わす．$\gamma(\xi, t)$においてγに切する単位長のベクトルを

$$G_t \xi = \frac{d}{\mathrm{d}s} \gamma(\xi, s)|_{s=t} \in T_1 V_{\gamma(\xi, t)} \tag{1.5}$$

で表わす．

式(1.5)はMのMへの可微分な点変換の1パラメター群

$$G_t : M \to M, \quad M = T_1V$$

を定義する．

定義 1.6.

群G_tをVの上の測地線に沿う流れという．

G_tが，Mの上にVにおける距離に基づいて誘導された測度μを保存すること（Liouville の定理）を証明できる．

特別な例 1.7.

3次元ユークリッド空間におかれた通常のドーナツ形の上の測地線に沿う流れについては付録2に，また楕円体の上のそれについては Kagan [1] に，さらにまた左不変な距離を付与した Lie 群の上のそれについては付録3と付録4に記述がある．

最後に，力学においては，測地線に沿う流れは“質点を滑かな（摩擦のない）曲面上にのっているように限定した，外力なしの運動”として知られているものであることを注意しよう．

これ以外の力学系はもっと一般な流れに導くのである．

例 1.8. ハミルトニアンによる流れ

$p_1, \ldots, p_n$; $q_1, \ldots, q_n$（つづめて p, q ともしるす）を $\mathbf{R}^{2n}$ における座標系とし，$\boldsymbol{H}(p, q)$ を微分可能な函数とする．このとき $2n$ 個の微分方程式から成る系

$$\frac{\mathrm{d}q}{\mathrm{d}t} = \frac{\partial \boldsymbol{H}}{\partial p}, \quad \frac{\mathrm{d}p}{\mathrm{d}t} = -\frac{\partial \boldsymbol{H}}{\partial q} \tag{1.9}$$

は $\mathbf{R}^{2n}$ の $\mathbf{R}^{2n}$ への可微分同相変換の1パラメター群を定義する．この群を $\mathbf{R}^{2n}$ におけるハミルトニアンによる流れという．

Liouville の定理 1.10.

ハミルトニアンによる流れは測度 $\mathrm{d}p_1 \ldots \mathrm{d}p_n \mathrm{d}q_1 \ldots \mathrm{d}q_n$ を保存する．

証明：ベクトル場 (1.9) の発散 (divergence) は 0 である：

$$\frac{\partial}{\partial q}\left(\frac{\partial \boldsymbol{H}}{\partial p}\right) + \frac{\partial}{\partial p}\left(-\frac{\partial \boldsymbol{H}}{\partial q}\right) = 0$$

（証明終り）

エネルギー保存の定理 1.11.

函数 $\boldsymbol{H}$ は微分方程式系 (1.9) の第一積分である．

証明：

$$\frac{d\boldsymbol{H}}{dt} = \frac{\partial \boldsymbol{H}}{\partial q} \cdot \frac{\partial \boldsymbol{H}}{\partial p} + \frac{\partial \boldsymbol{H}}{\partial p}\left(-\frac{\partial \boldsymbol{H}}{\partial q}\right) = 0$$

（証明終り）

$\boldsymbol{H}(p, q) = h$ で与えられるエネルギー水準面を M と書こう．ほとんどすべての h に対して，M は多様体である．この多様体はハミルトニアン $\boldsymbol{H}$ による流れによって不変である．

系 1.12

式 (1.9) はエネルギー水準面 M のおのおのの上に古典（力学）系を定義する．

証明：M の上の不変測度は

$$\mathrm{d}\mu = \frac{\mathrm{d}\sigma}{\|\mathbf{grad}\, \boldsymbol{H}\|}, \quad \| \quad \| \text{は長さ（を示す）}$$

によって与えられる．ここに $d\sigma$ は，$\mathbf{R}^{2n}$ の体積要素から M の上に誘導される体積要素である．

もし系 (1.9) が沢山の第一積分 $I_1, I_2, \ldots, I_k$ をもつとすれば，式 (1.9) は $I_1 = h_1, I_2 = h_2, \ldots, I_k = h_k$ ($h_1, h_2, \ldots, h_k$ は定数) によって定められる $(2n-k)$ 次元の多様体の各々の上に古典 (力学) 系を定める．

特別な例 1.13.　二次元の線形振動

ここでは

$$\boldsymbol{H} = \frac{\omega_1}{2}(p_1{}^2 + q_1{}^2) + \frac{\omega_2}{2}(p_2{}^2 + q_2{}^2)$$

であり，方程式 (1.9) は二つの第一積分

$$I_1 = p_1{}^2 + q_1{}^2, \qquad I_2 = p_2{}^2 + q_2{}^2$$

をもつ．

対応するエネルギー水準面は，二次元のドーナツ形である．このドーナツ形に誘導される力学系は例1.2に与えられたものに他ならない．

他の例は付録5に示されるであろう．

注意 1.14.　ハミルトニアンによる大局的な流れ

(1.9) における $\mathbf{R}^{2n}$ を，斜交的な (*symplectic*) な構造*) を付与された $2n$ 次元の多様体 M^{2n} で置き換え，また $\boldsymbol{H}$ を閉ぢた 1-形式 (1-forme fermé) $\omega_1 = d\boldsymbol{H}$ で置き換えることができる．このとき微分方程式 (1.9) は

$$\dot{x} = I\omega_1, \qquad x \in M^{2n}$$

となる．ここに $T^*M_x \to TM_x$ を示す I は

$$\boldsymbol{\Omega}(I\omega_1, \xi) = \omega_1(\xi) \quad (\xi \in T_{M_x} \text{ に対し})$$

によって与えられる．

ここで “離散した時刻” $t \in \mathbf{Z}$ に関係する力学系の例を与えよう．すなわち

例 1.15.　ドーナツ形の上の移動

M はドーナツ形 {座標が1を法とする点 (x, y)} に測度 $d\mu = dx\,dy$ を付与

---

*) 斜交的 (シンプレクティック) な多様体 M^{2n} とは，十分に滑らかな多様体で，大局的に閉ぢた (closed) 階数 n の 2-形式 $\boldsymbol{\Omega}$ を付与されたものをいう，たとえば，$\mathbf{R}^{2n}$ の上で $\boldsymbol{\Omega} = dp \wedge dq$ のごとく．

したもので，M の M への自己同型変換 φ を

$$\varphi(x, y) = (x+\omega_1, y+\omega_2) \quad (1\text{を法として；}\ \omega_i \in \mathbf{R})$$

で与える．

ω_1, ω_2 が整数を係数として一次独立なるときかつこのときに限って，群

$$\{\varphi^n | n \in \mathbf{Z}\}$$

の軌道は M の上でいたるところ稠密である (付録1をみよ).

例 1.16. ドーナツ形の自己同型変換

M および μ は上の例におけると同じものとし，M の自己同型変換 φ を

$$\varphi(x, y) = (x+y, x+2y) \quad (1\text{を法として})$$

で与える．

被覆平面 (covering plane) (x, y) で考えると，この自己同型変換は，行列

$$\tilde{\varphi} = \begin{pmatrix} 1 & 1 \\ 1 & 2 \end{pmatrix}$$

で与えられる行列式1の一次変換になる．したがって φ は測度 μ を保存する．図 1.17 には A で示された集合に変換 $\tilde{\varphi}$ を，ついで $\tilde{\varphi}^2$ を施した結果を示してある．$\tilde{\varphi}$ は二つの実数固有値 λ_1 と λ_2 で

$$0 < \lambda_2 < 1 < \lambda_1$$

なる関係にあるものをもつ．

したがって，n を十分大きくとるにつれて，$\tilde{\varphi}^n A$ は (x, y) 平面のより細長くより狭い帯状領域に入ることになる．

$T^2 = M$ の上ではこの帯は近似的には，微分方程式系

$$\dot{x} = 1, \quad \dot{y} = \lambda_1 - 1$$

の軌道のうちの有限な部分の近傍に入る．

$\lambda_1 - 1$ が無理数であるから，Jacobi の定理 (例 1.2) により，$n \to \infty$ なるときに $\tilde{\varphi}^n A$ はドーナツ形の上で稠密な螺旋的な図形をえがく．

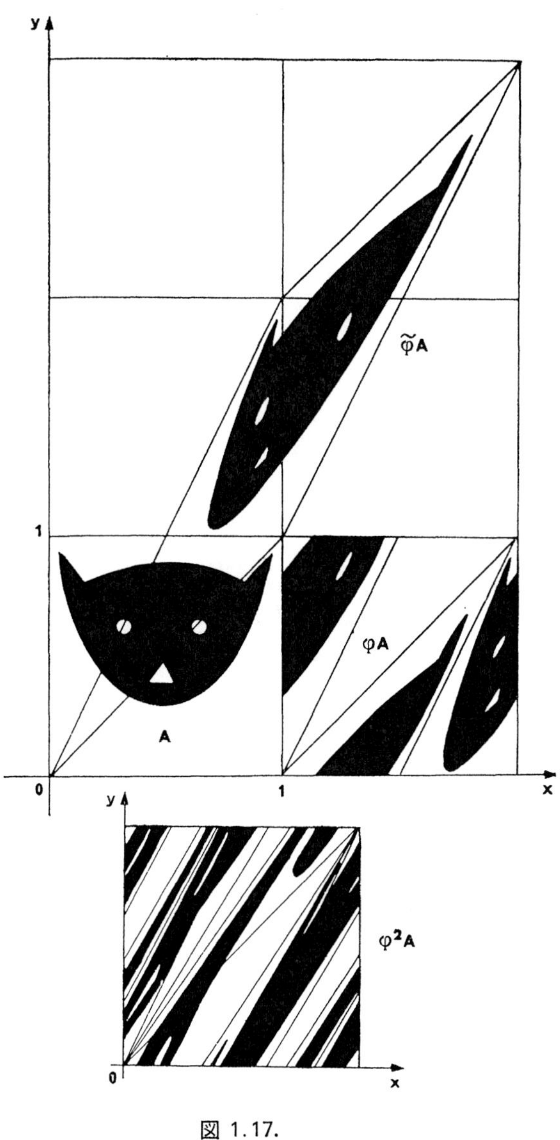

図 1.17.

第2節　抽象力学系

定義 2.1.[*)]

抽象力学系 (M, μ, φ_t) とよぶのは，測度 μ を付与された測度空間 M と，M を M に，測度 μ を保存するように（μ で測度 0 の集合を無視すれば一対一に）写す点変換 φ_t のつくる1パラメター群 φ_t との三つの組合せのことである：すなわちすべての $t \in \mathbf{R}$ とすべての可測集合 A に対して $\mu(\varphi_t A) = \mu(A)$ で，かつ φ_t は直積空間 $M \times \mathbf{R}$ で可測であるとする（$\varphi_t \cdot m$ が $m \in M$ と $t \in \mathbf{R}$ との函数として $M \times \mathbf{R}$ で可測になる）.

以下においては，(M, μ) はいつも非原子的 (non atomique) なLebesgue 空間とする．すなわち (M, μ) は，測度 0 の集合を無視すれば，通常の Lebesgue 測度を付与した区間 $[0,1]$ と一対一に（測度的に）同型になるものと仮定する．すなわちこの対応で $M_1 \subseteqq M$ に $M_1' \subseteqq [0,1]$ が対応したとすると $\mu(M_1) = M'_1$ の Lebesgue 測度となるものとする．したがってとくに $\mu(M) = 1$ である.

もし φ_t が φ で生成された離散的な群の場合には，この力学系を簡単に (M, μ, φ) で示す.

上に述べたように "測度 0 の集合を無視して一対一の変換" ということを ((*mod.* 0)) で一対一というように書くこともあるが，この条件 ((*mod.* 0)) をときには省略することがあるから御諒解願いたい.

前節に述べた古典（力学）系はもちろん抽象（力学）系である．コンパクトなリーマン空間 M に自然的に測度を付与した（この空間の距離から誘導される測度を付与した）ものは，$\mu(M) = 1$ となるようにスケールをとれば，ルベーグ空間 $[0,1]$ と（測度的に）同型である.

例 2.2. Bernouilli 型式（の力学系）

空間 M．$\mathbf{Z}_n = \{0, 1, \ldots, n-1\}$ は $0, 1, \ldots, n-1$ から成るものとし，$M = \mathbf{Z}_n^{\mathbf{Z}}$ は $\mathbf{Z}_n$ と同じものの可算無限個から直積を作ったものとする．このようにして

---

*) ここでの概念については付録6をみよ.

M の元 m は $\mathbf{Z}_n$ の元 $a_i \in \mathbf{Z}_n$ を

$$m = \cdots a_{-1}, a_0, a_1 \ldots$$

のように添字 i を $-\infty$ から $+\infty$ まで並べたものとするのである．

M の可測集合の作る σ-代数．これは

$$A_i{}^j = \{m | a_i = j\} \quad (i \in \mathbf{Z},\ \ j \in \mathbf{Z}_n)$$

の形の集合から生成された σ- 加法的な集合系 σ とする．したがってこの系の集合の可算個の和集合，共通集合，および M に関する補集合はこの系に属するようになっている．

測度 μ．$\mathbf{Z}_n$ の各元に 0 または正の測度を付与し，この測度 μ が全測度 1 になるように，すなわち

$$\mu(0) = p_0, \ldots, \mu(n-1) = p_{n-1}, \qquad \sum_{i=0}^{n-1} p_i = 1$$

が満足されるようにしたものとする．

そしてすべての $j \in \mathbf{Z}_n$ に対して

$$\mu(A_i{}^j) = p_j$$

とおく．σ の上には μ から作った積測度を付与する．すなわち相異なる $A_i{}^j$ の共通部分の測度は

$$\mu\{m | a_{i_1} = j_1, \ldots, a_{i_k} = j_k\} = p_{j_1} \ldots p_{j_k}$$

のごとく与える．そうすると $\mu(M) = 1$ になる．

自己同型 φ．これは $m = (\ldots, a_i, \ldots)$ に

$$\varphi(m) = (\ldots, a_i', \ldots), \qquad a_i' = a_{i-1}\ (\text{すべての } i \text{ に対し})$$

を対応させる変位とする．

明らかに φ は M の M 全体への 1 対 1 写像である．φ が測度を保存することをいうには，M を生成する $A_i{}^j$ について

$$\mu[\varphi(A_i{}^j)] = \mu(A_j{}^j)$$

が成り立つことがいえればいい．ところが

$$\varphi(A_i{}^j) = \{\varphi(m) | a_i = j\} = \{m' | a_{i+1}' = j\} = A_{i+1}^j$$

であるから，確かに

$$\mu[\varphi(A_i{}^j)] = \mu[A_{i+1}^j] = p_j = \mu(A_i{}^j).$$

記法. 上に作った力学系を Bernouilli 型式（の力学系）とよび，これを $B(p_0, \ldots, p_{n-1})$ と書くことにする．

注意： $B\left(\frac{1}{2}, \frac{1}{2}\right)$ の場合は，J. Bernouilli によって研究された貨幣投げの“裏か表か”のゲームに相当する．すなわち $M = \mathbf{Z}_2^{\mathbf{Z}}$ の要素は．$-\infty$ から $+\infty$ まで 0（＝表）か 1（＝裏）の目の結果を並べたものである．そして集合 $A_i{}^0$（または $A_i{}^1$）は，第 i 番目の目が“表”（または“裏”）であるような要素のなす集合である．したがって

$$\mu(A_i{}^j) = A_i{}^j \text{ の確率} = \frac{1}{2}$$

とおくのは自然である．

例 2.3. パンこね変換

M はドーナツ形｛座標が 1 を法とした点 (x, y)｝に測度 $\mathrm{d}x\,\mathrm{d}y$ を与えたものとする．

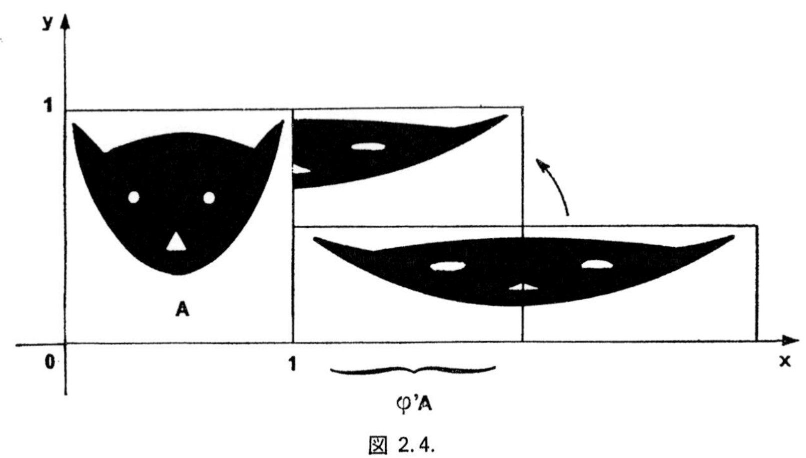

図 2.4.

M の M への変換 φ' は

$$\varphi'(x,y)=\begin{cases}1\text{ を法として }(2x,\dfrac{1}{2}y), & 0\leqq x<\dfrac{1}{2}\text{ のとき}\\ 1\text{ を法として }(2x,\dfrac{1}{2}(y+1), & \dfrac{1}{2}\leqq x<1\text{ のとき}\end{cases}$$

で与える．M の被覆面である (x,y) 平面で φ' から誘導された変換 $\tilde{\varphi}'$ を施した結果はつぎのようになる：この平面で四辺が座標軸に平行な正方形を，ox 方向には2倍に伸ばし oy 方向には $\dfrac{1}{2}$ に縮めて長方形にする．この長方形を二つの等しい長方形に切断して片方を他方の上にのせて正方形を作る（図2.4.をみよ）．

M の可測集合 A に対して φ'^nA を作るとき，n が非常に大きいと，φ'^nA は"非常に沢山"の ox に平行な切片を積みのせたものになる．

ここで力学系の理論に関するいくつかの問題について述べることにしよう．

第3節　平均値の計算

例 3.1.

Lagrange は彼の惑星運動の理論においてつぎの問題に導かれた：下の極限が存在するかどうかを調べ，存在するときにはその値を計算せよ：

$$\lim_{t\to\infty}\frac{1}{t}\operatorname{Arg}\sum_{k=1}^{3}a_k\cdot e^{i\omega_k t}$$

ここに $a_k>0$ で ω_k は実数で，$\operatorname{Arg}z$ は複素数 z の偏角とする．

例 3.2.

数列 $\{2^n|n=1,2,\ldots\}$ の各数にその最高桁の数字を対応させよ．結果は $1,2,4,8,1,3,6,\ldots$ となるわけである．

このようにして得られた数列の始めの N 個のうちに7がいくつ入っているかの個数を $\tau(7,N)$ とする．つぎの極限（が存在するならそ）の値を計算せよ．

$$\lim_{N\to\infty}\frac{\tau(7,N)}{N}=p_7$$

例 3.3.

Dをリーマン空間の領域とし，$\gamma(t)$を一つの測地線とする．このとき$\gamma(t)$がDのなかで過ごす時間の平均（平均滞在時間）を求む．

くわしくいえば

$$\tau(T) = \text{集合}\ \{t|0 \leqq t \leqq T,\ \gamma(t) \in D\}\ \text{の測度}$$

とするときつぎの極限

$$\lim_{T\to\infty}\frac{\tau(T)}{T}$$

が存在するならば．これを計算せよ．

上の三つの問題は．つぎの問題の特別な場合になっている：

fを，力学系(M, μ, φ_t)の空間Mの上で定義されたμで可積分な函数とする．このとき$m \in M$として極限

$$\lim_{T\to\infty}\frac{1}{T}\int_0^T f(\varphi_t m)\mathrm{d}\,t$$

が存在するならば，これを計算せよ．

例 3.3. では，fはDの定義函数（Dでは 1, Dの外では 0 となる函数）である．

もちろん，上に述べたのと別の平均計算の問題がある．たとえば：

A, Bを，力学系(M, μ, φ_t)の空間Mの可測な部分集合とするとき，極限

$$\lim_{t\to\infty}\mu[\varphi_t A \cap B]$$

が存在するならばこれを計算せよ（図 1.17 や図 2.4 をみよ）．

“十分に沢山”の力学系については，上の極限は積$\mu(A)\cdot\mu(B)$になるであろうことが確からしいと予想される．

第4節　分類の問題；抽象力学系の同型について

力学系を分類するのには，この系の，対応する群で不変な量または性質を研究するのが自然であろう：ここに対応する群とは，測地線に沿う流れについて

はアフィン変換の群であり，ハミルトン系については正準変換の群であり，また古典系については測度を保存する可微分同相変換の群である．抽象的な不変量はもっとも深遠なもので，その定義はつぎのように与えられる．

定義 4.1.

二つの抽象力学系 (M, μ, φ) と (M', μ', φ') は，もし下に示すようにダイヤグラムが可換なときに，同型であるといわれる．ここに f（またはf^{-1}）は，測度空間 M（またはM'）の M'（または M）の上への $(mod\,(0))$ で測度を保存する同型変換である：

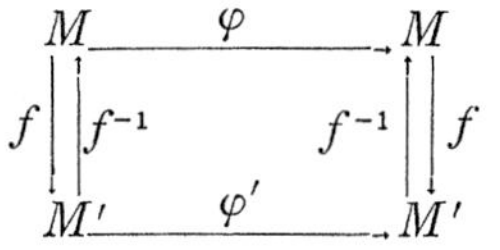

$$\begin{array}{ccc} M & \xrightarrow{\varphi} & M \\ f\downarrow\uparrow f^{-1} & & f^{-1}\uparrow\downarrow f \\ M' & \xrightarrow{\varphi'} & M' \end{array} \qquad \begin{pmatrix} \varphi = f^{-1}\varphi' f \\ \varphi' = f\varphi f^{-1} \end{pmatrix}$$

φの代りにパラメーター t に依存する群 φ_t を与えたときにも類似の定義を与えることができる．

例 4.2. Bernouilli 型式 $B\left(\frac{1}{2}, \frac{1}{8}, \frac{1}{8}, \frac{1}{8}, \frac{1}{8}\right)$ は Bernouilli 型式 $B\left(\frac{1}{4}, \frac{1}{4}, \frac{1}{4}, \frac{1}{4}\right)$ と同型である (Meshalkin [1], Blum et Hanson [1] をみよ)．

例 4.3.

例 1.15. と例 1.16. に与えた力学系は同型でない（2章，12.40 をみよ）．

例 4.4.

測度 $\mu = dx\,dy$ を付与したドーナツ形 $M = \{$座標が 1 を法とした点 $(x, y)\}$ の上に自己同型写像 φ とφ' を考える：

$$\varphi(x, y) = (3x+y, 2x+y) \quad (1\text{を法として})$$

$$\varphi'(x, y) = 3x+2y, x+y) \quad (1\text{を法として})$$

このとき力学系 (M, μ, φ) と力学系 (M, μ, φ') と同型かどうかはわからない．しかしながら，これらが例 1.16 に与えた系に同型ではない（2章の系 12.30 をみよ）ことはわかっている．

例 4.5.

力学系 $B\left(\frac{1}{2}, \frac{1}{2}\right)$ はパンコネ変換の力学系に同型である（証明は付録 7 をみよ).

力学系理論における基本問題の一つは，二つの Bernouilli 型式の力学系が同型なための条件を見出だすことである．

第5節　一般的な場合ということに関する問題

このように多様な力学系に直面するので“除外例”を無視することによって状況を明らかにすることが有用であろう．同型写像の群の上に適当な位相または測度を付与することによってはじめて，“除外的”なる言葉に意味あらしめることができる．力学系のある類は抽象力学的な枠で考えると“除外的”になり，また古典力学的な枠で考えると“一般的”になることがある――ときには逆に，力学系のある類が，抽象力学的な枠で考えると“一般的”になりまた古典力学的な枠で考えると“除外的”になることもある．

例 5.1.

抽象力学系で，いかなる古典力学系にも同型でないものが存在する (12.39 をみよ).

例 5.2.

抽象力学系の枠で考えると，混合性は弱位相では“除外的”である (Halmos [1], Rohlin [1] をみよ)．これと対照的に，**例** 1.16. に与えた同型対応 $\varphi: T^2 \to T^2$ に C^1 級で (すなわちその変換のみならずこの変換の一階導函数まで含めて) 近い可微分同相変換は混合的である．だから古典力学的な枠においては，混合性は“一般的”である．

例 5.3.

抽象力学系の枠で考えると，エルゴード力学系は弱位相では“一般的”である (Halmos [1] をみよ)．これと対照的に，ドーナツ形 T^2 の上の測地線に沿う流れに十分近い Hamilton 力学系はいずれもエルゴード的でない (付録2をみよ)．おなじく3体問題の力学系をみよ (第4章)．だからエルゴード性は古典力学系の枠で考えると“非一般的”である．

第1章の一般的な参考書

Abraham, R. : *Foundations of Mechanics*, Benjamin (1967).

Birkhoff, G.D. : *Dynamical Systems*, American Mathematical Society Colloquium Publications 9, New York (1927).

Godbillon, C. : *Geométrie differéntielle et mécanique*, Hermann, Paris (1968).

Halmos, P. R. : *Measure Theory*, Chelsea, New York(1958).

Halmos, P. R. : *Lectures on Ergodic Theory*, Chelsea, New York (1959).

Whittaker, E. T. : *Analytical Dynamics*, Dover, New York (1944).

第2章　エルゴード的性質

軌道の性質を記述するために，力学系の測度理論によって，エルゴード性，混合性，スペクトル，エントロピイなど一連の概念が導入された．この章ではこれらの概念を定義する．そしてその古典力学系への応用は，第3章および第4章に述べる．

第6節　時間的および空間的平均

定義 6.1. 時間的平均

(M, μ, φ_t) を力学系とする．M の上で定義された複素数値函数 f の時間平均 f^* は（この平均が存在するときには），次の式で与えられる：離散的な時間パラメターのときには

$$f^*(x)=\lim_{N\to+\infty}\frac{1}{N}\sum_{n=0}^{N-1}f(\varphi^n x),\quad x\in M,\quad n\in\mathbf{Z} \tag{6.2}$$

また連続的な時間パラメターのときには

$$f^*(x)=\lim_{T\to+\infty}\frac{1}{T}\int_o^T f(\varphi_t x)\mathrm{d}t,\quad x\in M,\quad t\in\mathbf{R} \tag{6.2$'$}$$

定義 6.3. 空間的平均

これは（$\mu(M)=1$ であることを思い出していただきたい）次式で与えられる：

$$\bar{f}=\int_M f(x)d\mu$$

定理 6.4. (G. D. Birkhoff–A. J. Khinchin)[*]

---

[*] この定理の微分機何への応用については付録10をみよ

(M, μ, φ_t) を抽象力学系とし，f を $L_1(M, \mu)$ に属する，すなわち M の上で定義され測度 μ で可積分な複素数値函数とする．このとき：

a) $f^*(x)$ はほとんどいたるところ（略して $p.p.$ と書く）存在する．すなわちその測度が 0 であるような M の集合に属する点を除いたところでは $f^*(x)$ が存在する．

b) $f^*(x)$ は測度 μ で可積分で，かつ $p.p.$ に不変である．すなわち，t に無関係であるような測度 0 の M の集合に属する点を除いたところで

$$f^*(\varphi_t x) = f^*(x) \qquad \text{（すべての } t \text{ で同時に）}$$

c)
$$\int_M f^*(x)d\mu = \int_M f(x)d\mu$$

この定理の証明については，離散的な時間パラメターのときは Halmos [1] を，また連続的な時間パラメターのときは Nemytskii–Stepanov [1] をみられよ．

注意 6.5. M の上でいたるところ稠密な点集合の点で $f^*(x)$ が存在しないことがあるし，またこのような点で $f^*(x)$ の値が $\bar{f}(x)$ の値と一致しないこともある．しかもこのようなことは，f が解析的で (M, μ, φ_t) が古典（力学）系の場合にもあり得る（付録 8 をみよ）．

注意 6.6. ドーナツ形の上の移動（第 1 章の例 1.2 および例 1.15 をみよ）のときは，f が連続函数であるか，または Riemann 可積分ならば f^* がいたるところ存在する（付録 9 をみよ）．

第7節　エルゴード性

定義 7.1.

抽象力学系 (M, μ, φ_t) がエルゴード的であるとは，測度 μ で可積分な f（すなわち $f \in L_1(M, \mu)$ なる f）のすべてに対して，f の時間的平均が f の空間的平均に $p.p.$ に等しいこと：

$$f^*(x) = \bar{f} \qquad p.p.$$

をいう．

だからエルゴード的な力学系に対しては，時間的平均の値は初期の点 x に依存しない．

例 7.3.

M が，互いに共通点がなく，かつそれぞれ φ によって不変であるような二つの測度正な（可測）集合 M_1 と M_2 との和集合とする：

$$M = M_1 \cup M_2,\ \ M_1 \cap M_2 = \phi,\ \ \varphi M_1 = M_1,\ \ \varphi M_2 = M_2$$

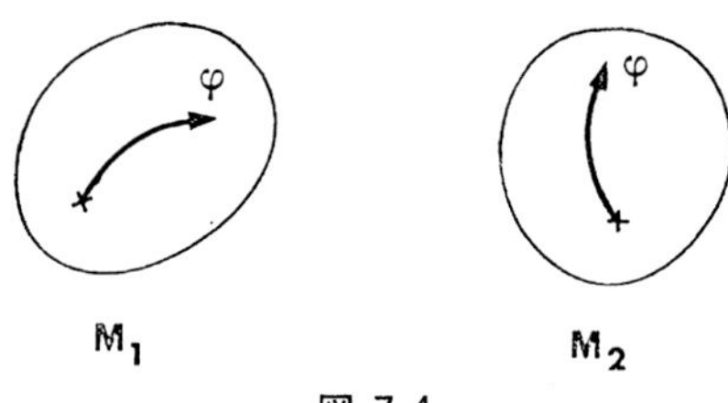

図 7.4.

この場合に，力学系 (M, μ, φ) を分解可能であるという．分解可能な力学系はエルゴード的でない．それは

$$f(x) = \begin{cases} 1, & x \in M_1 \text{ のとき} \\ 0, & x \in M_2 \text{ のとき} \end{cases}$$

に対しては時間的平均 $f^*(x)$ が x に依存することから明らかである．

注意 7.5.

逆に，力学系 (M, μ, φ) がエルゴード的でないならば，この系は分解可能である．

証明：与えられた力学系がエルゴード的でないとすると，つぎのような函数 f が存在する：f の時間的平均 $f^*(x)$ は x に依存し，$p.\,p.$ に定数函数にはならない．f は実数値函数とし

$$M_1 = \{x | f^*(x) < a\}, \qquad M_2 = \{x | f^*(x) \geqq a\}$$

とおくと，適当にとった a に対して

$$\mu(M_1) > 0 \text{ かつ } \mu(M_2) > 0$$

となる．

Birkhoff の定理によって，時間的平均は φ によって不変で

$$\varphi M_1 = M_1, \qquad \varphi M_2 = M_2$$

となり，与えられた力学系は分解可能である．ゆえに

系 7.6. 抽象力学系は，分解不可能なときかつそのときに限ってエルゴード的である．分解不可能性は，φ で不変な可測集合の測度は 0 か 1 であるということと同等である．

さきの証明の仕方からつぎのことがわかる：力学系は，不変な函数 $f \in L_1(M, \mu)$ が $p.p.$ に定数函数に等しいときかつそのときに限ってエルゴード的である．

例 7.7.

ハミルトニアンによる流れ (第1章の定理 1.11) は決してエルゴード的であり得ない．この系のエネルギー $\boldsymbol{H}$ が，不変な定数函数であるからである．

しかしながら，単位長さの切線ベクトルの作るファイバー T_1V の上の測地線に沿う流れは，ある場合 (第3章の 17.12 をみよ) にはエルゴード的になる．しかしつねにエルゴード的であるとは限らないことは，ドーナツ形 V の場合で，T_1V が図 $\gamma_1, \gamma_2, \gamma_3$ に分解される例 (付録2をみよ) によって示される．函数 $\dot{\phi}(1+\gamma\cos\phi)^2$ が不変になるからである．*)

例 7.8.

円周 $M = \{1$ を法とした x の集合$\}$ における回転 φ : (1 を法としての $x \to x+\alpha$) は，α が無理数のときかつそのときに限ってエルゴード的である．

証明：$\alpha =$ 有理数である第一の場合．整数 $p, q \in \mathbf{Z}$ によって $\alpha = p/q,\ q > 0$ とし p と q は互いに素とする．そうすれば $f(x) = e^{2\pi iqx}$ は，定数ではない不変な可測函数であるから (M, μ, φ) はエルゴード的でない．

$\alpha =$ 無理である第二の場合，A を測度 > 0 の不変な集合とする；このとき $\mu(A) = 1$ なることを証明しよう．$\mu(A) > 0$ であるから，A は (Lebesgue の意味で) 密度 1 の点をもつ．すなわち $1 > \varepsilon > 0$ なる任意の ε に対して，その長

---

*) T^2 の上のこの距離函数 (メトリック) の微小な解析的摂動は，この測地的流れの非エルゴード性を保存する (第4章をみよ)．

さがたかだか ε であるような開区間 $I=]x_0-\delta,\ x_0+\delta[$ を

$$\mu(A\cap I)\geqq(1-\varepsilon)\mu(I)$$

であるように選べる．A と μ の不変性から

$$\mu(A\cap\varphi^n I)\geqq(1-\varepsilon)\cdot\mu(\varphi^n I)$$

を得る．よってもしも，整数 $n_1, n_2, \dots, n_k$ に対して $\varphi^{n_1}I, \varphi^{n_2}I, \dots, \varphi^{n_k}I$ が互いに共通点をもたないとすると

$$\mu(A)\geqq\sum_{i=1}^{k}\mu(A\cap\varphi^{n_i}I)\geqq(1-\varepsilon)\mu\left(\bigcup_{i=1}^{k}\varphi^{n_i}I\right)$$

を得る．一方において，I の与えられた端点 x_0 の φ による軌道 $\{\varphi^n x_0\ ;\ n\in\mathbf{Z}\}$ は円周上で稠密である (Jacobi の定理，付録1をみよ)．$\mu(I)\leqq\varepsilon$ であるから，整数の組 $n_1, n_2, \dots, n_k$ を $\varphi^{n_1}I, \varphi^{n_2}I, \dots, \varphi^{n_k}I$ は互いに共通点なく，かつ M からたかだか測度 2ε の集合を除いた集合をおおう．すなわち

$$\mu\left(\bigcup_{i=1}^{k}\varphi^{n_i}I\right)\geqq 1-2\varepsilon$$

したがって上に述べたことから

$$\mu(A)\geqq(1-\varepsilon)(1-2\varepsilon).$$

ε は任意であったから $\mu(A)=1$ となって，与えられた力学系はエルゴード的である．

第8節 混　合　性

シェイカー M は10％のヂンと90％のマルチニを容れている[1] (図8.1をみよ) ものとし，これらから成る液体は非圧縮性であるものとする．時刻の最初にヂンはシェイカー M の一部分 A を占めているものとし，シェイカーを n 回振った結果はヂンは $\varphi^n A$ なる位置にうつることとする．

物理的にいえば，n が十分大きいときには，M の任意の部分 B に含まれているヂンの割合は10％であると考えられる．

1) ここのマルチニは葡萄酒のマルチニでコクテルではない．

上の情況からつぎの定義に導かれる.

図 8.1.

定義 8.2.

抽象力学系 (M, μ, φ_t) は, 任意の可測集合 A, B に対して

(8.3)
$$\lim_{t\to\infty}\mu[\varphi_t A \cap B] = \mu(A)\cdot\mu(B)$$

が成り立つときに, **混合的**であるという.

明らかに混合的力学系に同型な力学系は混合的である. だから混合性は力学系の不変性質である.

系 8.4.

混合的な力学系はエルゴード的である.

証明: A を不変な可測集合とする. $B = M-A$ とおくと

$$(\varphi_t A) \cap B = A \cap B = \phi$$

したがって (8.3) から $\mu(A)\cdot\mu(B) = 0$ となって, $\mu(A) = 0$ または $\mu(A) = 1$ となる.

次の例によってエルゴード的力学系は必ずしも混合的*) ではない.

---

*) これに反して, もし $\mu(M)$ が ∞ ならば次のような結果がある (A. B. Hajian[1]) : (M, μ, φ_t) がエルゴード系で $\mu(M)=\infty$ とし, A と B を可測集合とする. このときすべての $\varepsilon > 0$ に対していくらでも大きな t で $\mu(\varphi_t A \cap B) < \varepsilon$ なるものがある.

例 8.5. リーマン多様体の自分自身への等長変換φは混合的でない．このとき小さな集合Aの像$\varphi^n A$はAに同形(congruent)であり，したがって他の集合と$\varphi^n A$との交わりは，あるときには空集合で他のときには測度正の集合になるからである．たとえばドーナツ形のエルゴード的移動(例1.2と例1.15をみよ)は混合的でない．

例 8.6. 第1章の図1.17, 2.4および第2章の図8.1をくらべることによって，つぎの予想を示唆される：すなわち例1.16に与えたドーナツ形T^2の自己同型および Bernouilli 型式は混合的であろう．この事実はあとでさ証明れる(10.5と10.6をみよ)

注意 8.7.

φがMの自己同型変換(automorphisme, 付録14をみよ)ではなくてMの自己準同型変換(endomorphisme, 付録6をみよ)であるような力学系(M, μ, φ)に対しても混合性の概念を定義することができる．

注意 8.8.

力学系について，エルゴード性と混合性の中間にある概念**弱い混合性**がある(Halmos [1]をみよ)．これももちろん力学系の不変性質である：

力学系(M, μ, φ_t)は，任意の可測集合A, Bに対して

$$\lim_{T\to+\infty}\frac{1}{T}\int_0^T|\mu(\varphi_t A\cap B)-\mu(A)\cdot\mu(B)|\mathrm{d}t=0$$

(連続的な時間パラメターの場合)または

$$\lim_{N\to\infty}\frac{1}{N}\sum_{N=0}^{N-1}|\mu(\varphi^n A\cap B)-\mu(A)\cdot\mu(B)|=0$$

(離散的な時間パラメターの場合)が成り立つときに**弱い混合性**をもつという．

R.V.Chacon は(彼の近刊の論文で)(M, μ, φ_t)がエルゴード的なるとき，速度の大きさを適当な可測的点変換で変更して，弱い混合性をもつようにできることを示した．

V.A.Rohlin [1]は**高次の混合性**なる概念を導入した：力学系(M, μ, φ_t)が$\boldsymbol{n}$**次の混合性**をもつとは，任意の可測集合$A_1, A_2, \ldots, A_n$の組に対して

$$\lim_{\substack{\inf|t_i-t_j|\to\infty \\ i\neq j}} \mu[\varphi_{t_1}A_1 \cap \varphi_{t_2}A_2 \cap \cdots \cap \varphi_{t_n}A_n] = \prod_{i=1}^{n} \mu(A_i)$$

が成り立つことをいう．さきに述べた混合性は，$n=2$ に対する特別の場合に他ならない．

混合性ではあるが，2 より大きい n に対しては n 次の混合性をもたないような場合があるかどうかはまだわかっておらない．

第9節　スペクトル的不変性質

(M, μ, φ) を抽象的力学系，$L_2(M, \mu)$ を M の上で定義された複素数値函数でその2乗が μ で可積分であるような函数の全体の作る（ヒルベルト）空間とする．$f, g \in L_2(M, \mu)$ に対して，Z の複素共役数を $\bar{Z}$ と記すことにして，内積

$$\langle f|g\rangle = \int_M f\cdot\bar{g}\,\mathrm{d}\mu$$

とノルム

$$\|f\| = \sqrt{\langle f|f\rangle}$$

を定義する．

定義 9.1.

$f \in L_2(M, \mu)$ に対して

(9.2) $$Uf(x) = f(\varphi(x))$$

とおいて，U を φ によって誘導された作用素とよぶ．

定理 9.3. (Koopman [1])

U は（ヒルベルト）空間 $L_2(M, \mu)$ のユニタリ作用素である．

証明： a)　U は線形である．すなわち $a, b \in C$; $f, g \in L_2(M, \mu)$ とすれば

$$U(af+bg) = (af+bg)\circ\varphi = a(f\circ\varphi)+b(g\circ\varphi) = a\cdot Uf+b\cdot Ug$$

b)　U は $L_2(M, \mu)$ の全体を $L_2(M, \mu)$ の全体に1対1に写す：φ が $p.p.$ に1対1の点変換だからである．

c)　U は等距離的である：φ が測度を保存するから，$\varphi y = x$ とおいて

$$\|Uf\|^2 = \int_M |f(\varphi y)|^2 \, \mathrm{d}\,\mu(y) = \int_M |f(\varphi y)|^2 \, \mathrm{d}\,\mu(\varphi y)$$

$$= \int_M |f(x)|^2 \, \mathrm{d}\,\mu(x) = \|f\|^2$$

（証明終り）

注意 9. 4.

連続的な時間パラメターの場合 (M, μ, φ_t) には，ユニタリ作用素の群 U_t が得られる．

定義 9. 5.

二つの力学系 (M, μ, φ) と (M', μ', φ') が同型（定義 4. 1. をみよ）ならば，対応するユニタリ作用素 U と U' とは，次の図式の示すごとく同等で $U' = F \cdot U \cdot F^{-1}$ となる：

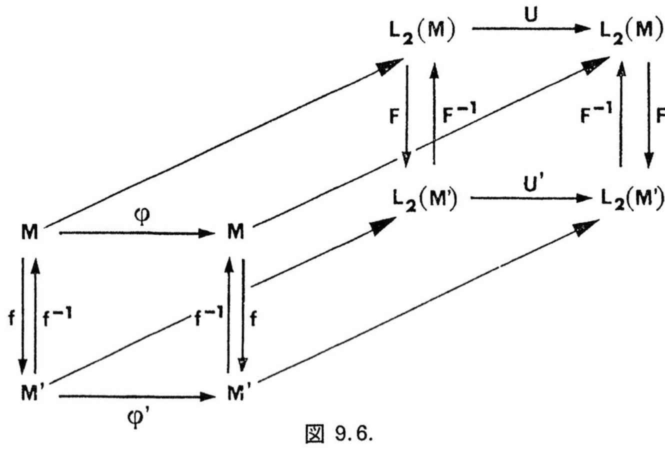

図 9.6.

ゆえにユニタリ作用素 F_1 のすべてによって $U \to F_1 U F_1^{-1}$ と変換しても変わらない U の性質は，もとの力学系を同型な力学系に変換しても保存される性質である．このような不変性質を，もとの力学系のスペクトル的不変性質という．*)

*) 連続な時間パラメターの場合には，誘導されたユニタリ変換の群 U_t のスペクトルとは，U_t の生成作用素のスペクトルのことで，すなわち，Stone の定理によって

$$U_t = \int_{-\infty}^{\infty} e^{2\pi i \lambda t} \, \mathrm{d}\, E(\lambda)$$

と表現されるところの単位の分解 $E(\lambda)$ に対応するスペクトルである．

ユニタリ作用素 U のスペクトル不変性質の完全系として，U のスペクトル測度と U のスペクトル多重度とがある．この意味は"二つのユニタリ作用素 U_1 と U_2 とが，あるユニタリ作用素 F_1 によって $U_2=F_1U_1F_1^{-1}$ という関係にあるための必要かつ十分な条件は，U_1 と U_2 も同じスペクトル測度と同じスペクトル多重度をもっていることである"ことを述べているのである (Halmos [3] をみよ).

逆に二つの力学系に対応する U, U' が上の意味で同等 ($U'=F_1UF_1^{-1}$ となること) で——このときこの二つの力学系は同じスペクトル型をもつという——であっても，この二つの力学系が同型でないことがある．(第12節のエントロピーをみよ．また付録15に述べる Anzai [1] の"歪積 (skew product)"をみよ).

ある種のエルゴード的性質は，スペクトルの言葉で完全に記述できる．下にいくつかの例をあげよう：

定理 9.7.（エルゴード性）

(M,μ,φ) がエルゴード的であることと，誘導された作用素 U が1を単純(一重) 固有値とすることとは同等である.

証明：明らかに定数函数1は，U の固有値に属する固有函数である.

また系7.6. によって，(M,μ,φ) がエルゴード的であることと，$f(\varphi(x))=f(x)$ (すなわち $Uf=f$) から $f=$ 定数 $(p.p.)$ であることとは同等である.

（証明終り）

連続的な時間パラメターの (M,μ,φ_t) がエルゴード的であることと，U_t のスペクトルにおいて $\lambda=0$ が単純 (一重) であることとは同等である.

定理 9.8.（混合性）

力学系 (M,μ,φ_t) は，すべての $f,g\in L_2(M,\mu)$ に対して

(9.9) $$\lim_{t\to\infty}<U_tf|g>=<f|1>\cdot<1|g>$$

が成り立つときかつこのときに限って混合性をもつ.

証明：もし f,g が M の可測集合の定義函数であるときには，(9.9) は混合性の定義 (8.2) に帰する.

一般の場合には，f と g とをそれぞれ可測集合の定義函数の一次結合で近似

して，上の特別な場合に帰着させればよい．

スペクトルの言葉でいえば，(M, μ, φ_t) は，もしこの力学系がエルゴード的でかつ U_t のスペクトルが（$\lambda=0$ の場合を除いて）ルベーグ測度に関して絶対連続なるときに，混合的である．この逆は必ずしも正しくない．

われわれは，エルゴード的な力学系は，U_t の固有函数が定数函数以外にないときに，本義的に連続なスペクトルをもつという．そして，エルゴード的な力学系が本義的に連続なスペクトルをもつための必要かつ十分な条件は，この力学系が弱い意味で混合的であることであるという事実を証明することができる（注意 8.9 をみよ）．

ここで U_t のスペクトルが離散的であるような場合を考えることにしよう．

例 9.10.

$M=\{1$ を法とした $x\}$ を，通常の測度を付与した円周とし，

$$\varphi : x \to x+\omega \quad (1\text{ を法として})$$

を M の移動とする．

p を整数とし $(p \in \mathbf{Z})$

$$e_p(x)=\mathrm{e}^{2\pi \mathrm{i} p x}$$

とおく，U の定義によって

$$Ue_p(x)=\mathrm{e}^{2\pi \mathrm{i} p(x+\omega)}=\mathrm{e}^{2\pi \mathrm{i} p \omega}\cdot e_p(x)=e_p(\omega)\cdot e_p(x)$$

したがって e_p は，U の固有値 $e_p(\omega)$ に属する固有函数である．$\{e_p(\omega) | p \in \mathbf{Z}\}$ は U の離散スペクトルとよばれる；これらに対応する固有函数 e_p は，$L_2(M, \mu)$ の正規直交完全系を作る．このことからつぎの定義を得る．

定義 9.11.

力学系 (M, μ, φ) は，誘導された作用素 U の固有函数系が $L_2(M, \mu)$ の基底を作るときに，本義的に離散的なスペクトルをもつといわれる．

例 9.10 にもどろう．定理 9.7 によれば，この力学系は，1 が単純固有値であるときかつそのときに限って，エルゴード的である．よってエルゴード性のための必要かつ十分な条件は

$$p \neq 0 \quad \text{ならば} \quad p\omega \notin \mathbf{Z}$$

である：すなわち $\omega =$ 無理数がその条件である．

いいかえれば，力学系 (M, μ, φ) は，その軌道が M で稠密なときかつそのときに限って，エルゴード的である（例7.8と付録1をみよ）．この場合に，すべての固有値は単純である．

この力学系は混合的ではない．なんとなれば，(9.9) において $f = g = e_p$ とおいて，次式を得るからである：

$$<U^n f|g> = [e_p(\omega)]^n \neq <f|1><1|g>$$

これらの結果の，n 次元ドーナツ形への拡張はたやすい．これから，つぎの定理が示唆される：

定理 9.12.

(M, μ, φ) をエルゴード的な力学系とし，U を φ から誘導された作用素とする．このとき：

(a)　U の固有函数の絶対値は，すべて $p. p.$ に定数函数になる．

(b)　U の固有値はいずれも単純（一重）である．

(c)　U の固有値のなす集合は，円周 $\{Z|Z \in \mathbf{C}, |Z| = 1\}$ 上の点の作る乗法群の部分群である．

(d)　もし (M, μ, φ) が混合的ならば，U の固有値は1に限る．

証明：

f を固有値 λ に属する固有函数とする：

$$Uf = \lambda \cdot f$$

U がユニタリ作用素であることから $|\lambda| = 1$ が得られる；したがって $U|f| = |f|$ が証明される．

よって $|f|$ は U によって不変である；与えられた力学系がエルゴード的であるから，系7.6によって

$$|f| = \text{定数}\ (p. p.)$$

となる．特に $p. p.$ に $f \neq 0$ でかつ $|f|^2 \in L_2(M, \mu)$ である．

h を f と同じく固有値 λ に属する固有函数とする．上から $L_2(M. \mu)$ に属する函数 $\dfrac{h}{f}$ を作ることができる．そして

$$U\left(\frac{h}{f}\right)=\frac{Uh}{Uf}=\frac{\lambda h}{\lambda f}=\frac{h}{f}$$

となって$\frac{h}{f}$はUで不変で，エルゴード的という仮定から

$$h=f\times\text{定数}\ (p.p.)$$

を得る．だから固有値はすべて単純（一重）でなければならない．

$Uf=\lambda f$ から $U\overline{f}=\overline{\lambda f}$ を得て，$\overline{\lambda}=\lambda^{-1}$ も固有値である．μ を固有値で g を μ に属する固有函数とすると

$$U(f\cdot g)=Uf\cdot Ug=(\lambda f)\cdot(\mu g)=(\lambda\mu)(f\cdot g).$$

したがって，$\lambda\mu$ も固有値で (c) が証明された．

$(M,\mu.\varphi)$ が混合的であるとし，(9.9) において f,g として固有値 λ に属する固有函数をとると

$$\lim_{n\to\infty}<U^nf|f>=<f|1>\cdot<1|f>$$

を得る．したがって

$$\lim_{n\to\infty}\lambda=\text{定数}$$

となって $\lambda=1$ でなければならない；こうして (d) が証明された．

離散スペクトルについての上の性質は，連続スペクトルの場合に対しても Sinai [2], [3] によってある意味で拡張された．（しかし，その最大スペクトル測度がそれ自身の畳み込み (convolution) を測度として上から押えていないような力学系の例については最近発表された Katok と Stepin [1] の論文をみよ）．固有値の作る乗法群は，その力学系の不変量の一つである．もしスペクトルが離散的ならば，上の乗法群は，不変量の完全系を作る．もっと正確にいえば，つぎの定理が成り立つ．

離散スペクトル定理 9.13. (Von Neumann, Halmos)

(a) 本義的に離散的なスペクトルをもつところの，二つのエルゴード的な力学系は，同じスペクトルをもつときかつそのときに限って同型である．

(b) 乗法群としての円周 $\{Z|Z\in\mathbf{C},|Z|=1\}$ の，可算個の元から成る部分群は，エルゴード的な力学系の本義的に離散的なスペクトルになる．

証明については Halmos [1] をみよ．この (b) の部分の証明は，そのスペクト

ルが本義的に離散的なエルゴード的力学系がコンパクトなアーベル群にこの群の元を作用させる抽象力学系に同型なことを示すことによって得られる．

この定理によって，離散的なスペクトルの場合には分類の問題は完全に解決されたといえる．しかしながら，たとえば与えられた離散スペクトル（あるいは多重度有限の Lebesgue 式スペクトル）をもつ古典力学系があるかどうかは論じないことにする．この題目については，付録16にいくつかの結果を述べる．

第10節　Lebesgue 式スペクトル

まず一つの例を研究することから始めよう．

例 10.1.

第1章の例1.16をまたとり上げよう：Mをドーナツ形 {1を法とする (x, y)} に例のごとく自然な測度μを付与したものとし，Mの自己同型φを

$$\varphi(x, y) = (x+y, x+2y) \quad (1\text{を法として})$$

によって与え，Uをφによって誘導されたユニタリ作用素とする．よく知られているいるように

$$\mathbf{D} = \{e_{p,q}(x, y) = e^{2\pi i(px+qy)};\ p, q \in \mathbf{Z}\}$$

は $L_2(M, \mu)$ の完全正規直交系である基底を作る．$\mathbf{D}$はR^2の格子点集合 $\mathbf{Z}^2 = \{p, q\}$ と同一視することができる．そして

$$Ue_{p,q} = e_{p+q,p+2q}$$

であるから，UはDの上の同型写像uを誘導する：

$$u : \begin{pmatrix} p \\ q \end{pmatrix} \to \begin{pmatrix} 1 & 1 \\ 1 & 2 \end{pmatrix} \begin{pmatrix} p \\ q \end{pmatrix} = \begin{pmatrix} p+q \\ p+2q \end{pmatrix}.$$

ここでuの軌道 (orbit) で有限なものとしては (0, 0) が唯一のものであることを示そう．そのために $(p, q) \in \mathbf{Z}^2$ が有限な軌道をもつと仮定する．この軌道は，$\mathbf{R}^2$ の有界集合で $\mathbf{R}^2$ の一次変換

$$\tilde{\varphi} = \begin{pmatrix} 1 & 1 \\ 1 & 2 \end{pmatrix}$$

によって不変である．この $\tilde{\varphi}$ は二つの固有値 λ_1 と λ_2 $(0<\lambda_2<1<\lambda_1)$ をもつ．よって $\tilde{\varphi}$ は λ_1 に対応する固有方向には“伸長的”であり，λ_2 に対応する固有方向には“縮小的”である．ゆえに $\tilde{\varphi}$ によって不変な $\mathbf{R}^2$ の有界集合は $(0,0)$ だけである．(証明終り)．

かくして，$\mathbf{Z}^2-\{(0,0)\}$ は，u の軌道のなす集合 I に分離される．そして各軌道はそれぞれ $\mathbf{Z}$ と1対1に対応されている．

ここで $\mathbf{D}=\{e_{p,q};p,q\in\mathbf{Z}\}$ にもどると，$\mathbf{D}-\{e_{0,0}\}$ は U の軌道 $C_1,C_2,\ldots,C_i,\ldots,$ $i\in I$ に分離される．もし $f_{i,0}$ が C_i のある元であるならば，$C_{i,n}=U^nf_{i,0}$ とおいて

$$C_i=\{f_{i,n};n\in\mathbf{Z}\}.$$

総括すれば，C_i のベクトルによって張られる線形部分空間を H_i とするとき，$L_2(M,\mu)$ は互いに直交する H_i と定数函数のみから成る一次元の線形部分空間との直和になるといえる．各 H_i は U によって不変で，かつ

$$Uf_{i,n}=f_{i,n+1}$$

となるような正規直交する基底 $\{f_{i,n};n\in\mathbf{Z}\}$ をもつ．このような状況にはたびたびであうので，つぎのようにその定義を与えておく値打がある．

定義 10.2.

(M,μ,φ) を抽象力学系とし，U を φ によって誘導されるユニタリ作用素とする．この系 (M,μ,φ) はつぎの条件を満たすときに Lebesgue 式スペクトル L^I をもつという：すなわち $L_2(M,\mu)$ が，定数函数1と函数 $f_{i,j}$ $(i\in I,j\in Z)$ で

$$Uf_{i,j}=f_{i,j+1}\quad(\text{すべての } i,j \text{ に対して})$$

を満たすようなものを正規直交する基底とするときに．

I の濃度はこのとき一意的に定まり，Lebesgue 式スペクトルの多重度とよばれる．

もし I が(可算)無限であれば，この Lebesgue 式スペクトルは(可算)無限であるという．もし I が唯一つの元から成るときには，この Lebesgue 式スペクトルは単純であるという．連続パラメーター t の場合にも同じような定義を与えることができる：

(M, μ, φ_t) を力学系で，U_t を φ_t によって誘導されたユニタリ作用素の群とする．この力学系は，もし各 $U_t(t\neq 0)$ が多重度 I の Lebesgue 式スペクトル L^I をもつときに，多重度 I の Lebesgue 式スペクトル L^I をもつという．

注意 10.3. Stone の定理

$$U_t=\int_{-\infty}^{\infty} e^{2\pi i t\lambda}\,dE(\lambda)$$

で与えられるような U_t のスペクトル分解を考えよう．

力学系 (M, μ, φ_t) は，1に直交する $(<f|1>=0$ である$)$ $f\in L_2(M, \mu)$ のすべてに対して測度 $<E(\lambda)f|f>$ が Lebesgue 測度に関し絶対連続なるときかつそのときに限って，Lebesgue 式スペクトルをもつことが証明される．

定理 10.4.

Lebesgue 式スペクトルをもつ力学系は混合性をもつ．

証明：

定理 9.8 によれば，f と g が $\in L_2(M, \mu)$ なるときに

$$\lim_{n\to\infty} <U^n f|g> = <f|1>\cdot<1|g>$$

が成り立つことがいえればよい．これは定数函数 L に直交する直交補空間の上の f, g に対して

$$\lim_{n\to\infty} <U^n f|g> = 0$$

が成り立つことと同等である．ところが $f=f_{i,j}, g=f_{k,r}$ とすると

$$<U^n f|g> = <f_{i,n+j}, f_{k,r}>$$

となるが，これは $k\neq i$ ならば 0，おなじくまた n が十分大きいときにも上式は 0，一般の場合にも，上述から連続性と線形性によって $\lim_{n\to\infty}(U^n f|g)=0$ がいえる．

系 10.5.

ドーナツ形

$$M=\{1 \text{ を法として } (x, y)\}$$

の自己同型 $(x, y)\to\varphi(x, y)=<x+y, x+2y>$ (1を法として)(第1章, 例1.16 をみよ)は，Lebesgue 式スペクトルをもつ(例10.1)．したがってこの力学系は

混合的で，したがってエルゴード的である（系 8.4 をみよ）．

例 10.6.

Bernouilli 型式の力学系は，可算無限多重度の Lebesgue 式スペクトルをもつ．したがって Bernouilli 型式の力学系はすべて同じスペクトルをもつ．

証明：

$B\left(\frac{1}{2}, \frac{1}{2}\right)$ に対して証明しよう：$B(p_1, \dots, p_n)$ に対しても，記法を変えるだけで同じ論法が通用する．

まず，$\mathbf{Z}_2 = \{0, 1\}$ として，$M = \mathbf{Z}_2^{\mathbf{Z}}$ であることを思い出そう（第1章の例 2.2 をみよ）；これは数列

$$m = \dots, m_{-1}, m_0, m_1, \dots \quad (m_i \in \{0, 1\})$$

の作る空間である．

函数空間 $L_2(\mathbf{Z}_2, \mu)$ の上の正規直交な基底は M の n 番目のモデルに定数函数 1 と

$$y_n(x) = \begin{cases} -1, & x = 0 \text{ のとき} \\ +1, & x = 1 \text{ のとき} \end{cases}$$

なる函数 y_n を結び付ける．こうして，空間 $L_2(M, \mu)$ における定数函数の直交補空間 $L_2'(M, \mu)$ の完全正規直交な基底の一つを，

$$y_{n_1} y_{n_2} \dots y_{n_k}$$

のごとく，添字 n_i がすべて異なる y_{n_i} の有限個の積をとることによって得られる．

自己同型対応 $\varphi : m \to m'$（すべての i に対して $m_i' = m_{i-1}$）によって誘導されたユニタリ作用素を U とする．

基底の元 $y_{n_1} y_{n_2} \dots y_{n_k}$ の軌道は

$$\{U^q \cdot y_{n_1} \dots y_{n_k} | q \in \mathbf{Z}\} = \{y_{n_1+q} \cdot y_{n_2+q} \dots y_{n_k+q} | q \in \mathbf{Z}\}$$

で与えられる．

よって可付番無限個の軌道があり，どの軌道も $\mathbf{Z}$ と1対1に対応する：

すなわち $y_{n_1} \dots y_{n_k}$ が 0 に対応すれば，$y_{n_1+q} \dots y_{n_k+q}$ は $q \in \mathbf{Z}$ に対応する．

以上をまとめていえば，$L_2'(M, \mu)$ には完全正規直交な基底 $e_{p,q}(p \in \mathbf{Z}^+, q \in \mathbf{Z})$

で

$$Ue_{p,q}=e_{p,q+1}\quad (\text{すべての } p, q \text{ に対し})$$

となるものが存在する．

p は軌道の番号で，軌道の元 $e_{p,q}$ は $q\in \mathbf{Z}$ に対応している．$B\left(\frac{1}{2}, \frac{1}{2}\right)$は，可算無限多重度の Lebesgue 式スペクトルをもつ．

(M_1, μ_1, φ_1) と (M_2, μ_2, φ_2) とを Bernouilli 型式の力学系とする．そうすれば，$L_2(M_1, \mu_1)$ および $L_2(M_2, \mu_2)$ の上に，それぞれ完全正規直交な基底 $\{1, f^1_{i,j}\}$ および $\{1, f^2_{i,j}\}$ を

$$U_1f^1_{i,j}=f^1_{i,j+1} \text{ および } U_2f^2_{i,j}=f^2_{i,j+1}\quad (\text{すべての } i, j \text{ に対し})$$

が成り立つように選ぶことができる．

$L_2(M_1, \mu_1)$ と $L_2(M_2, \mu_2)$ との間の1対1の等長対応

$$1\to 1, \qquad f^1_{i,j}\to f^2_{i,j}$$

によって，二つの Bernouilli 型式の力学系が同じスペクトル型であることがわかる．

第11節　K-力　学　系

この節では著しく確率論的な力学系の一つの類を定義しよう．

定義 11.1.*)

力学系 (M, μ, φ) は，つぎの条件をみたすときに K-力学系**) とよばれる：M の可測集合全体の作る集合代数 $\hat{1}$（測度 0 の集合を法としての集合代数，付録 6 をみよ）の部分集合代数 $\mathscr{A}$ で条件 a), b), c) を満足するものが存在する（$\hat{0}$ は測度 0 の集合および測度 1 の集合から成る集合代数である）：

a) $$\mathscr{A}\subset\varphi\mathscr{A}$$

b) $$\bigcap_{n=-\infty}^{\infty}\varphi^n\mathscr{A}=\hat{0}$$

---

*) 記号 $C, \wedge, \vee$ については付録17をみよ．Rohlin の記法では

$$\hat{1}=\mathscr{M}, \quad \hat{0}=\mathscr{N}.$$

**) この概念は A. N. Kolmogorov [2] によって準-正則力学系として導入されたものである．

c) $$\overline{\bigcup_{n=-\infty}^{\infty} \varphi^n \mathscr{A}} = \hat{1}$$[1]

ここにφは，同型変換φによって集合代数$\hat{1}$の上に誘導される変換を同じ文字で示したものである．

連続パラメーター t の力学系 (M, μ, φ_t) の場合には，K- 力学系の条件 a), b), c) は，条件 a′), b′), c′) で置き換えられる：

a′) $\mathscr{A} \subset \varphi_t \mathscr{A}$ $(t \geqq 0$ なるときに$)$,

b′) $$\bigcap_{t=-\infty}^{\infty} \varphi_t \mathscr{A} = \hat{0}$$

c′) $$\overline{\bigcup_{t=-\infty}^{\infty} \varphi_t \mathscr{A}} = \hat{1}$$

定義から明らかに，K- 力学系に同型な力学系は K- 力学系である．

例 11.2. Bernouilli 型式の力学系（第1章の 2.2 をみよ）

Bernouilli 型式の力学系は K- 力学系である．

証明：

Bernouilli 型式力学系 $B(p_1, p_2, \ldots, p_n)$ において

$$A_i^j = \{m = \cdots m_{-1}, m_0, m_1, \ldots | m_i = j\} \qquad (j \in \mathbf{Z}_n,\ i \in \mathbf{Z})$$

としたことを思い出そう，$A_i^j (i \leqq 0)$ によって生成された部分集合代数を $\mathscr{A}$ とする．同型変換φによって

$$\varphi(A_i^j) = A_{i+1}^j$$

であった．したがって $\varphi\mathscr{A}$ は $A_k^j (k \leqq 1)$ によって生成された部分集合代数である．したがって

$$\mathscr{A} \subset \varphi\mathscr{A}$$

一方において，q が $\mathbf{Z}$ を動くと，集合代数$\hat{1}$の生成元 A_r^j は十分大きな q に対しては $\varphi^q(A_i^j) = A_{i+q}^j \ (i \leqq 0)$ に含まれるようになる．実際 $q \geqq r-i$ ととれ

---

1) $\overline{\bigcup_{n=-\infty}^{\infty}} \varphi^n \mathscr{A}$は，集合代数 $\varphi^n \mathscr{A} \ (n=\cdots-1, 0, 1, \ldots)$ のすべてを含む集合代数のうちで最小のものを示す（付録17をみよ）．

ばそうなる．だから

$$\overline{\bigcup_{n=-\infty}^{\infty} \varphi^n \mathscr{A}} = \hat{1}$$

つぎに

$$\bigcap_{-\infty}^{\infty} \varphi^n \mathscr{A} = \hat{0}$$

を証明しよう．そのために $\hat{1}$ の部分集合代数 $\mathscr{B}$ をその各元は，それぞれ有限個の A_i^j によって生成されたある部分集合代数に含まれるようなものとしよう．そうすると，各 $A \in \mathscr{B}$ に対して $N \in \mathbf{Z}$ を，$n \geqq N$ に対して $B \in \varphi^{-n}\mathscr{A}$ ならば $\mu(A \cap B) = \mu(A) \cdot \mu(B)$ となるように選べる．したがって $\mu(A \cap B) = \mu(A) \cdot \mu(B)$ は，すべての $B \in \bigcap_{n=0}^{\infty} \varphi^{-n}\mathscr{A}$ に対して成り立つ．$\overline{\mathscr{B}} = \hat{1}$ であるから，すべての $A \in \hat{1}$ とすべての $B \in \bigcap_{n=0}^{\infty} \varphi^{-n}\mathscr{A}$ に対して $\mu(A \cap B) = \mu(A) \cdot \mu(B)$．特に $\mu(B) = \mu(B \cap B) = \mu(B)^2$ となって，$\mu(B) = 0$ または $= 1$ がすべての $B \in \bigcap_{n=0}^{\infty} \varphi^{-n}\mathscr{A}$ に対して成り立つ，だから $\bigcap_{n=0}^{\infty} \varphi^{-n}\mathscr{A} = \hat{0}$ となって

$$\hat{0} = \bigcap_{-\infty}^{\infty} \varphi^n \mathscr{A} \subset \bigcap_{n=0}^{\infty} \varphi^{-n}\mathscr{A}$$

系 11.3.

パンコネ変換は K- 力学系を定義している．

証明：

この力学系は $B(\frac{1}{2}, \frac{1}{2})$ に同型である（付録7をみよ）から．

例 11.4.

われわれは，第3章において K- 古典力学系の広い類を研究するであろう．この類は，ドーナツ形の同型変換やコンパクトな Riemann 多様体で曲率負なものの上での測地線に沿う流れ，およびまた Boltzman-Gibbs の"質点系が弾性的衝突をしている"力学系などを含む．

われわれはここで，離散的時刻パラメターの場合に[*]，K- 力学系が可算無

[*] 連続的時間パラメターの場合については Sinai [6] をみよ．

限多重度の Lebesgue 式スペクトルをもつこと (Kolmogorov [2]) を示そう．したがって K- 力学系は混合的でエルゴード的である (定理 10.4) のである．

定理 11.5.

K- 力学系は，定数函数の直交補空間の上で可算無限多重度の Lebesgue 式スペクトルをもつ.

あとで付録 17 で完全な証明を与へるが，その筋道だけを示そう．

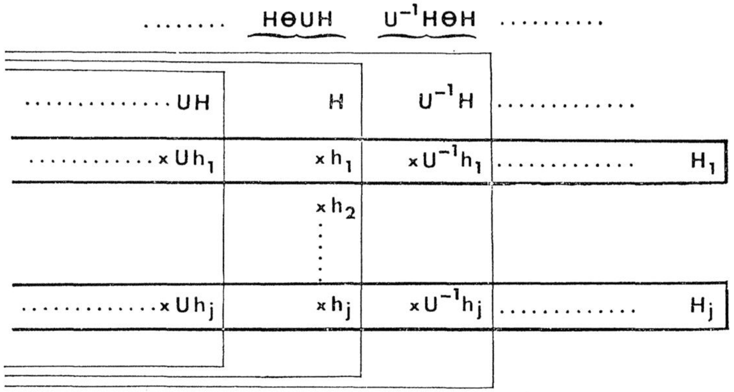

図 11.6

定義 11.1 における部分集合代数 $\mathscr{A}$ をとろう．$\mathscr{A}$ の元の定義函数を $L_2(M, \mu)$ の函数と考えて，それらの函数から生成される函数空間を H とする．

φ によって誘導された作用素を U とすると，$\mathscr{A}$ の性質 (11.1) は，つぎのように書ける：定数函数 1 の生成する空間を H_o として

$$H_o = \bigcap_{n=-\infty}^{\infty} U^n H \subset \cdots \subset UH \subset H \subset U^{-1}H \subset \cdots \subset \overline{\bigcup_{n=-\infty}^{\infty} U^n H} = L_2(M, \mu)$$

UH の H に対する直交補空間 $H \ominus UH$ の上で完全正規直交な基底 $\{h_i\}$ をとろう．そうすると函数列

$$\ldots, U^{-1}h_j, h_j, Uh_j, \ldots$$

の生成する部分空間 H_j は U によって不変で，かつ H_j の直 (交) 和は $L_2(M, \mu) \ominus H_o$ になる．ここで

$$U^j h_i = e_{i,j} \qquad (i \in \mathbf{Z}^+, j \in \mathbf{Z})$$

とおくと，$\{e_{i,j}\}$ は $L_2(M,\mu)\ominus H_0$ の完全正規直交な基底になりかつ (Lebesgue 式スペクトルの定義そのままに)

$$Ue_{i,j}=e_{i,j+1} \qquad (i,j\text{ のすべてに対して})$$

$H\ominus UH$ の次元が無限であることを，証明することができる (付録17をみよ) から，この Lebesgue 式スペクトルの多重度は可算無限である.

第12節　エントロピー

スペクトル的不変性質と異なる，力学系の不変性質*) を定義しよう.

そのために，$\alpha=\{A_i\}_{i\in I}$ を M の可測な分割 (付録18をみよ) とする：

$$\mu(M-\bigcup_{i\in I}A_i)=0, \qquad \mu(A_i\cap A_j)=0 \qquad (i\neq j\text{ なるとき})$$

以下では I はすべて有限 (または可算無限) と仮定する.

定義 12.1**)

分割 α のエントロピー $h(\alpha)$ を

$$h(\alpha)=-\sum_{j\in I}\mu(A_i)\operatorname{Log}\mu(A_i)$$

で定義する．ここに Log は 2 を底とする対数で，$x=0$ なるときには $x\operatorname{Log}x=0$ と約束したものである.

$h(\alpha)$ を定義する和が無限和のときであっても，各項は負か 0 である ($0\leqq\mu(A_i)\leqq1$ による) から，和は意味をもつ.

例 12.2 N 個の同測度の集合への分割

このときは $\mu(A_i)=\dfrac{1}{N}$ で $h(\alpha)=\operatorname{Log}N$ である.

もし α が N 個の集合への任意の分割ならば：

$$h(\alpha)\leqq\operatorname{Log}N$$

---

*) この不変性質は A. N. Kolmogorov [4] によって導入された.

**) 確率論的な一つの取り扱いについては A. M. Yaglom-I. A. Yaglom [1] をみよ.

で，等号の成り立つのは N 個の集合がすべて同じ測度をもつときかつこのときに限る．

実際，函数

$$z(x)=\begin{cases}-x\,\mathrm{Log}\,x, & 0<x\leqq 1 \text{ のとき}\\ 0 & , x=0 \text{ のとき}\end{cases}$$

は純凸な函数である．

$$z''(x)=\frac{-\mathrm{Log}\,e}{x}<0$$

であるからである．

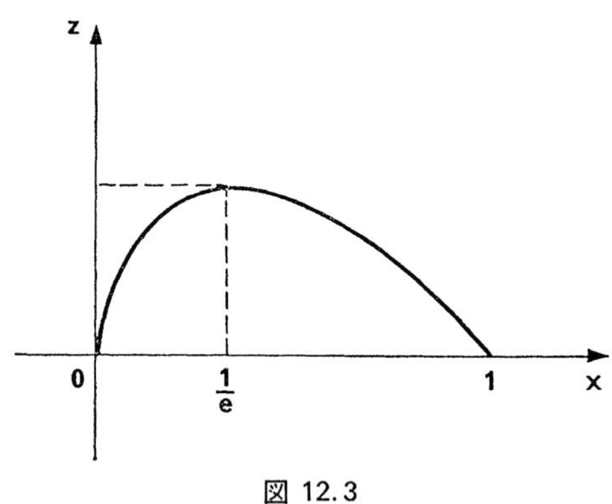

図 12.3

ゆえに Jensen の不等式によって

$$h(\alpha)=\sum_i z(\mu(A_i))=N\sum_i\frac{1}{N}z(\mu(A_i))\leqq N\cdot z\left(\frac{1}{N}\sum\mu(A_i)\right)$$
$$=Nz\left(\frac{1}{N}\right)=\mathrm{Log}\,N$$

を得る．すなわち $h(\alpha)$ は α の元の個数の 2 を底とする対数で押えられる．

また，二つの分割が同等であるとき，すなわち測度 0 の集合を無視すれば同じ分割になるときには，エントロピーは同じ値になる．

最後に $h(\alpha)=0$ ということは，$\mu(A_i)$ の値が唯一つの 1 になる i を除いて他はすべて 0 になることを意味する．

定義 12.4. 分割αの，分割βに関する，条件つきエントロピー

$\alpha=\{A_i|i=1,2,\ldots,r\}$ と$\beta=\{B_j|j=1,2,\ldots,s\}$ を M の有限個への可測な分割とする．

すべての i, j に対して $\mu(A_i)>0, \mu(B_j)>0$ と仮定して差しつかえない．分割αは各 B_i を有限個の可測集合

$$B_i \cap A_1, \ldots B_i \cap A_r$$

に分割する．

(スケイルを変えて) B_i の測度が 1 とすると，上の分割はエントロピーをもつ．

このエントロピーを B_i について重さをつけて総和して，αの，βに関する，条件つきエントロピーと名づけ $h(\alpha|\beta)$ と書く：

$$h(\alpha|\beta)=\sum_{i=1}^{s}\mu(B_i)\left[-\sum_{k=1}^{r}\frac{\mu(B_i\cap A_k)}{\mu(B_i)}\operatorname{Log}\left(\frac{\mu(B_i\cap A_k)}{\mu(B_i)}\right)\right].$$

αやβが，可測な集合の可算個への可測な分割のときにも，上と同じようにして $h(\alpha|\beta)$ が定義される (付録 18 をみよ)．

付録 18 につぎの定理の証明を与える：

定理 12.5.

$\alpha, \beta, \alpha', \beta', \ldots$ を M の有限個 (または無限個) の可測集合への可測な分割とする．このとき：

(12.6)　$h(\alpha \bigvee \beta|\beta)=h(\alpha|\beta)$;

(12.7)　$h(\alpha|\beta)\geqq 0$ で，ここの等号は $\alpha\leqq\beta$ のときかつこのときに限って成り立つ;

(12.8)　$\alpha\leqq\alpha'$　ならば　$h(\alpha)\leqq h(\alpha')$;

(12.9)　$h(\alpha\vee\beta)=h(\beta)+h(\alpha|\beta)$;

(12.10)　$\alpha\leqq\alpha'$　ならば　$h(\alpha|\beta)\leqq h(\alpha'|\beta)$;

(12.11)　$h(\alpha\vee\alpha'|\beta)\leqq h(\alpha|\beta)+h(\alpha'|\beta)$;

(12.12)　$\beta\leqq\beta'$　ならば　$h(\alpha|\beta')\leqq h(\alpha|\beta)$;

(12.13) $\alpha_1 \leqq \alpha_2 \leqq \cdots \leqq \bigvee_{n=1}^{\infty} \alpha_n = \alpha$ ならば

$\lim_{n \in \infty} h(\alpha_n|\beta) = h(\alpha|\beta);$

(12.14) $h(\alpha) < \infty$ かつ $\beta_1 \leqq \beta_2 \leqq \cdots \leqq \bigvee_{n=1}^{\infty} \beta_n = \beta$ ならば，

$\lim_{n \to \infty} h(\alpha|\beta_n) = h(\alpha|\beta).$

最後に φ が測度空間 (M, μ) の同型変換ならば，

(12.15) $\varphi(\alpha \vee \beta) = \varphi(\alpha) \vee \varphi(\beta)$

(12.16) $h(\alpha|\beta) = h(\varphi(\alpha)|\varphi(\beta))$

であることに注意してほしい．

定義 12.17. 与えられた分割の与えられた同型変換に関するエントロピー

(M, μ, φ) を力学系とし，α を M の有限個（または無限個）の集合への可測な分割とする．分割 α の φ に関しての，エントロピー $h(\alpha, \varphi)$ を，

$$h(\alpha, \varphi) = \lim_{n \to \infty} \frac{h(\alpha \vee \varphi\alpha \vee \cdots \vee \varphi^{n-1}\alpha)}{n} \quad (n \in \mathbf{Z}^+)$$

によって定義する．

この極限の存在することを，つぎのようにして証明する．

正整数 n に対して

$$h_n = h(\alpha \vee \varphi\alpha \vee \cdots \vee \varphi^{n-1}\alpha),$$
$$s_n = h_n - h_{n-1}$$

とおくと

補題 12.18.

$$s_n \geqq 0.$$

証明：

性質 12.8. によって，$\alpha \vee \varphi\alpha \vee \cdots \vee \varphi^{n-1}\alpha \leqq \alpha \vee \varphi\alpha \vee \cdots \vee \varphi^n\alpha$ から $h_{n-1} \leqq h_n$ を得る．

補題 12.19.

s_n は n について減小函数である．

証明：　性質 12.9 によって

$$(12.20)\quad s_n = h(\alpha \vee \varphi\alpha \vee \cdots \vee \varphi^n\alpha) - h(\alpha \vee \varphi\alpha \vee \cdots \vee \varphi^{n-1}\alpha)$$
$$= h(\varphi^n\alpha | \alpha \vee \varphi\alpha \vee \cdots \vee \varphi^{n-1}\alpha).$$

したがって

$$s_{n-1} = h(\varphi^{n-1}\alpha | \alpha \vee \varphi\alpha \vee \cdots \vee \varphi^{n-2}\alpha);$$

ゆえに 12.15 と 12.6 を用い

$$s_{n-1} = h(\varphi^n\alpha | \varphi\alpha \vee \varphi^2\alpha \vee \cdots \vee \varphi^{n-1}\alpha)$$

ところが $\varphi\alpha \vee \varphi^2\alpha \vee \cdots \vee \varphi^{n-1}\alpha \leqq \alpha < \varphi\alpha \vee \cdots \vee \varphi^{n-1}\alpha$ であるから，性質 12.12 によって $s_{n-1} \geqq s_n$ である．

定理 12.21.

極限 $h(\alpha, \varphi)$ は存在して

$$\lim_{n\to\infty} h(\varphi^n\alpha | \alpha \vee \varphi\alpha \vee \cdots \vee \varphi^{n-1}\alpha)$$

に等しい．

証明：　正数列 $\{s_n\}$ が n に関して減小するから極限 s をもつ．

ここで $h_n = h(\alpha) + s_1 + \cdots + s_n$ であることに注意すれば，収束数列に関する算術平均についての Césaro の定理によって

$$\lim_{n\to\infty} \frac{h_n}{n} = \lim_{n\to\infty} \frac{s_1 + \cdots + s_n}{n} = \lim_{n\to\infty} s_n = s$$

となる．だから $h(\alpha, \varphi)$ の定義と (12.20) 式とによって，定理が証明される．

例 12.22. Bernouilli 型式の力学系

$B(p_1, \ldots, p_k)$ を Bernouilli 型式の力学系（第1章，例 2.2 をみよ）とし，φ をその同型変換とせよ．

有限個の集合

$$A_o{}^i = \{m | m_o = i\} \qquad (i = 1, 2, \ldots, k)$$

への分割 α を考える．

このとき

$$h(\alpha, \varphi) = -\sum_{i=1}^{k} p_i \operatorname{Log} p_i$$

であることを証明しよう．

まず

$$\varphi^n A_0{}^i = A_n{}^i = \{m | m_n = i\}$$

であるから，$\alpha \vee \varphi\alpha \vee \cdots \vee \varphi^{n-1}\alpha$ の元は測度 $p_{i_0} \ldots p_{i_{n-1}}$ の 集合

$$A_0{}^{i_0} \cap A_1{}^{i_1} \cap \cdots \cap A_{n-1}^{i_{n-1}}$$

から成っている．

したがって

$$h(\alpha \vee \cdots \vee \varphi^{n-1}\alpha) = -\sum_{i_0, i_1, \cdots, i_{n-1}} p_{i_0} p_{i_1} \ldots p_{i_{n-1}} \cdot \mathrm{Log}\,(p_{i_0} p_{i_1} \ldots p_{i_{n-1}})$$

である．

i_0 について総和し，

$$\sum_{i_1, \cdots, i_{n-1}} p_{i_1} \ldots p_{i_{n-1}} = 1$$

に注意すれば，

$$h(\alpha \vee \varphi\alpha \vee \cdots \vee \varphi^{n-1}\alpha) = -\sum_i p_i \,\mathrm{Log}\, p_i + h(\alpha \vee \cdots \vee \varphi^{n-2}\alpha)$$

を得る．これを繰り返して

$$h(\alpha \vee \varphi\alpha \vee \cdots \vee \varphi^{n-1}\alpha) = n(-\sum_i p_i \,\mathrm{Log}\, p_i)$$

を得て

$$h(\alpha, \varphi) = -\sum_i p_i \,\mathrm{Log}\, p_i$$

が証明される．

定義 12.23. 自己同型変換 φ のエントロピー*)

力学系 (M, μ, φ) の自己同型変換 φ のエントロピー $h(\varphi)$ を

$$h(\varphi) = \sup_\alpha h(\alpha, \varphi)$$

によって定義する．ここに sup は，M の有限個の可測集合への分割 α のすべてに関してとるものとする．明かに $h(\varphi) \geqq 0$ である．

定理 12.24. $h(\varphi)$ はこの力学系の同型変換に関しての不変な量である．

証明：

---

*) Kolmogorov[4] の導入した概念．Sinai[7], [8] をみよ．

(M,μ,φ) と (M',μ',φ') とが同型である（第１章，定義4.1をみよ）とすれば，$M\to M'$ なる同型点変換 f で $\varphi'=f\varphi f^{-1}$ となるもの f が存在する．

M の有限個の可測集合への分割 α に対して，$f\alpha$ は M' の有限個の可測集合への分割 α' を与える．そして

$$h(f\alpha,\varphi')=h(f\alpha,f\varphi f^{-1})=\lim_{n\to\infty}\frac{h(f\alpha\vee\cdots\vee f\varphi^{n-1}f^{-1}f\alpha)}{n}$$

$$=\lim_{n\to\infty}\frac{h[f(\alpha\vee\cdots\vee\varphi^{n-1}\alpha)]}{n}=\lim_{n\to\infty}\frac{h(\alpha\vee\cdots\vee\varphi^{n-1}\alpha)}{n}=h(\alpha,\varphi)$$

もし α が M の有限個の可測集合への分割の全体を動けば，$f\alpha$ が M' のそれを動く．したがって

$$h(\varphi')=\sup_{\alpha'}h(\alpha',\varphi')=\sup_{\alpha}h(\alpha,\varphi)=h(\varphi)$$

である．（証明終り）

つぎに，多くの場合に，$h(\varphi)$ を計算するのに役立つ定理を与えよう．

定義 12.25. 与えられた自己同型変換に関する生成元

α を有限個の可測集合への可測な分割とし，$\mathscr{M}(\alpha)$ をこの分割から生成された可測集合代数とする．もしも

$$\overline{\bigcup_{n=-\infty}^{\infty}\varphi^n\mathscr{M}(\alpha)}=\hat{1}$$

なる条件が満されているとき，α を φ に関しての生成元という．

Kolmogorov の定理 *) 12.26.

もしも α が φ に関しての生成元ならば，$h(\varphi)=h(\alpha,\varphi)$ である．証明は付録19に与へる．

この定理の応用例を与えよう．

例 12.27. Bernouilli 型式

Bernouilli 型式 $B(p_1,\ldots,p_k)$ の2.2節に与えた変位 φ のエントロピーは

$$h(\varphi)=-\sum p_i\operatorname{Log}p_i$$

---

*) A. N. Kolmogorov [2], [4] や Sinai [7], [8] をみよ．

で与えられる.

証明：$B(p_1, \ldots, p_k)$ を Bernouilli 型式とすると，$\widehat{1}$ の生成元は集合系：

$$A_i^j = \{m | m_i = j\} \qquad (j \in \mathbf{Z}_k, i \in \mathbf{Z})$$

で与えられる.

例 12.22 の分割 $\alpha = \{A_0^i | i = 1, 2, \ldots, k\}$ を考えると，$\varphi^n A_0^i = A_n^i$ であるから，集合代数 $\bigcup_{-\infty}^{\infty} \varphi^n \mathscr{M}(\alpha)$ は $\widehat{1}$ の生成元をすべて含む．よって α は φ に関する生成元であり，12.22 と 12.26 とから定理が証明される.

帰結 12.28.

1) 0 または任意の正数値を与えたとき，この値をその（自己同型変換の）エントロピーとするような抽象力学系が存在する.

2) すでに例 10.6 でみたように，Bernouilli 型式の力学系はすべて同じスペクトル型をもつ．しかし Bernouilli 型式力学系はいろいろ異なるエントロピーをもち得るし，またエントロピーは同型変換で不変な量であるからつぎのようにいえる．互いに同型でない抽象力学系で，同じスペクトル型をもつものが存在する.

われわれは，二つの K- 力学系が同じスペクトル型と同じエントロピーをもつならば同型であろうと予想する．これについては，このような二つの K- 力学系は弱い意味で同型なこと，すなわちどの一方も他方に準同型であること (Sinai [9]) がわかっているに過ぎない*)（付録 6 参照).

この見地に立つ結果として Meshalkin [1] の得たそれをあげておこう：

$B(p_1, \ldots)$ と $B(q_1, \ldots)$ とが同じエントロピーをもちかつ p_i, q_i が一つの正整数の負の冪であればこれら二つの力学系は同型である.

たとえば $B\left(\frac{1}{2}, \frac{1}{8}, \frac{1}{8}, \frac{1}{8}, \frac{1}{8}\right)$ と $B\left(\frac{1}{4}, \frac{1}{4}, \frac{1}{4}, \frac{1}{4}\right)$ は同型である．（ここでは $n = 2$)

---

*) 最近 D. S. Ornstein [1], [2] によって，エントロピーの等しい Bernouilli 変換は同型であることが証明された．これについて十時東生氏のエルゴード理論入門（共立出版 1971）第 9 章に良き解説が与えられている．(訳者註)

Blum と Hanson [1] はこの結果をさらによくした.

例 12.29. ドーナツ形の自己同型

ドーナツ形 {1を法とした (x, y)} の自己同型 φ:

$$\varphi(x, y) = (ax+by, cx+dy) \qquad (1\text{を法として})$$

がエルゴード的であるとすれば，そのエントロピーは

$$h(\varphi) = \mathrm{Log}|\lambda_1|$$

であることを Sinaï [7] が証明した．ここに λ_1 は行列

$$\begin{pmatrix} a & b \\ c & d \end{pmatrix} \qquad (ad-bc=1)$$

の固有値でその絶対値が1より大なるものとする．

なお一般に，φ が r 次元のドーナツ形 $T^r = \mathbf{R}^r/\mathbf{Z}^r$ のエルゴード的自己同型とすれば，行列 φ の r 個の相異なる固有値のうちその絶対値が1より大きいものを $\lambda_1, \ldots, \lambda_p$ とすると

$$h(\varphi) = \sum_{i=1}^{p} \mathrm{Log}\,|\lambda_i|$$

である．(Genis [1] とその Abramov [1] による訂正をみよ).

系 12.30. (第1章の例 4.4 をみよ).

T^2 の上の二つの力学系

$$\begin{pmatrix} 1 & 1 \\ 1 & 2 \end{pmatrix} \quad と \quad \begin{pmatrix} 3 & 1 \\ 2 & 1 \end{pmatrix}$$

とは互いに同型でない．

しかし

$$\begin{pmatrix} 3 & 1 \\ 2 & 1 \end{pmatrix} \quad と \quad \begin{pmatrix} 3 & 2 \\ 1 & 1 \end{pmatrix}$$

で T^2 上に定義される二つの力学系は，スペクトル型をもエントロピーをも等しくする．しかしこの二つが同型かどうかはわからない，わかっていることは，この二つが互いに弱い意味で同型なこと，すなわちいずれの一方も残る他方の部分力学系 (factor system) であるということだけである．(Sinai [9]).

定理 12.31*⁾. K- 力学系のエントロピー

---

*⁾ A. N. Kolmogorov [4] による.

K- 力学系のエントロピーの値は正である.

証明:

定義 11.1 によって，次のような $\hat{1}$ の部分集合代数 $\mathscr{A}$ がある：

$$\hat{0} = \bigcap_{-\infty}^{\infty} \varphi^n \mathscr{A} \subset \cdots \subset \mathscr{A} \subset \varphi\mathscr{A} \subset \cdots \subset \overline{\bigcup_{-\infty}^{\infty} \varphi^n \mathscr{A}} = \hat{1}$$

はじめに $\mathscr{A}$ の部分集合代数 $\mathscr{B}$ で，有限個の集合から成り，かつ整数 n, n' が $n > n'$ ならば

(12.32) $$\bigcup_{k \leqq n} \varphi^k \mathscr{B} \supset \bigcup_{k \leqq n'} \varphi^k \mathscr{B} \qquad (\supset \text{は等号を含まない})$$

が成り立つようなものが存在することを証明しよう.

帰謬法により $\mathscr{A}$ の（有限個の集合から成る）部分集合代数 $\mathscr{B}$ のすべてに対して $n > n'$ なる整数 n, n' が存在して

$$\bigcup_{k \leqq n} \varphi^k \mathscr{B} = \bigcup_{k \leqq n'} \varphi^k \mathscr{B}$$

であると仮定する．(M, μ) が Lebesgue 空間であるから，有限個の可測集合から成る部分集合代数の列 $\{\mathscr{B}_i\}$ で $\mathscr{B}_1 \subset \mathscr{B}_2 \subset \cdots \subset \mathscr{A}$ かつ次の等式の成り立つものが存在する：

$$\overline{\bigcup \mathscr{B}_i} = \mathscr{A}$$

上の仮定からすべての i に対して

$$\varphi^n \Bigl(\bigcup_{k \leqq 0} \varphi^k \mathscr{B}_i \Bigr) = \bigcup_{k \leqq 0} \varphi^k \mathscr{B}_i$$

したがって

$$\varphi^n \mathscr{A} = \bigcup_{k \leqq n} \varphi^k \mathscr{A} = \bigcup_{i} \varphi^n \Bigl(\bigcup_{k \leqq 0} \varphi^k \mathscr{B}_i \Bigr) = \bigcup_{i} \Bigl(\bigcup_{k \leqq 0} \varphi^k \mathscr{B}_i \Bigr) = \mathscr{A}$$

なる矛盾を得る.

ここで β を，$\mathscr{B}$ を生成する分割で有限個の集合から成るものとする（定義 A 18.5 をみよ）．定理 12.21 から

$$h(\varphi) \geqq h(\beta, \varphi) = \lim_{n \to \infty} h(\beta | \varphi^{-1}\beta \vee \cdots \vee \varphi^{-n}\beta).$$

列 $\varphi^{-1}\beta, \varphi^{-1}\beta \vee \varphi^{-2}\beta, \ldots$ は単調増加だから，(12.12) で

$$h(\varphi) \geqq h\Big(\beta \Big| \bigvee_{k \leqq -1} \varphi^k \beta\Big).$$

よって

$$h\Big(\beta \Big| \bigvee_{k \leqq -1} \varphi^k \beta\Big) > 0$$

がいえるとよい．これを否定して上式左辺＝0とすると，(12.7)によって

$$\beta \leqq \bigvee_{k \leqq -1} \varphi^k \beta$$

でなければならない．これから

$$\bigvee_{k \leqq 0} \varphi^k \beta = \beta \vee \Big(\bigvee_{k \leqq -1} \varphi^k \beta\Big) = \bigvee_{k \leqq -1} \varphi^k \beta$$

を得る．これは(12.32)に矛盾する．

注意 12.33.

Guirsanov [1] は（古典的でない）抽象力学系で，そのエントロピーは0，かつその Lebesgue 式スペクトルは可算無限多重度であるようなものを作った．この力学系は K- 力学系ではあり得ない．

Gourevitch [1] は，曲率が負の定数であるところのあるコンパクトな曲面の上のホロ球上の流れ (horocyclic flow 第3章をみよ)は，その Lebesgue 式スペクトルが可算無限多重度で，かつそのエントロピーが0であることを示した．これはその Lebesgue 式スペクトルが可算無限多重度の古典力学系であるが，K- 力学系ではない．

注意 12.34.

連続的時間パラメターの場合の流れ (M, μ, φ_t) のエントロピーの定義は $h(\varphi_t)$ の形になる．もし力学系 (M, μ, φ_t) が K- 流れ（定義 11.1をみよ）ならば，(M, μ, φ_t) は K- 力学系である，したがって（定理 12.31）K- 流れのエントロピー $h(\varphi_t)$ は正である．

Kouchnirenko*⁾ の定理 12.35. 古典力学系のエントロピー

古典力学系のエントロピーは有限である．

---

*⁾ Kouchnirenko[1], [2] をみよ．

証明：

(M, μ, φ) を古典力学系とせよ．M がコンパクト可微分な多様体であるから，M は Riemann の距離計量 g を荷なっている．g を $g \to e^{2\rho}g$ のごとく共形的に変形して，g から得られる M の体積計量が μ であるとしてよい．M の部分多様体の超面積も g から得られるものを用いる．

M の古典的分割とよぶのは，M をその境界が可微分であるような複体の有限個に分割することをいう；したがってそれら境界の超面積の和は有限である．M がコンパクト可微分であるから，上のような分割はいつでも可能である(Cairns [1])．

つぎの二つの自明な注意をしよう．

(1) M の有限個の可測集合への分割の全体のなかで，古典的な分割の全体は，エントロピー計量の意味で稠密である (付録19をみよ)．また $h(\alpha, \varphi)$ は，エントロピー計量の意味で連続であるから

$$h(\varphi) = \sup_{\text{古典的分割}\alpha} h(\alpha, \varphi)$$

が成り立つ．

(2) σ を，その次元が (M の次元 -1) でかつその超面積が $S(\sigma)$ で与えられる，M の部分多様体とする．M がコンパクトであるから，σ に無関係な正定数 λ が存在して

$$\frac{S(\varphi\sigma)}{S(\sigma)} < \lambda \tag{12.36}$$

が成り立つ．α を古典的分割とし；$A_1, \ldots, A_n$ を $\alpha \vee \cdots \vee \varphi^{k-1}\alpha$ の要素としよう．等周不等式の教えるところによれば，M の次元を N とするとき，M だけによって定まる定数 C が存在して

$$\mu(A_i)^{(N-1)/N} \leqq C \cdot S(\partial A_i) \qquad N = M\text{の次元}$$

が成り立つ．ゆえに

$$\sum_{i=1}^{n} [\mu(A_i)]^{(N-1)/N} \leqq C \cdot \sum_{i=1}^{n} S(\partial A_i)$$

分割 α の境界の超面積の和を (各境界は，したがって2回計られる) $S(\alpha)$ とか

けば，明らかに

$$\sum_{i=1}^{n} S(\partial A_i) = S(\alpha) + \cdots + S(\varphi^{k-1}\alpha)$$

であり，したがって

$$\sum_{i=1}^{n} [\mu(A_i)]^{(N-1)/N} \leqq C[S(\alpha) + \cdots + S(\varphi^{k-1}\alpha)]$$

を得る．ゆえに (12. 36) によって

$$\sum_{i=1}^{n} [\mu(A_i)]^{(N-1)/N} \leqq C \cdot S(\alpha)[1 + \cdots + \lambda^{k-1}] \leqq C \cdot S(\alpha)\frac{\lambda^k}{\lambda - 1}$$

したがって

(12. 37)
$$\mathrm{Log} \sum_{i} [\mu(A_i)]^{(N-1)/N} \leqq k\,\mathrm{Log}\,\lambda + \text{定数}$$

ところが $\mathrm{Log}\,t$ は凸函数であり，かつ $\mu(A_i) \geqq 0$, $\sum_i \mu(A_i) = 1$ であるから，Jensen の不等式を上式に応用して

$$\sum_{i=1}^{n} \mu(A_i)\,\mathrm{Log}\,\mu(A_i)^{-1/N} \leqq k\,\mathrm{Log}\,\lambda + \text{定数},$$

$$\frac{-\sum_{i=1}^{n} \mu(A_i)\,\mathrm{Log}\,\mu(A_i)}{k} \leqq N \cdot \mathrm{Log}\,\lambda + \frac{\text{定数}}{k}$$

を得る．よって $k \to \infty$ ならしめて

$$h(\alpha, \varphi) \leqq N \cdot \mathrm{Log}\,\lambda$$

を得るから，上の注意 (1) によって

(12. 38)
$$h(\varphi) \leqq (\dim M) \cdot \mathrm{Log}\,\lambda$$
（証明終り）

系 12. 39.

古典力学系として実現できないような抽象力学系が存在する．それにはエントロピーが無限大なもの，たとえば無限次の Bernouilli 型式をとるとよい：

$$B\Bigl(\frac{1}{2}, \frac{1}{4}, \frac{1}{16}, \frac{1}{16}, \cdots, \underbrace{\frac{1}{2^{2n}}, \cdots, \frac{1}{2^{2n}}}_{2^{2^n-n-1}\text{回}}, \cdots\Bigr)$$

系 12. 40.

抽象力学系が階数有限な離散的なスペクトルをもつならば，そのエントロピ

ーは0である.

証明：この力学系は，有限次元のコンパクト可換群にこの群の回転φを施すという系に同型になる．ゆえに$\lambda=1$であり(12.38)から$h(\varphi)=0$

問題 12.41. 古典力学系のエントロピー$h(\varphi)$が，φに連続的に関係するかどうかはまだわかっていない.

注意 12.42. Kouchnirenkoの定理は，M. ArtinとB. Mazur[1]による最近の結果に関係がある．この結果はつぎの通りである：Mを滑かなコンパクト多様体とすると，MのC^1級微分同相な変換φのなかで稠密なものに対しては，φ^nの不動点の個数$N(n)$は指数函数的にしか増大しない．すなわち

$$n=1,2,\ldots \qquad \text{に対して}$$

$$N(n)\leqq C\mathrm{e}^{\lambda n}$$

となるような$C=C(\varphi), \lambda=\lambda(\varphi)$が定まる.

注意 12.43. 最近Kouchnirenkoは，抽象力学系の新しい不変量A-エントロピーを導入した.*) すなわち

$$A: a_1<a_2<a_3<\cdots$$

を単調増加する整数列とし，Mの自己共型変換φの，有限個可測集合への分割αに関するA-エントロピーを

$$h_A(\varphi,\alpha)=\limsup_{n\to\infty} n^{-1}\cdot h(\varphi^{a_1}\alpha\vee\varphi^{a_2}\alpha\vee\cdots\vee\varphi^{a_n}\alpha)$$

によって定義する．そして定義12.23におけるように，A-エントロピーを

$$h_A(\varphi)=\sup_{\alpha} h_A(\varphi,\alpha)$$

によって定義する．さきに述べた(普通の)エントロピー$h(\varphi)$は$A=\{0,1,2,\ldots\}$のときにあたっている．(普通の)エントピーが0であるような力学系のあるものたちは，A-エントロピーによって区別されることがある．一つの例をあげよう：

$A=\{2^n\}$とする．そうすると，(第3章をみよ)ホロ球上の流れ(horocyclic

*) 1966年のMoscowにおける国際数学者会議(Internat. Congress of Mathematicians)における彼の報告をみよ.

flow) の A-エントロピー h は $0 < h < \infty$ を満足する．この流れを自分自身と直積した流れを考えると，その A-エントロピーは $2h$ である．$2h \neq h$ であるから，この直積はホロ球上の流れと同型でない．しかし，これらはいずれも(普通の) エントロピーは 0 で可算無限多重度の Lebesgue 式スペクトルをもつ．

注意 12.44.

最近，Katok と Stepin [1]*) とが，抽象力学系のある新しい不変量を導入した．それは周期的近似の速度とよばれるものである．抽象力学系を (M, μ, φ) とし，M を測度 $\frac{1}{n}$ の可測集合 $C_n{}^i$ の和に分割し $(i = 1, 2, \ldots, n)$ この分割を ξ_n と書く．(M, μ) の自己同型変換 S_n が，分割 ξ_n に関して巡回的 (cyclic) であるというのはつぎの 2 条件が満足されることをいう：

(a)　$S_n \xi_n = \xi_n$;

(b)　$S_n{}^n = E$ (恒等変換)，$S_n{}^k \neq E$ ($k < n$ のとき)

同型変換 φ が，$O[f(q_n)]$ の速度で巡回的変換によって近似されるとはつぎの条件が成り立つことをいう：自然数の増大列 $\{q_n\}$ に対して分割の列 $\{\xi_{q_n}\}$ (ただし $\xi_{q_n} \to \widehat{1}$) と ξ_{q_n} に関して巡回的な自己同型変換 S_{q_n} の列 $\{S_{q_n}\}$ で

$$\sum_{i=1}^{q_n} \mu(\varphi C_{q_n}^i \wedge S_{q_n} C_{q_n}^i) = O[f(q_n)]$$

となるものが存在する．Katok と Stepin とは，周期的近似の速度をエントロピーやスペクトルに結び付ける重要な定理をいくつか証明した．この結果の重要性はつぎの事実にもとづく．すなわち多くの場合において，力学系のスペクトルを具体的に計算することはできなくても，この系の周期的近似の速度についてある種の情報を得ることができるのである．彼等の結果のうちつぎの二つをあげておこう：

(1)　自己同型変換 φ が，$O(1/\log^2 q_n)$ の速度で巡回的変換によって近似されるならば $h(\varphi) = 0$ である．

(2)　$O(1/q_n)$ の速度で巡回的変換によって近似されるような自己共型変換 φ

---

*)　Int. Congress of Math. Moscow, 1966 における彼等の報告をも参照せよ．

はエルゴード的である．のみならず，φ によって誘導される，$L_2(M,\mu)$ におけるユニタリイ作用素 U に対して強収束 $U^{q_n}\Longrightarrow E$ (単位作用素) が成り立つ．この系としていえることは，φ は混合的ではなく，かつ U の最大スペクトル型 (maximal spectral type) は特異的である．

なおたとえば，つぎの図

$$\Delta_1 \quad \Delta_2 \quad \Delta_3 \longrightarrow \Delta_3 \quad \Delta_2 \quad \Delta_1$$

で与へられるような写像や，ドーナツ形の上の流れ

$$\frac{dx}{dt}=\frac{1}{F(x,y)},\ \frac{dy}{dt}=\frac{\lambda}{F(x,y)}$$

で与えられるような流れなどに関係した力学系の研究への，上の巡回的変換による近似の応用については，Katok と Stepin の，Doklady 誌 (ロシアのモスコウ学士院記事)，函数解析とその応用誌 (1967 年) や Uspehi 誌 (1967) などをみられたい．

第2章の一般的な参考書

Halmos, P. R., *Lectures on Ergodic Theory*, Chelsea (New York).

Halmos, P. R., Entropy in Ergodic Theory, *Lecture Notes*, University of Chicago (1959).

Hopf, E,. *Ergodentheorie*, Springer, Berlin (1937).

Neumann, J. von. Zur Operatorenmethode in der klassischen Mechanik, *Ann of Math*. 33(1932), pp. 587–642.

Rohlin, V. A., New Progress in the Theory of Transformations with Invariant Measure, *Russian Math. Surveys* 15, No.4 (1960), pp. 1–21.

Sinai, Ya., Probabilistic Idea in Ergodic Theory, *Trans. Amer. Math. Soc.* Series 2, 31(1963), pp. 62–84.

訳者追加：

Ornstein, D. S., Bernouilli shifts with the same entropy are isomorphic, *Advances in Mathematics*, 4 (1970), 337–352.

Ornstein, D. S., Two Bernouilli shifts with infinite entropy are isomorplic, *Advances in Mathematics*, 5(1970), 349-364.

十時東生，エルゴード理論入門，共立出版，(1971).

第3章　不安定な力学系

この章においてわれわれは，C-力学系*) とよばれる，本質的には確率論的な性質に関係した古典力学系を研究する．

C-力学系の軌道は，著しく不安定である：初期条件の近い二つの軌道も，時間の経過につれて指数函数的に相い遠ざかる．この性質は，未来と過去との漸近的独立性をもたらす：C-力学系の自己同型はエルゴード的，混合的で，かつ無限多重度の Lebesgue 式スペクトルをもちエントピーは正である．一言でいえば C-力学系は一般にはK-力学系である．

多様体 M の上で定義されたC-力学系の全体は，M の上で定義された古典力学系の全体の作る空間のなかで開集合になっている．したがって，ある C-力学系に十分近い古典的力学系は C-力学系である．このことは特に，負曲率のコンパクト Riemann 多様体の上の測地線に沿う流れについてあてはまる：実はこの流れが C-力学系の最初の例であったのである．

第13節　C-力　学　系

例 13.1.

ドーナツ形 $M=\{1$ を法とした $(x,y)\}$ に Riemann 計量 $\mathrm{d}s^2=\mathrm{d}x^2+\mathrm{d}y^2$ を付与し，M の上の可微分同相写像 φ を考える：

$$\varphi:\begin{pmatrix}x\\y\end{pmatrix}\to\begin{pmatrix}1&1\\1&2\end{pmatrix}\begin{pmatrix}x\\y\end{pmatrix}\quad(1\text{を法として}).$$

---

*) 英語で書かれた文献においては普通 U-力学系とよばれている．われわれのよび方 C-力学系は Anosov によって導入された．それはこの系が“条件 C”を満足するからである．

これは双曲的回転である．すなわち行列

$$\begin{pmatrix}1 & 1\\1 & 2\end{pmatrix}$$

は

$$0 < \lambda_2 < 1 < \lambda_1$$

を満足する二つの固有値 λ_1, λ_2 をもつ．

λ_1 と λ_2 とにそれぞれ対応する固有方向を X と Y とすると，X 方向の距離は伸長され，Y 方向の距離は短縮される．もっと詳しくいうために，TM_m を M の点 m における接空間とし，X_m および Y_m をそれぞれ X および Y に平行な

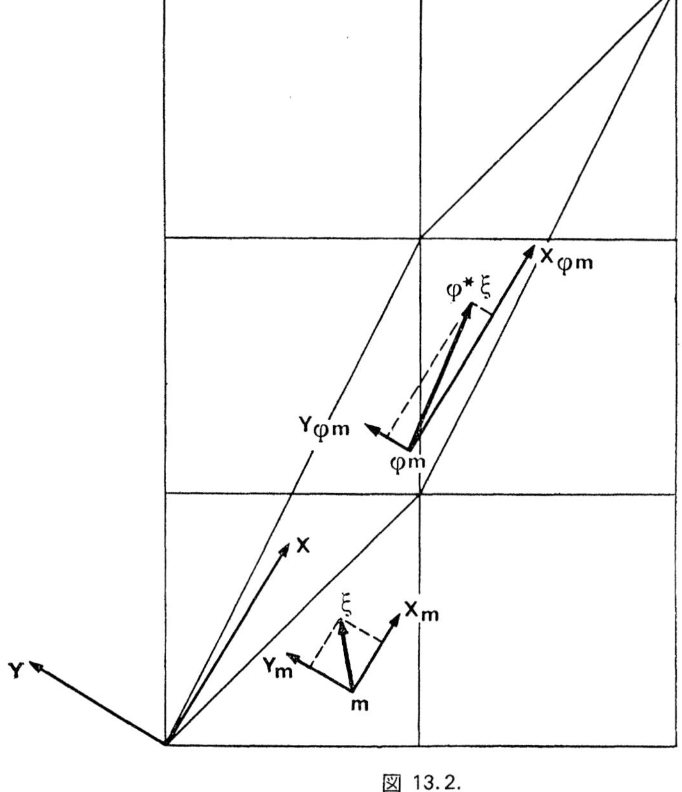

図 13.2.

TM_m の線形部分空間とする．そうして

$$\varphi^* : TM_m \to TM_{\varphi(M)}$$

を φ の微分とすると，$\| \ \|$ をもって接ベクトルの長さを示すことにして：

$$\|\varphi^* \xi\| \geqq \lambda_1 \cdot \|\xi\| \quad (\xi \in X_m \text{ のとき}) \quad (\lambda_1 > 1)$$

$$\|\varphi^* \xi\| \leqq \lambda_2 \cdot \|\xi\| \quad (\xi \in Y_m \text{ のとき}) \quad (0 < \lambda_2 < 1)$$

となるのである．

この例は，これから定義しようとしている C-力学系の一つの典型になっている．

定義 13.3.

M をコンパクト，連結で C^∞ 級の Riemann 多様体とし，φ を M の M への C^2 級可微分同相変換とする．そして $\varphi^* : TM_m \to TM_{\varphi(m)}$ を φ の微分とする．このとき，

(M, φ) が条件 C を満足する，あるいは φ が C-可微分同相であるというのは，それぞれ次元数が正数である接超平面の場 X_m と Y_m で次の二つの性質をもつものが存在することである：

(1)　TM_m は X_m と Y_m との直和である：

$$TM_m = X_m \oplus Y_m, \dim X_m = k \neq 0, \dim Y_m = l \neq 0.$$

(2)　すべての正整数 n に対して

$$\xi \in X_m \text{ ならば } \|(\varphi^n)^* \xi\| \geqq a \cdot e^{\lambda n} \|\xi\|, \|(\varphi^{-n})^* \xi\| \leqq b \cdot e^{-\lambda n} \|\xi\|,$$

$$\xi \in Y_m \text{ ならば } \|(\varphi^n)^* \xi\| \leqq b \cdot e^{-\lambda n} \|\xi\|, \|(\varphi^{-n})^* \xi\| \geqq a \cdot e^{\lambda n} \|\xi\|,$$

が成り立つ，ここに正の定数 a, b, λ は n にも ξ にも依存しないものであるが，a と b とは Riemann 計量 g に依存する[*]．X_m を伸長空間，Y_m を縮小空間とよぶ．

例 13.1. は C-可微分同相の例で，このとき

---

[*] g_1 と g_2 とを M の二つの Riemann 距離計量とせよ．M がコンパクトだから，二つの正数 α, β で，すべての $\xi \in TM$ に対して $\alpha\|\xi\|_2 \leqq \|\xi\|_1 \leqq \beta\|\xi\|_2$ が成り立つようなものが存在する．よって (2) の不等式が g_1 に対して正数 a, b で成り立てば，g_2 に対しては a, b の代りにそれぞれ $(\alpha/\beta)a$, $(\beta/\alpha)b$を置き換えた不等式が成り立つわけである．

$$a = b = 1,\ e^{\lambda} = \lambda_1,\ e^{-\lambda} = \lambda_2 \quad (\lambda_1\lambda_2 = 1)$$

である．上の C-可微分同相の定義は，連続パラメーター t の力学系にも拡張される：

φ_t を，コンパクトで連結な C^∞ 級の Riemann 多様体 M の M への C^2 級の可微分同相変換でパラメーター $t \in \mathbf{R}$ に依存する群とする．(M, φ_t) が C-流れであるとは次の三条件が満たされることである：

(1)　速度ベクトル $\dfrac{d}{\mathrm{d}t}\varphi_t m|_{t=0}$ が 0 でない，

(2)　m での接空間 TM_m は，つぎのように直和

$$TM_m = X_m \oplus Y_m \oplus Z_m$$

に分解する．ここに Z_m は，m における速度ベクトルで生成された1次元の空間であり，$\dim X_m = k \neq 0$ かつ $\dim Y_m = l \neq 0$.

(3)　$\xi \in X_m$ ならば，Mの Riemann 距離計量 g からくる $\|\ \|$ に対し，

$$\|(\varphi_t)^*\xi\| \geqq a\cdot e^{\lambda t}\|\xi\| \ (t \geqq 0), \qquad \|(\varphi_{-t})^*\xi\| \leqq b\cdot e^{-\lambda t}\|\xi\| \ (t \leqq 0).$$

$\eta \in Y_m$ ならば

$$\|(\varphi_t)^*\xi\| \leqq b\cdot e^{-\lambda t}\|\xi\| \ (t \geqq 0), \qquad \|(\varphi_{-t})^*\xi\| \geqq a\cdot e^{\lambda t}\|\xi\| \ (t \leqq 0).$$

ここに a, b, λ は ξ や t に依存しない正定数であるが，a や b は計量 g には依存する．

条件 (1) は，この力学系が平衡な配置をもたないことを意味する．条件 (3) はこの系の解 $(TM, (\varphi_t)^*)$ の軌道の挙動を記述している．C-可微分同相変換または C-流れを，簡単化して C-力学系とよぶことにしよう．

注意 13.4.

次のことは容易に証明できる．

(1)　部分空間 X_m および Y_m は一意的に定まる．(これらは TM_m の線形部分空間のうちでそれぞれ“一番伸長的なもの”および“一番縮小的なもの”である)．

(2)　$\dim X_m = k$ および $\dim Y_m = l$ は m に依存しない (k は，連結な M の上の点 m の連続な整数値であるから)．

(3)　X_m と Y_m とは m に連続的に依存する．

最後に C–力学系は古典力学系（定義 1.1. における）でないことに注意しよう．不変測度の存在を仮定していないからである．

ここで C–可微分同相変換からC–流れを組立て得ることを示そう．

例 13.5. (S. Smale)

空間 M.

$T^2=\{1$ を法とする $(x,y)\}$ を二次元のドーナツ形とし閉区間 $[0,1]=\{u|0\leqq u\leqq 1\}$ をとる．シリンダー $T^2\times[0,1]$ を作り，$T^2\times\{0\}$ と $T^2\times\{1\}$ とを次式によって同一視する：

$$((x,y),1)\equiv(\varphi(x,y),0)=((x+y,x+2y),0)\quad(1\text{を法として}),$$

ここに φ は，例 13.1 の可微分同相変換すなわち

$$\varphi:\begin{pmatrix}x\\y\end{pmatrix}=\begin{pmatrix}1&1\\1&2\end{pmatrix}\begin{pmatrix}x\\y\end{pmatrix}\quad(1\text{ を法として})$$

である．

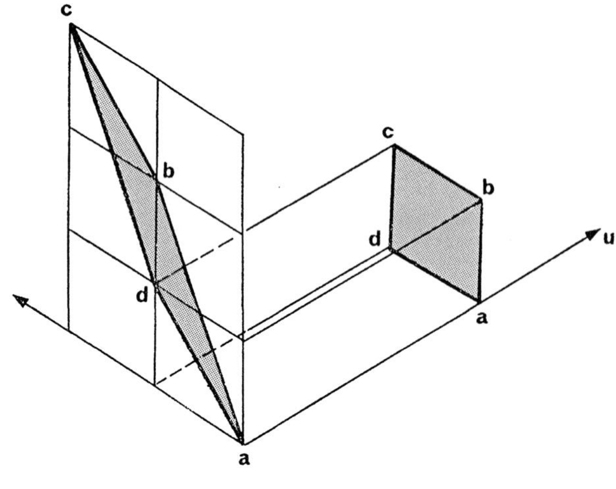

図 13.6.

こうしてコンパクト多様体 M が得られた．M の点 (x,y,u) に対して $S^1=\{1$ を法とした $u\}$ の点 u を対応させる写像 $p(x,y,u)=u$ は M の上いたると

ころ階数1である．多様体 M は，S^1 を基底とするファイバー束*) で，その底空間は S^1，ファイバーは T^2 である．

流れ φ_t.

M の M への可微分同相変換 φ_t の群を，その無限小作用素

(13.7.) $$\dot{x}=0,\ \dot{y}=0,\ \dot{u}=1 \quad (\cdot \text{は} t \text{に関する微係数を示す})$$

によって定義する．

M の Riemann 距離計量

$\lambda_1, \lambda_2\ (0<\lambda_2<1<\lambda_1)$ を行列

$$\begin{pmatrix}1 & 1\\ 1 & 2\end{pmatrix}$$

の固有値とする．

$T^2\times[0,1]$ の上の Riemann 距離計量を

(13.8) $$ds^2=\lambda_1^{2u}[\lambda_1 dx+(1-\lambda_1)dy]^2+\lambda_2^{2u}[\lambda_2 dx+(1-\lambda_2)dy]^2+du^2$$

によって定義する．

この計量が変換

$$(x, y, u)\to(x+y, x+2y, u-1)$$

によって不変なことは，容易にたしかめられる．

いいかえれば，この計量は，さきに述べた $T^2\times\{0\}$ と $T^2\times\{1\}$ とを同一視することと両立する．よって (13.8) は M の上の距離計量である．

(M, φ_t) は C-流れである．

定義 13.3 の 3 つの条件をためしてみよう．

(1) (13.7) により速度ベクトルは 0 でない．

(2) $m=(x, y, u)\in M$と，TM_m の 3 つの部分空間 X_m, Y_m, Z_m を定義する：

X_m (および Y_m) がファイバー $T^2\times\{u\}$ に接し，$T^2\times\{u\}$ の $T^2\times\{u\}$ への可微分同相写像 φ：

---

*) ファイバー束の定義を与える．M を次元 $n+q$ のコンパクト，連結，可微分な C^∞ 級多様体，B は次元 n の可微分な C^∞ 級多様体で $p: M\to B$ は C^2 級のいたるところ階数 n の写像とする (M, B, p) なる組合せを B の上の可微分なファイバー束といい，B は底空間で p は射影とよぶ．$p^{-1}(x)$ $(x\in B)$ がいずれもファイバーで，各ファバーは q 次元で互いに可微分同相である．

$$\begin{pmatrix} x \\ y \\ u \end{pmatrix} \to \begin{pmatrix} 1 & 1 & 0 \\ 1 & 2 & 0 \\ 0 & 0 & 1 \end{pmatrix} \begin{pmatrix} x \\ y \\ u \end{pmatrix} \quad (1\text{を法として})$$

の固有値 λ_1 (および λ_2) の固有方向に平行で，Z_m は速度ベクトル (13.7) に共線的 (colinéaire) である．よって

$$TM_m = X_m \oplus Y_m \oplus Z_m,$$
$$\dim X_m = 1,\ \dim Y_m = 1$$

が得られた．

(3) $\xi \in X_m$ とする；ξ の座標系 (x, y, u) による成分は

$$(s, s\cdot(\lambda_1 - 1), 0) \quad (s \in \mathbf{R})$$

の形である．

一方において，(13.7) から行列 $\varphi_t{}^*$ は単位行列に他ならないことがわかる．したがって，(13.8) により：

$$\|(\varphi_t)^*\xi\|^2 = \lambda_1^{2(u+t)}[\lambda_1 s + (1-\lambda_1)(\lambda_1 - 1)s]^2 = \lambda_1^{2t}\cdot\|\xi\|^2,$$

したがって $\|(\varphi_t)^*\xi\| = \lambda_1{}^t\|\xi\|$．こうして定義 13.3 の条件 3 のはじめの部分は，

$$a = b = 1,\ e^\lambda = \lambda_1$$

ととることによって証明される．同じようにして，条件3のあとの部分も証明される．

2-平面 $X_m \oplus Z_m$ (および 2-平面 $Y_m \oplus Z_m$) の作る場はいずれも滑らかで完全積分可能であり，M の上の葉層構造*) (foliation, variétés feuilletées) を定義する． その各葉 (sheet, feuille) は φ_t の軌道で $t \to \infty$ なるとき (または $t \to -\infty$ なるとき；図 13.9 をみよ) 互いに漸近するものの併合 (union) になっている．葉層構造については本章末の Wu-Reeb の書物をみよ (訳者)．

この性質は C-力学系に対して一般に成り立つことが証明される．

注意 13.10.

上のつくり方はまったく一般的である．すなわち：

---

*) 多様体 M の上の葉層構造とは，M の上のk-平面から成る場で完全積分可能なものをいう．そこで完全積分された連結多様体を葉という．これらはk-次元の部分多様体である．

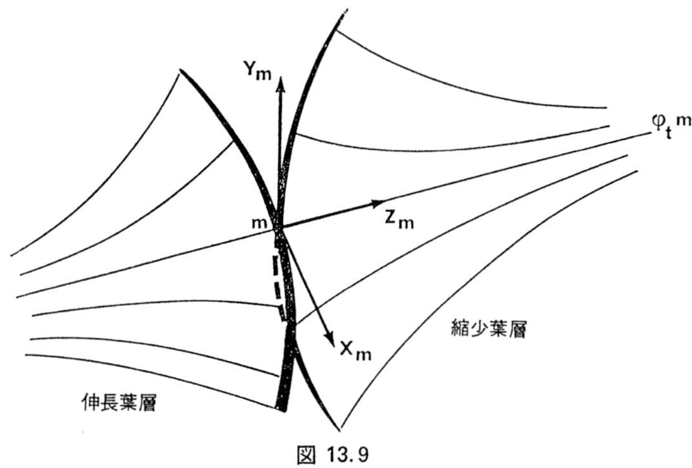

図 13.9

(V, φ_0) が多様体 V から V の上への C–可微分同相を与えるものとする．このとき位相的直積 $V\times[0,1]$ において点 $(v,0)$ を点 $(\varphi_0 v, 1)$ と同一視することによって，コンパクト多様体 M を得る．こうして

M の上の C–流れ φ_t を，

$$\varphi_t(v,s)=(\varphi_0^{[t+s]}v,\ t+s-[t+s])$$

によって定義する．ここに $v\in V, s\in[0,1]$ でかつ $[a]$ は a の整数部分である．

第14節 負曲率のコンパクト Riemann 多様体の上の測地線に沿う流れ

C–力学系の重要な一つの例を与えよう．

定義 14.1. 負曲率の多様体*)

V を Riemann 多様体，v を V の一点，TV_v を v における V の接ベクトル空間とする．TV_v の正規化された(長さ1の)互いに直交するベクトル e_1, e_2 は1つの 2–平面を作る．v から出る測地線でこの 2–平面に接するものの全体は，V の Riemann 部分多様体である曲面 Σ を生成する．Σ の v における Gauss の曲率は，2–平面 (e_1, e_2) に含まれるところの，v における V の断面曲率 (sectional

*) この概念については，S. Helgason [1]，第1章をみよ．

curvature) $\rho(e_1, e_2)$ とよばれる.

すべての v とすべての (e_1, e_2) とに対して断面曲率が負になるときに, V は負曲率の多様体であるといわれる.

もしも V がコンパクトであれば, $\rho(e_1, e_2)$ の連続性から, 負定数 $-k^2$ が存在して, すべての v とすべての (e_1, e_2) に対して次式が成り立つ:

$$\rho(e_1, e_2) \leqq -k^2.$$

付録20に負曲率多様体の一つの例を与える.

測地線の不安定性 14.2.

Riemann 多様体の上の測地線に沿う流れは, 摩擦がないと仮定したこの多様体の上におかれ, いかなる外力をも受けていない質点の可能な運動を記述するのである.

もし V が負曲率ならば, 測地線に沿う流れは甚だしく不安定である*): もし $v_1, v_0 \in T_1\tilde{V}$ ならば, 距離 $|\varphi_t v, \varphi_t v_0|$ は時刻 t とともに指数函数的に増大する. もっと詳しくいえば, つぎの定理が成り立つ. これは曲率が負の定数である曲面については Lobatchewsky によって, また曲率が負の一般な曲面については Hadamard [1] によって, 得られた定理である.

Labatchevsky-Hadamard の定理 14.3

V をコンパクト連結で負曲率の Riemann 多様体とする. このとき, V の単位長の接線の作る束 $M = T_1V$ の上の測地線に沿う流れは, C-流れ (C-力学系) である.

付録21に完全な証明を示すが, その筋道を以下に与えよう (図14.4をみよ).

$\gamma(\mathbf{u}, t) = \gamma(t) = \gamma$ を, $\mathbf{u} \in T_1V$ に接する測地線とする. ここにパラメーター t はその弧の長さによって測る. x を V の点とすれば, すべての点 $\gamma(t_1)$ に対して x に発して $\gamma(t_1)$ を通る測地線 γ_1 がある. $t_1 \to +\infty$ なるとき, γ_1 は x において単位長のベクトル $\mathbf{u}'$ に接する極限測地線 $\gamma'(\mathbf{u}', t)$ に収束する.

γ の上に適当に原点をとると, γ, γ', t に依存しない正数 b や λ が存在して

---

*) $\tilde{V}$ は V の普遍被覆空間 (revêtement universel de V; universal covering of V).

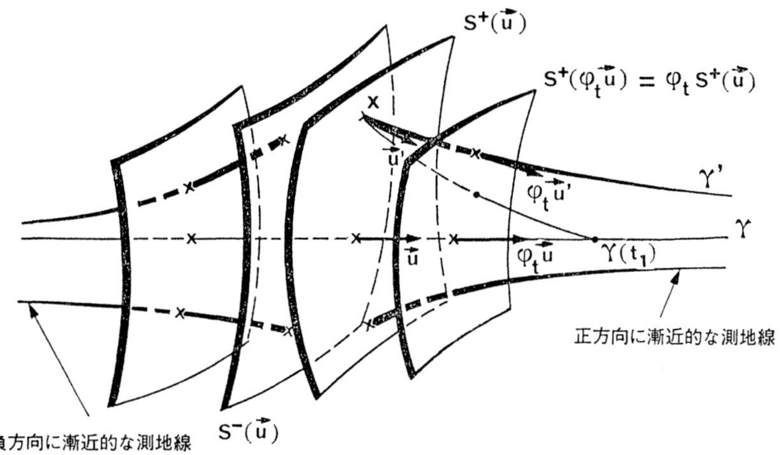

図 14.4

(14.5) $\gamma(t)$ と $\gamma'(t)$ との距離 $\leqq be^{-\lambda t}, t \geqq 0$

となる．γ' のような測地線の系は，$t \to \infty$ なるとき正の向きに γ に漸近するといわれる．これらの測地線の系は，$(n-1)$ 次元の部分多様体の系に ($n = \dim V$) に直交する：これらの部分多様体は**正のホロ球** (horosphere) S^+ とよばれるものである．

$S^+(\mathbf{u})$ を $\mathbf{u} \in T_1V$ の原点に接し $\gamma(\mathbf{u}, t)$ の正の向きの漸近測地線に直交するホロ球とする．このホロ球は T_1V の $(n-1)$ 次元の部分多様体と解釈できる．すなわち，$S^+(\mathbf{u})$ は $\mathbf{u}$ で符号づけられた，その単位長の直交ベクトルの集まりである．$S^+(\mathbf{u}) \subset T_1V$ の $\mathbf{u}$ における接平面は $T(T_1V_{\mathbf{u}})$ の $(n-1)$-平面 $Y_{\mathbf{u}}$ である．

t の役割りを $-t$ のそれと交換して，負の向きの漸近測地線と負のホロ球が，上のようにして得られる．そして $S^-(\mathbf{u}) \subset T_1V$ の $\mathbf{u}$ における接平面は $T(T_1V_{\mathbf{u}})$ の $(n-1)$-平面 $X_{\mathbf{u}}$ である．この定義から

$$T(T_1V_{\mathbf{u}}) = X_{\mathbf{u}} \oplus Y_{\mathbf{u}} \oplus Z_{\mathbf{u}}$$

が得られる．ここに $Z_{\mathbf{u}}$ は，測地線に沿う流れの速度ベクトルによって生成される一次元の空間である．このようにして C-流れ (定義 13.3.) の条件 (2) が

得られ，条件(3)は式(14.5)から求められる．

ベクトル場 X_{u} およびベクトル場 Y_{u} は完全積分可能である：その積分多様体はホロ球 S^{+} およびホロ球 S^{-} である．かくして T_1V の上の二つの葉層構造が得られた．この葉層は測地線に沿う流れで不変である：ホロ球は，$(n-1)$ 個のパラメターに依存する，V の測地線の系に直交するからである．

つぎに，一般の C-力学系が不変な二つの葉層をもつことの証明をしよう．

第15節 C-力学系の二つの葉層構造

(M,φ) によって M の M への C-可微分同相写像 φ を表わす．そして X_m（および Y_m）を $m\in M$ における k-次元の伸長空間（および l-次元の縮小空間）とする．M の上に Riemann 空間としての距離は定められているとしてあるから，X_m と Y_m とは TM_m のユークリッド的部分空間である．

Sinai の定理*) 15.1.

(M,φ) によって C-可微分同相写像 φ が与えられたとする：このときつぎの二つの事柄が成り立つ．

1) φ によって不変な葉層構造 $\mathscr{X}$ と $\mathscr{Y}$ で，それぞれ伸長場 X_m および縮小場 Y_m に接するものが存在する．したがってこれらの場は完全積分可能である．

2) 可微分同相写像 φ' が，φ に C^2 級-近似 (C^2-voisin) ならば，これは C-可微分同相である．特に葉層構造 $\mathscr{X}$ と $\mathscr{Y}$ とは構造的に安定である（第16節をみよ）．

付録22が，ここにスケッチする証明を完全に与えている．

作り方 15.2.

M に接する k-平面の場 ρ の作る空間 K を考えよう．ρ をその一つの場とし，$\rho(m)$ を TM_m の対応する k-平面とする．可微分同相変換 φ は場の空間 K を K に写す変換を誘導する．これを φ^{**} と書こう．すなわち φ^{**} を定義する式

---

*) この結果は，本質的には V.I.Arnold と Y. Sinai [6] において証明された．彼等は2-次元ドーナツ形の自己同型変換の小さい摂動という特別な場合を論じたのであったが，その証明は一般の場合にまで拡張できるのである．

$$\varphi^{**}(m)=\varphi^{*}\rho(\varphi^{-1}m)$$

において．φ^* は φ の微分であり，TM_m における k-平面を $TM_{\varphi}(m)$ における k-平面に変換するものである．

場 ρ の空間に，自然な距離 $|\rho_1-\rho_2|$ を入れよう．そうすると完備な距離空間を得る．われわれは（付録 22 をみよ），C-力学系の公理から写像 φ^{**}（または少なくともその正の冪 $(\varphi^{**})^n$）が，場 X_m のある近傍で縮小的であることすなわち：

(15.3)　　$|p_1-X_m|<\delta$, $|p_2-X_m|<\delta$ ならば，$0<\theta<1$ として

$$|\varphi^{**}p_1-\varphi^{**}p_2|\leqq\theta\cdot|p_1-p_2|$$

であるように δ を小さくとれることを，証明しよう．

ところが，不等式 (15.3) が φ に対して証明されているので，この不等式は φ に C^2級-近似するすべての φ' に対しても明らかに成り立つ，このとき φ'^* が φ^* に C^1級-近似しているからである．

そのうえ，縮小変換の定理によって (15.3) を満足する写像は不動点 p をもつ．φ によって不変な k-平面の場 p は明らかに X である．そして φ' に対しては他の場 p' が対応する．明らかに：

$$p'=\lim_{n\to\infty}(\varphi'^{**})^nX,$$

$$\varphi'^{*}p'(m)=p'(\varphi'm),$$

で，場 p' は φ' によって伸長される．

φ^{-1} に対しても同様に推論して，場 Y を近似する，φ' で縮小される場をもとめることができる．

不変な葉層群 15.4.

力学系 (M,φ) が，それぞれ X と Y とに接する不変な葉層構造 $\mathscr{X}$ と $\mathscr{Y}$ とをもつとせよ．そうすれば力学系 (M,φ') も同じ条件を満足する．実際，φ' によって不変な場 p' は次のようにして得られる：

$$p'=\lim_{n\to\infty}(\varphi'^{**})^nX.$$

しかも $(\varphi'^{**})^nX$ は葉層構造 $\varphi'^n\mathscr{X}$ に接する k-平面の場である．よって，極限の場 p' は完全積分可能である．すなわちある葉層構造 $\mathscr{X}'$ に接する．かくして定理 15.1. の後半 2) の証明が終る．

実は，上と同じ論法で葉層構造$\mathscr{X}$の存在が証明される．そのために，コンパクトなMを有限個の局所座標(C_i, ψ_i)で庇覆する：各C_iはそれぞれある点m_iの近傍で，ψ_iはC_iから$\mathbf{R}^n$のなかへの写像である（$n = M$の次元$\dim M$）．

各C_i内に葉層構造$\mathscr{X}_i{}^0$を考え$\psi_i(\mathscr{X}_i{}^0)$が$\psi_i{}^*(X_{m_i})$に平行な平面にのっているような$\psi_i(C_i)$の葉層構造であるようにする．局所座標を十分小さくとって，$\mathscr{X}_i{}^0$に各点mで接する接平面$X_i{}^0(m)$が伸長的平面X_mを十分よく近似しているようにできる．

mがいろいろなC_iに属するならば，それに応じてmを通るいろいろな平面$X_i{}^0(m)$が存在する．

ここで$\varphi^n C_i$において定義された葉層構造$\mathscr{X}_i{}^n = \varphi^n \mathscr{X}_i{}^0$を考えよう．これらの葉層構造は$M$を庇覆し，かつ(15.3)の示すように，その接平面の場は$n \to +\infty$とともにX_mに近似する．これから容易に，X_mに接する極限葉層構造$\mathscr{X}$の存在することがわかる．このようにして定理が証明された．

注意 15.5.

$\mathscr{X}$の各葉はC^1-可微分である．しかし葉層構造$\mathscr{X}$は滑らかであるとは限らない：各葉すべてへの法線方向微分が存在しないかも知れない．もし$k = l = 1$ならば，場X_mは可微分である（Arnold と Sinai [6]をみよ）．一般の場合に場X_mが滑らかでないことは確からしい．Anosov が場X_mおよび場Y_mがC^2-可微分でない例を作り上げた．

注意 15.6.

上の証明はC-流れにも拡張される．

第16節 C-力学系の構造的安定性

C-力学系が構造的に安定なことを示そう．

定義 16.1. 構造的安定性

(A) 可微分同相の場合

Mをコンパクトで滑らかな可微分多様体としφを，MからMへのC^r級の可微分同相写像とする．φ が構造的に安定であるというのはつぎの条件が満たされることをいう：恒等写像 Id_M の (C^0 級位相*) の意味での) 近傍 $V(Id_M)$ のすべてに対して，φ の (C^r 級位相の意味での) 近傍 $W(\varphi)$ でつぎのようなものが存在する．すなわち $W(\varphi)$ に属するどの C^r 級可微分同相写像 ψ のいずれに対しても，$V(Id_M)$ の同相写像 k でつぎのダイヤグラムを可換ならしめるような k が存在すること，すなわち $k\circ\varphi=\psi\circ k$ が成り立つ：

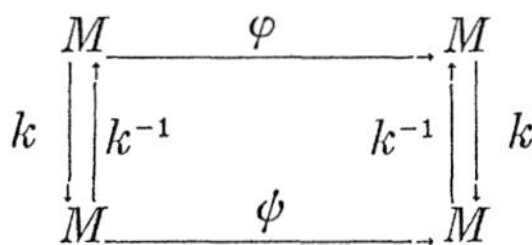

換言すれば，k が軌道 $\{\varphi^n|\, n\in\mathbf{Z}\}$ を軌道 $\{\psi^n|\, n\in\mathbf{Z}\}$ に変換することである．

(B)　流れの場合

M をコンパクトで滑らかな可微分多様体とし，X を M の上の C^r 級の可微分ヴェクトル場で，

$$X(m)=\frac{\mathrm{d}}{\mathrm{d}t}\varphi_t(m)\Big|_{t=0}\quad(m\in M)$$

なるような流れ φ_t を生成するものとする．

流れ φ_t が構造的に安定であるというのは，つぎの条件が満たされることをいう：恒等写像 Id_M の (C^0 級位相の意味での) 近傍 $V(Id_M)$ のすべてに対して，Xの (C^r 級位相の意味での) 近傍 $W(X)$ でつぎのようなものが存在する．すなわち $W(X)$ の C^r 級可微分なベクトル場 Y のすべてに対して，$V(Id_M)$ に属する同相写像kで，Xの各軌道をそれぞれYの軌道に写すようなkが存在する．

以下には $r\leqq 2$ と仮定することにする．

注意 16.2.

k が同相写像であるのみならず，可微分写像であるという条件を k につけることができる．

ここで $\mathbf{R}^2$ における力学系

---

*)　二つの写像 (または二つのヴェクトル場) が C^r 級で近いというのは，その r 階までの微分がそれぞれに近いことをいう．

$$\dot{x} = y, \qquad \dot{y} = -x - Ky$$

を考える．ここにKは正の定数とする．

この系の軌道は螺旋で，特異点(0,0)はその焦点的軌道(foyer)である(図16.3をみよ)．

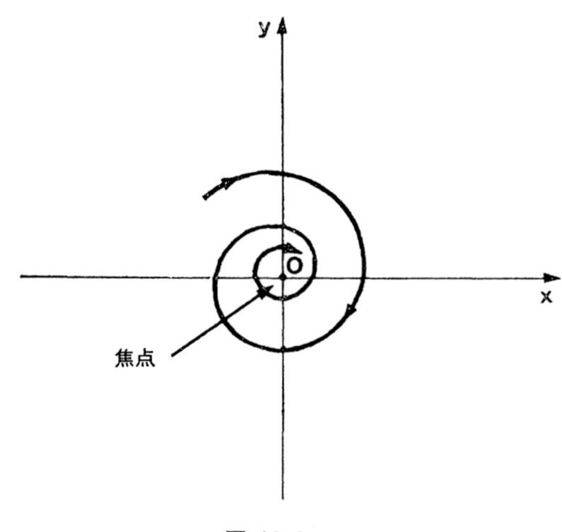

図 16.3

なお Poincaré の固有値理論*) によって，Kは連続(的時間パラメーターtの)可微分同相写像系に対する不変量である．異なるKの値に対する二つの系はφ, ψは$\varphi = k^{-1} \circ \psi \circ k$のごとく位相的に共軛(conjugate)にならず，したがって焦点(0,0)は構造的に安定ではない．

連続的時間パラメーターの場合に，離散的時間パラメーターの場合に類似して，つぎのように提案するべく誘惑される：$V(Id_M)$に属する同相写像kで，すべてのtに対してつぎの図式を可換ならしめるものが存在する：

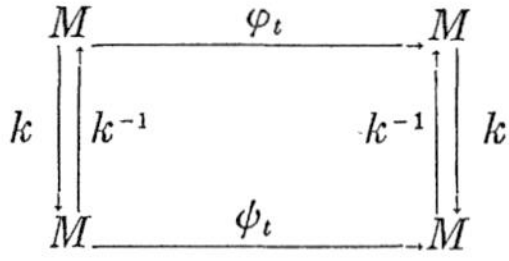

ここにψ_tはYによって生成される流れである．

ところがもしそうだとすれば極限閉軌道(cycle limite; 図16.4をみよ)は構造的に安

*) たとえば K. Coddington と N. Levinson [1] 第15章をみよ．

定でないことになる．なぜかなれば，この閉軌道に対応している周期は，連続的時間パラメターについて不変量である[*] からである．

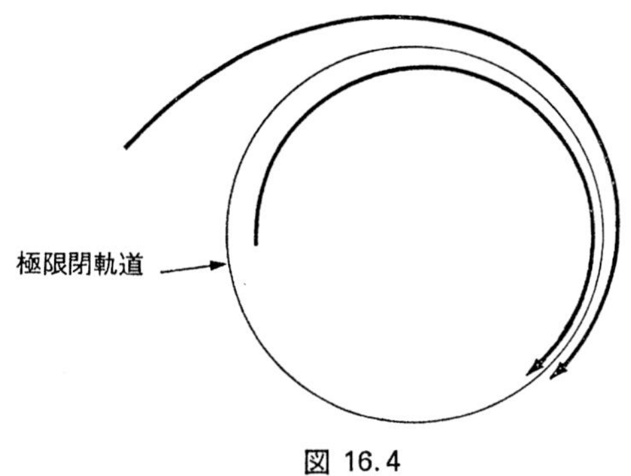

図 16.4

上に関連して，直ちにつぎの二つの問題が提起される．

(1)　構造的に安定な軌道は軌道の系の中でどんなふうに分布しているのであろうか？

(2)　多様体が与えられたとき，その上の構造的に安定なベクトル場は，ベクトル場の作る空間のなかで一般的であろうか？　すなわち，任意のベクトル場は構造的に安定なベクトル場でいか程でも近似できるであろうか．

Andronov と Pontrjagin [1] は，M が球 S^2 のときに肯定的な解答を与えた．二次元の他の多様体の場合については Peixoto [1] が研究した．

次元が 2 より大きいときには，事態は複雑である[**]．たとえば，例 13.1. の系は構造的に安定ではあるが著しく複雑である（エルゴード的で，閉軌道がいたるところ稠密である云々）．

一方において，Smale [2] はつぎのような例 (M, φ) をつくった：M の次元は 3 で φ に十分近い可微分同相写像はすべて構造的に安定でない（付録 24 をみよ）．このことは構造的に安定な系が一般的であろうという予想の根拠を薄弱ならしめる．

---

*) たとえば K.Coddington と N.Levinson [1] をみよ．

**) S. Smale [1] をみよ．

Anosovの定理[*] 16.5.

C–力学系は構造的に安定である.

証明のスケッチ(付録25をみよ).

(M,φ)をC–可微分同相写像とし, MのMへの可微分同相写像の空間においてφの(C^2–位相による)近傍を$W(\varphi)$とする. このときまず$\varphi'\in W(\varphi)$に対し, 微小なはっきり定義された同相写像$k:M\to M$で

$$\varphi'=k\cdot\varphi\cdot k^{-1},$$

$$\sup_{m\in M} d\,[k(m),m]<\varepsilon$$

となるものが存在することをいう. ここに$d(\ ,\ )$はRiemannの計量による距離である. つぎにφ'に依存するεは上から有界であること. すなわち

$$\sup_{\varphi'\in W(\varphi)} \varepsilon<\varepsilon_1$$

を証明する. このようにして構造的安定性がいえる. そのために, ε_1に近傍$W(\varphi)$を対応させて, $\varphi'\in W(\varphi)$が与えられると, 同相写像$k:M\to M$で

$$\varphi'=k\cdot\varphi\cdot k^{-1},$$

$$\sup_{m\in M} d\,[k(m),\ m]<\varepsilon_1$$

なるものが存在することをいわう. そこで$\varphi'\in W(\varphi)$をφにC^2–位相で近い可微分同相写像とする. われわれはすでに(§15.1のSinai の定理), φ'はC–可微分同相写像で, φとφ'とはそれぞれ不変な伸長的葉層構造$\mathcal{X},\mathcal{X}'$と不変で縮小的な葉層構造$\mathcal{Y},\mathcal{Y}'$とをもつことを知っている. もしもε–同相写像$k:M\to M$で$\varphi'=k\cdot\varphi\cdot k^{-1}$となるもの$k$が存在すれば, $m'=km$とおいてすべての$n\in\mathbf{Z}$に対して

$$d[\varphi'^n(m'),\varphi^n(m)]=d[k\cdot\varphi^n(m),\varphi^n(m)]<\varepsilon \tag{16.6}$$

が成り立つ.

C–力学系の定義そのものから, (16.6)を満足するような点m'は高々一つしかない. 実際, 任意の$\xi\neq 0$に対して, $n\to+\infty$または$n\to-\infty$のとき

$$\|(\varphi'^*)^n\xi\|\to+\infty$$

---

[*] Anosov [1]をみよ.

となる．同相写像kの一意性が証明されたので，もしkが存在すればそのkは，各mに対して(16.6)がすべての$n \in \mathbf{Z}$で成り立つようなm'をmに対応させることによって得られる．ゆえに問題はこのような点m'が存在することを証明することに帰着された．m'の作り方はつぎのようにするとよい．

伸長的な葉層構造$\mathcal{X}'$の葉βでmに十分近いものβの像$\varphi'^n\beta\ (n>0)$は，$\varphi^n m$に近いような点をもつ(付録25の補題Aをみよ)．これらのβの中に一意的に定まる$\beta(m)$で，すべての$n<0$に対して$\varphi'^n\beta(m)$がそれぞれ$\varphi^n(m)$に近くなっているようなもの$\beta(m)$が存在する．

同じような推論によって縮小的な葉$\delta(m) \in \mathcal{Y}'$で，その像$\varphi'^n\delta(m)$がすべての$n \in \mathbf{Z}$に対してそれぞれ$\varphi^n(m)$に近いもの$\delta(m)$が一意的に存在することが証明される．葉層構造$\mathcal{X}'$と$\mathcal{Y}'$とは横断的(transversal)になっている．したがって$\beta(m)$と$\delta(m)$とはmの近傍では一意的にきまる点m'で交わる．$\varphi'(m')=(\varphi(m))'$であることと，$m'$が$m$とともに連続的に変化することは容易にわかる．したがって$k: m \to m'$が求める同相写像である．

C-流れ 16.7.

Anosov の定理はC-流れの場合にも拡張される．

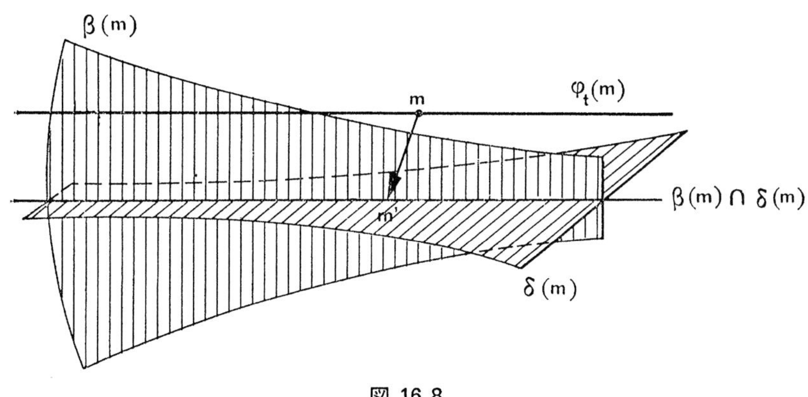

図 16.8

同じような(図16.8)をみよ)作り方で$\beta(m)$と$\delta(m)$が得られる．これらは(それぞれ$t \to +\infty$と$t \to -\infty$に対して得られる)φ_t'の軌道から，その交わ

りとして得られる φ_t' の軌道へ漸近するものとして形づくられる．幾何学的曲線としては，この軌道は軌道 $\varphi_t m$ を近似するものであって，求める同相写像 k は，m に (Riemann 空間の意味で) 最も近い点 $\in \beta(m) \cap \delta(m)$ を対応させることによって得られる．

第17節 C-力学系のエルゴード的諸性質

この節では C-力学系で正の不変測度をもつものを研究する．ゆえに，これまでの節と異なり古典力学系（定義 1.1 をみよ）を取り扱う．

まず例 13.1 に与えた同型写像のエルゴード的性質を調べよう：すなわちドーナツ形 {1 を法とする (x, y)} を M とし，そこでの不変測度 $\mathrm{d}\mu = \mathrm{d}x\,\mathrm{d}y$ と同型写像

$$\varphi : \begin{pmatrix} x \\ y \end{pmatrix} \to \begin{pmatrix} 1 & 1 \\ 1 & 2 \end{pmatrix} \begin{pmatrix} x \\ y \end{pmatrix} \quad (1\text{ を法として})$$

を考察する．

定理 17.1.

(M, μ, φ) は K-力学系である．

この定理を証明するために．まず $\hat{1}$ の部分（集合）代数 $\mathscr{A}$ を作る．

部分（集合）代数 $\mathscr{A}$ 17.2.

行列

$$\begin{pmatrix} 1 & 1 \\ 1 & 2 \end{pmatrix}$$

は二つの固有値 λ_1, λ_2 で $0 < \lambda_2 < 1 < \lambda_1$ となるものをもつ．これら固有値に対応する固有方向をそれぞれ X, Y とする．(x, y) 平面に単位の長さの辺をもつ正方形を，X, Y に平行するような辺をもつ正方形 (3) と 4 つの三角形 (1, 2, 1′, 2′) とに分割する（図 17.3 をみよ）．始めの正方形の対辺どうし（すなわち 1 の外辺と 1′ の外辺，2 の外辺と 2′ の外辺と）を同一視したものと (3) とでドーナツ形 M の上に，互いに交わらない 3 つの平行四辺形 P_1, P_2, P_3 が得られる．

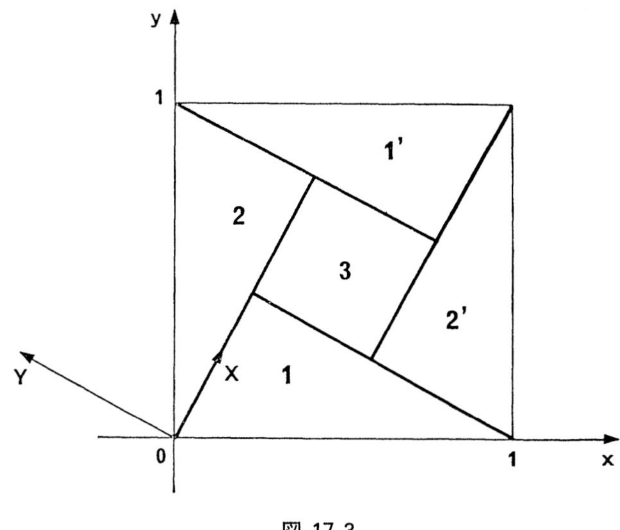

図 17.3

ふたたび P_1, P_2, P_3 をそれぞれ，その辺が X, Y に平行しており辺長が一定正数 A より小さい平行四辺形に分割する．このようにして M の分割 β が得られるが

$$\alpha = \bigvee_{n=0}^{\infty} \varphi^{-n}\beta$$

とおいて，α で生成された可測集合へ分割から得られる集合代数を $\mathscr{A}$ とする(付録18をみよ).

補題 17.4.

もしも定数 A が十分小さいと：

(1)　集合代数 $\mathscr{A}$ の最小要素（アトム）は，縮小方向 Y に平行な線分である.

(2)　l を与えられた正数とする．上に述べたアトムで辺長が l より小さいものの集まりの ($\mathrm{d}x\,\mathrm{d}y$ の意味での) 測度は $C\cdot l$ より小さい．ここに C は定まった定数である．特に $\mathscr{A}$ の殆どすべてのアトムは一点に退化しない線分である.

証明：

被覆面であるところの $\widetilde{M}=(x, y)$ 面で議論しよう．$\beta \vee \varphi^{-1}\beta$ の元は

$$B_1 \cap \varphi^{-1}B_2; \qquad B_1, B_2 \in \beta$$

の形である．$\varphi^{-1}B_2$ は，その辺がそれぞれ X, Y に平行で辺長がそれぞれ $\lambda_1^{-1}A, \lambda_2^{-1}A$ より短かいような平行四辺形である．M の上での交わり $B_1 \cap \varphi^{-1}B_2$ は，$(x, y) = \widetilde{M}$ の上での $\varphi^{-1}B_2$ と6つの平行四辺形 $B_1, TB_1, T^{-1}B_1, tB_1, tTB_1, tT^{-1}B_1$ —— それらは，$[0,1]\times[0,1]$ に属する B_1 から変移 $T=(1,0)$ および変移 $t=(-1,0)$ によって得られたもの —— との交わりから得られる．これら6つの平行四辺形の $X \subset (x, y) = \widetilde{M}$ への射影は，6つの線分になるが，これら線分の長さは A より小でかつ線分相互の距離は K-A より大である．ここに K は

$$K = \inf|k\cos\theta - k'\sin\theta|$$

で，inf は $|k|+|k'| \neq 0$ なる $k, k'(k=-1,0,1; k'=-2,-1,0,1,2)$ と，X が $0y$ となす角 θ とに関しての下限をとるものとするのである．したがって，もし $2A$ が K より小さいならば，$\varphi^{-1}B_2$ はこれら6つの平行四辺形のうち高々1つと交わる．ゆえに M の上では，$B_1 \cap \varphi^{-1}B_2$ は連結集合である．すなわちそれは，辺がそれぞれ X, Y に平行で辺長がそれぞれ $\lambda_1^{-1}A, A$ より小さい平行四辺形である．

β と $\beta \vee \varphi^{-1}\beta$ とを交換しても上の論法が使える．$\mathrm{Max}(\lambda_1^{-2}A, A) \leqq A$ であるからである．ゆえに

$$(\beta \vee \varphi^{-1}\beta) \vee \varphi^{-1}(\beta \vee \varphi^{-1}\beta) = \beta \vee \varphi^{-1}\beta \vee \varphi^{-2}\beta$$

の元は，その辺がそれぞれ X, Y に平行で辺長がそれぞれ $\lambda_1^{-2}A, A$ より小さい平行四辺形である．

n に関する帰納法で，$\beta \vee \varphi^{-1}\beta \vee \cdots \vee \varphi^{-n}\beta$ の元は，その辺がそれぞれ X, Y に平行で辺長がそれぞれ $\lambda_1^{-n}A, A$ より小さい平行四辺形である．$n \to \infty$ ならしめて，$\lambda_1 > 1$ から補題 17.4 の始めの部分が証明される．β の元の，X に平行な辺の辺長の和を L としよう．そうすると $\varphi^p\beta(p \in \mathbf{Z})$ の同じような和は $\lambda_1^p L$ より小さい．ゆえに，α に関する同じような和は

$$L + \lambda_1^{-1}L + \cdots + \lambda_1^{-n}L + \cdots = \frac{L}{1-\lambda_1^{-1}} = \text{定数}\, C$$

より小さい．α の元のあるものは，Y に平行な辺で，その辺長が l より小さいものをもつ．これらの元のなす集合を考えその測度を m とすれば，上の式から $m \leqq C \cdot l$ であり，補題17.4のあとの部分が証明された．

縮小的葉 17.5.

M の上に，縮小的方向 Y に平行なゼロでない一定ベクトルの作るベクトル場を考える．これの積分として得られる線系は線小的葉とよばれる(15節をみよ)．この葉層構造がエルゴード的であるというのは，これら葉の集まりでその測度が正になりかつ φ で不変であるようなものは，M と(測度0の集合を除いて)一致することをいう．

補題 17.6.

縮小的葉の全体は，φ によって不変でありかつエルゴード的である．

証明：不変性は Y の不変性から導かれる．縮小的葉は，M のある変移群の軌道である．エルゴード性を証明するためには，各葉がいたるところ稠密なこと(付録11)または，同じことであるが，各葉が閉集合でないこと(Jacobi の定理，付録1)を証明すればよい．帰謬法によることとし，閉じた縮小葉 F でその長さ f なるものが存在したと仮定しよう．葉全体の不変性から，$\varphi^n F$ がまた閉じた葉になり，その長さは $\lambda_2{}^n f$ である．$0<\lambda_2<1$ であるから $\lim_{n\to\infty} \lambda_2{}^n \cdot f = 0$ となるが，これは，どの葉の長さも1より大きいという明らかな事実に矛盾する．

定理 17.1. の証明

まず $\mathscr{A}$ の定義によって $\mathscr{A} \subset \varphi\mathscr{A}$ であるが．これは K–力学系の定義11.1における条件 (a) である．条件 (c) すなわち

$$\overline{\bigcup_{n=0}^{\infty} \varphi^n \mathscr{A}} = \hat{1}$$

を証明するためには，

$$\bigcup_{n=0}^{\infty} \varphi^n \alpha$$

のアトム(最小要素)にはいくらでも小さいものがあることをいえばよい．補題

17.4によって $\alpha \vee \cdots \vee \varphi^n\alpha$ のアトムは

$$A_0 \cap \varphi A_1 \cap \cdots \cap \varphi^n A_n \quad (A_0, A_1, \cdots, A_n \in \alpha)$$

の形である．ここに各 A_j は Y に平行な線分でその長さが A より小さいものである．A が十分小さいときには，$A_0 \cap \varphi A_1 \cap \cdots \cap \varphi^n A_n$ は連結した線分である(補題17.4の証明における議論をみよ)．この線分の長さは $\lambda_2{}^n \cdot A$ より小さい(φ が Y 方向には縮小的であるから)．$0 < \lambda_2 < 1$ によって $\lim_{n\to\infty} \lambda_2{}^n \cdot A = 0$ であるから条件 (c) が証明された．

つぎに条件 (b) を証明しよう．$\bigcap_{n=-\infty}^{\infty} \varphi^n \mathscr{A}$ の元で正の測度をもつもの H をとろう．このような H は，$\mathscr{A}$ のアトムの集まりでもあり，$\varphi^{-1}\mathscr{A}$ のアトムの集まりでもあり，$\varphi^{-2}\mathscr{A}$ のアトムの集まりでもあり…というようになっている．ε を1より小さい任意の正数とする．正数 l を

$$C \cdot l < \varepsilon \cdot \mu(H)$$

なるようにとる．ここに C は補題17.4の証明のうちに導入されたものである．$\mathscr{A}$ のアトムは，測度が $\varepsilon \cdot \mu(H)$ より小さい集合 E を除けば，Y に平行でその長さは l より大きい．φ^{-1} は Y 方向に比率 λ_2^{-1} で縮小的な保測変換であるから，$\varphi^{-n}\mathscr{A}$ のアトムは，測度が $\varepsilon \cdot \mu(H)$ より小さい集合 $\varphi^{-n}E$ を除けば，Y に平行でその長さは $\lambda_2^{-n} \cdot l$ より大きい．$n \to \infty$ ならしめて H は，その測度が $\varepsilon \cdot \mu(H)$ より小さい集合を除けば，縮小的な葉の集まりからなることがわかる．ε が任意であったことと，縮小的葉の全体のエルゴード性(補題17.6)とから $\mu(H) = 1$ を得る．ゆえに測度0の集合を法として

$$\bigcap_{n=-\infty}^{\infty} \varphi^n \mathscr{A} = (\text{空集合}\ \phi\ \text{と}\ M\ \text{とからなる}) \qquad (\text{証明終り})$$

上の議論は一般の C-可微分同相写像にも拡げられる．そこで微妙な点は，β に類似な分割をどうやって作るかにある．Anosov [2] の定理はこの困難を克服するものであるが，これを説明するために一つの定義を与える必要がある．

n 次元の Riemann 多様体 M の p 次元の葉への葉層構造を考える．これらの葉へ横断的(transversal)な $(n-p)$ 次元の部分多様体 Π と，Π に近い同じよう

な部分多様体 Π' がつぎのようにとれるものと仮定する．Π の点 m を通る各葉は，これら部分多様体の系の上に誘導された Riemann 計量による距離で，m に近い点 m' で Π' と交わる．m を m' に対応させる写像 $f:\Pi\to\Pi'$ を考えよう．

定義 17.7.

もしも，上のように近い二つの部分多様体 Π, Π' に対して写像 f が連続な一般化された Jacobi 函数行列式 (Jacobian) をもち，かつ Π' の微小な変形 (deformation) に対してこの Jacobi 行列式が連続的に変化するならば，葉層構造は絶対連続であるといわれる．

C-力学系の二種の葉層構造 (15 節をみよ) のいずれに対しても，Anosov がその絶対連続性を証明した．すなわち

定理 17.8.

葉層構造 $\mathcal{X}$ と葉層構造 $\mathcal{Y}$ は双方ともに絶対連続である．

われわれは，ここにこの定理の証明 —— それは大変ながい —— を与えることはできない．われわれはこの定理のたすけによって得られる最終的な諸結果を述べることにとどめよう．すなわち定理 17.1 の陳述はつぎの二つの定理に拡張される (Anosov [2])．

定理 17.9.

C-力学系 (C-可微分同相写像も C-流れも) はいずれもエルゴード的である．

定理 17.10.

C-可微分同相写像は K-力学系である．

C-流れに対しては，事態は複雑である．例 15.5 に与えた C-流れ φ_t は定数でない固有函数をもつ．したがって，φ_t は Lebesgue 式スペクトル (10 節をみよ) をもたず K-流れではあり得ない (定理 11.5)．つぎの定理は，例 15.5 が，ある意味では唯一の例外であることを示すものである．

定理 17.11.

φ_t を，コンパクトな n 次元多様体 M の上の C-流れとすれば，つぎの二つの命題の一方が成り立つ：

(1)　φ_t は K-力学系である．または

(2) φ_t は定数でない固有函数をもつ.

(2) の場合には，固有函数は連続函数であり，かつ M の $(n-1)$ 次元の部分多様体 V と V から V への C-可微分同相写像 φ でつぎの条件を満足する φ が存在する. φ_t は 13.10 に述べたような作り方で φ から得られる；ただし時間のスケイル t は $t \to Ct$ (C は定数) の形に変換するかも知れないとして，

系 17.12.

負曲率の Riemann 多様体 M の単位長接線の作るバンドルの上の M の測地線に沿う流れは K-力学系である.

定理 14.3 によれば，この測地線に沿う流れ φ_t は C-流れであるから，φ_t は定理 17.9 によってエルゴード的である.

一方において，必要ならば二重庇覆を考えることにして，V が向きづけ可能 (orientable) としておく. もし V が2次元ならば，これはドーナツ形 T^2 と可微分同相ではない. Gauss-Bonnet の公式によって Euler-Poincaré の特性指標 (characteristic) が負数になるからである. ゆえに付録16の $A.16.10$ によって，φ_t の連続な固有函数は定数以外にないことがわかる. 定理 17.11 における第2の場合は起こり得ず，したがって φ_t が K-流れであることがわかった*).

ゆえに φ_t は正のエントロピーをもち (12.31 をみよ). 可算多重度の Lebesgue 式スペクトル (11.5 をみよ) をもち**), 混合型***) で (10.4 をみよ) エルゴード的である (8.4 をみよ)****).

第18節 Boltzmann-Gibbs の予想

いままでの節に述べた方法やアイデアは，古典力学におけるある種の問題，た

---

*) この結果は，負曲率のコンパクト曲面のときには Sinai [10] が証明した.

**) この結果は．任意の次元の定負率空間のときに Gelfand と Fomin [2] が証明した.

***) 定負曲率の場合には E.Hopf [1] によって証明された.

****) この結果は，負曲率曲面のときおよび定負曲率多様体のときに Hedlund[1] と Hopf [1] が証明した.

とえば Boltzmann-Gibbs の気体モデルの問題に応用できる．このモデルは，剛体壁をもつ平行面体形の箱に容れられた剛い球の集まりで表わされる．この剛い球どうし，または剛い球と壁との衝突は完全弾性的と仮定する．Sinai はこの力学系が，エネルギー $T=$ 定数なる多様体おのおのの切口の上ではエルゴード的なことを示した*⁾．

エルゴード性は衝突からもちきたらされる．最も簡単なモデルとして，2次元のドーナツ形の表面にある完全に弾性的な二つの円形粒子の運動を考えよう．簡単のために，一方の粒子は固定されて動かないものとする．第2の粒子（は質点と考えられるが，これ）は“ドーナツ形の撞球台”（18.1図）の上を動くが，（他方の粒子の表面である）定まった円周で“入射角 α と反射角 β と一致するような”法則にしたがって反射される．

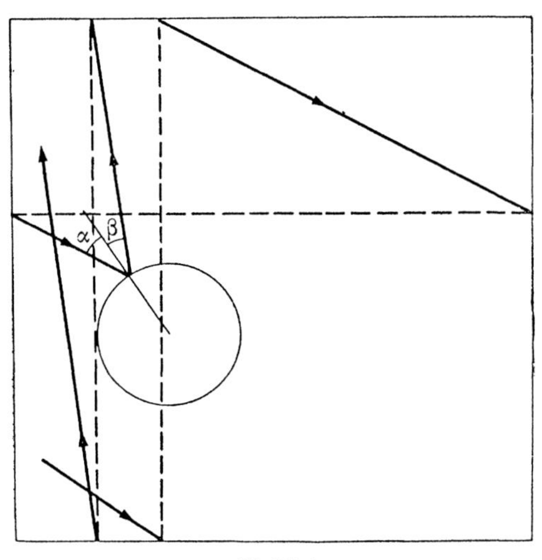

図 18.1

これと同時に，図18.2の示すような“楕円形撞球台”を考えよう．この楕円

*⁾ この結果は“準エルゴード仮設”として予想されていた．エルゴード理論の歴史の始まりには，この予想は鋭い討論にさらされた．しかしこの問題はおそらくは高すぎる値打ちづけがなされたように思われる：統計力学は，粒子の個数 $N\to\infty$ なるときの漸近的成り行きを調べたいので，N 一定のときに時刻 $t\to\infty$ なるときの漸近的成り行きを調べたいのではないのである．

を無限に薄い楕円体と考えこの楕円体の上を質点が測地線に沿うて動き，境界で反射するたびごとに，一方側の表面から他方面の表面に移って運動するものと考える．同じように，ドーナツ形撞球台を，表面と裏面があり円い穴の空いたドーナツ形の上を質点が測地線に沿うて運動し，境界で反射するたびごとに表面から裏面へ移つるものと考えることができる．そうすると表裏二面を考えた楕円は無限に薄い楕円体であるとしたように，表裏二面を考えて円い穴の空いたドーナツ形は示性数 (genus, genre) が 2 である無限に薄い曲面と思うこと

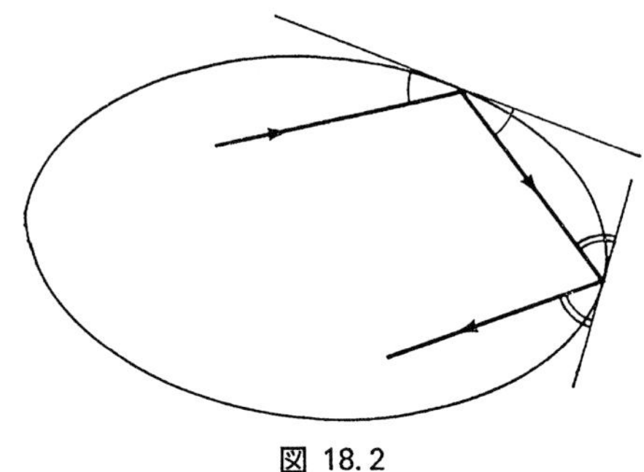

図 18.2

ができる．ゆえにドーナツ形撞球台の上のわれわれの運動は，示性数が 2 の曲面の上の測地線に沿う流れの極限と考えられる．

さて撞球台にもどって，図 18.1 や 図18.2 に対応する曲率を考えよう．楕円体はいたるところ正の曲率をもち，その (楕円体の全表面にわたる) 積分は 4π である (Gauss–Bonnet の定理)．この楕円体を押しひしゃげて無限に薄い楕円にすれば，曲率の 0 でないところはこの楕円の境界に集中する．そして示性数 2 の曲面の曲率の (表面全体にわたる) 積分は -4π である．だから表裏二面をもつドーナツ形撞球台は，その上いたるところ負曲率であるような曲面を押しひしゃげて得られる無限に薄い曲面と考えられる：押しひしゃげて平らにするときに，曲率の 0 でないところは穴の周りすなわち円周に集中する．

これまで述べた議論 (Arnold [4]，184 頁をみよ) が，一番簡単な場合に対してすらエルゴード性の証明になってはいないことは勿論である．しかしながら，C–力学系を取り扱うときの方法や概念 (漸近軌道や横断的葉層のごとき) を用

いて Sinai [4], [5] が, Boltzmann-Gibbs モデルはエネルギー $T=$ 定数 $(\neq 0)$ なる部分多様体の各々の上でエルゴード的であるのみならず, K-力学系であることを証明することに成功した.

これらの結果の証明は, 数百頁を必要とし, それは不連続な葉層に関係する一般化された C-力学系の理論を含んでいるのである. われわれは, この一般な場合も状相空間 (configuration space) における "撞球台" に皈着される (状相空間において衝突を示す超曲面が, さきの円周にあたるのである) ことを述べるだけにしておこう.

第3章の一般的な参考書

Anosov, D.V., Geodesic Flows on Compact Riemannian Manifolds of Negative Curvature, *Trudy Instituta Steklova* **90** (1967).

Hopf, E., Statistik der geodätischen Linien in Mannigfaltigkeiten negativer Krümmung, *Ber. Verh. Sächs. Akad. Wiss.*, Leipzig **91** (1939), pp. 261—304.

Sinai, Ya, Dynamical Systems with Countably Multiple Lebesgue Spectra, II. Isvestia Math. Nauk. **30** No. 1 (1966) pp. 15—68.

訳者追加：

Wu, W. T.—Reeb, G., Sur les Espaces Fibrés et les Variétés Feuilletées, Hermann, (1952).

第4章　安定な力学系

その軌道が，著しい安定性をもち，“エネルギー準位” $H=$ 定数の部分多様体をエルゴード的にうずめつくさないで，時間の経過した終末には状相空間(phase-space)の片隅に入り留まってしまうような力学系が沢山知られている．“積分可能な”力学系に十分近い力学系や，天体力学における摂動論を応用できるような力学系などがそのようなものの例である．具体的な例としてたとえば，三体問題や，重い剛体の速い回転，凸曲面の上で測地線に沿っての自由質点の運動さらにまた断熱不変量の問題などが挙げられる．

これら安定な力学系の研究についてはやっと最近になって，C. L. Siegel [1] (1942) の仕事や A. N. Kolmogorov [5] (1954) の仕事にはじまるところのいくつかの進歩がなされたのである．この章はこの問題についての現状を報告するが，よりくわしいことについては V. Arnold [4], [5] をみられたい．

一つの例によって話をはじめよう．

第19節　ブランコとこれに対応する正準写像

運動方程式 19.1

振子の方程式は

(19.2) $$\dot{q}=p,\ \dot{p}=-\omega^2\sin q$$

で与えられる．ここに ω は振子の長さに依存する“固有振動数”である．

ブランコは，その長さが周期的に変化する振子である(図19.3をみよ)．その運動方程式は

(19.4) $$\dot{q}=p,\ \dot{p}=-\omega^2(t)\sin q \qquad (\omega(t+\tau)=\omega(t))$$

で与えられる．付録5では状相-平面を用いて(19.4)を研究している．方程式19.4は時間変数 t をあらわに含んでいる．ゆえにわれわれは，p, q, t の3次元空間におけるあるベクトル場を調べることになる(図19.5をみよ).

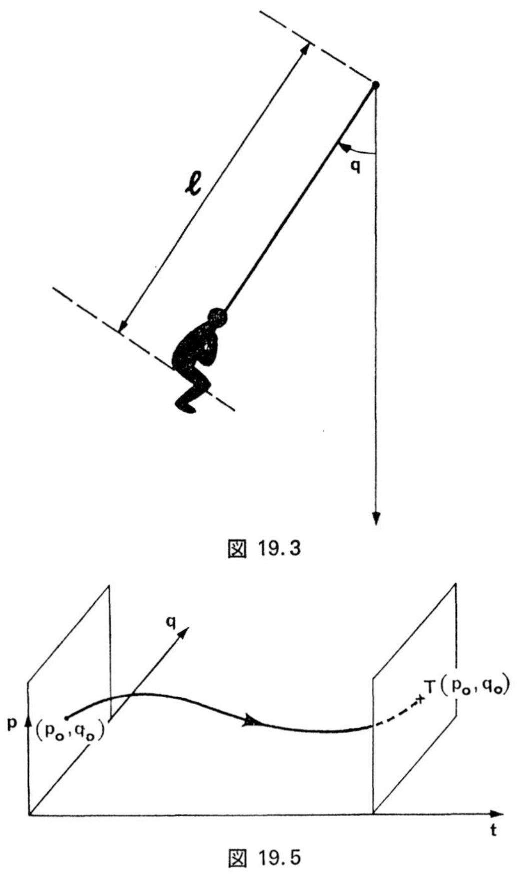

図 19.3

図 19.5

写像 T 19.6

初期値 $p(0)=p_0$, $q(0)=q_0$ は軌道 $p=p(t)$, $q=q(t)$ を定める．方程式19.4が t について τ を周期とすることから，$t=0$ の曲面と $t=\tau$ の曲面とを同一視してもよい．ゆえに(19.4)は，空間 $\mathbf{R}^1\times S^1\times S^1=\{p, q \bmod 2\pi, t \bmod \tau\}$ における方程式であると考えることができる．よって曲面 $\sum(t=0)$ の自分自身

への写像 $T(T(p_0, q_0) = (p(\tau), q(\tau))$ が定義される．明らかに

$$(p(n\tau), q(n\tau)) = T^n(p_0, q_0)$$

であり，$t \to \infty$ なるときの $p(t), q(t)$ の研究は T^n の反復 $T^n(n \in \mathbf{Z})$ の研究に帰着される．方程式 19.4 が正準的であるから，写像 T も正準的であり，したがって T は測度 $dp \wedge dq$ を保存する．

平衡の位置を示す $p = 0, q = k\pi(k = 0, 1)$ は方程式 19.4 の解である．ゆえに $p = 0, q = k\pi$ は T の不動点である．

積分可能な場合 19.7

写像 T に習熟するために，$\omega =$ 定数である **"積分可能な場合"** から始めよう．この場合は，系は保存系であり，したがってエネルギーは不変である．いいかえれば，曲面 Σ の上に（付録5の A 5.1をみよ）与えられた曲線

$$\Gamma: \frac{1}{2}p^2 - \omega^2 \cos q = h$$

は T によって不変である．

閉軌道によって分離された Σ の部分 $(h < \omega^2)$ を考える．T を調べるために "作用 (action)I，角 (angle)φ" を変数として用いる．（付録26に示すように）正準変換 $p, q \to I, \varphi$ で，$I =$ 定数 がこの変換で不変な曲線 $\Gamma = \Gamma_I$ を定めるようなものが存在する．(2π を法とする) φ は Γ_I の上の角座標であり，座標 I, φ を用いれば T は

$$T: I, \varphi \to I, \varphi + \lambda(I)$$

となる．このことから，曲線 Γ_I は角 $\lambda(1)$ だけ回転するが，この角は，各曲線 Γ_I に沿うては（φ をパラメターとすれば）一定であるが，これら曲線の異なるにつれては変化する．容易にわかるように，曲線 Γ_I が分離閉曲線 (separatrix) $\frac{1}{2}p^2 - \omega^2 \cos q = \omega^2$ に収束するときには $\lim \lambda(I) = 0$ となり，かつまた Γ_I が $(0, 0)$ に収束するときは* $\lim \lambda(I) = \omega\tau$ となる．よってある曲線 Γ_I は 2π の有理数倍の角だけ回転し，また他のある曲線 Γ_I は 2π の無理数倍の角だけ回転

---

*) $(p, q \ll 1)$ として線形化した方程式 $\dot{q} = p, \dot{p} = -\omega^2 q$ に対応する T は，振動数 ω の回転である（付録5をみよ）．これは時間 τ ののちには角 $\omega\tau$ だけの回転をもたらす．

する．Tを反復しよう．

このとき，もしも $x=(p,q)$ が $\lambda=2\pi\dfrac{m}{n}$ なる曲線Γに属すると $T^n x=x$ となるから，Γの各点はいずれも T^n の不動点であり，xの軌道は有限個の点からなる(図19.8)．もしも Γ_I に対応する角 $\lambda(I)$ が 2π の無理数倍ならば，$T^n x$ $(n=1,2,\ldots)$ なる点列は Γ_1 の上でいたるところ稠密である(付録1)．

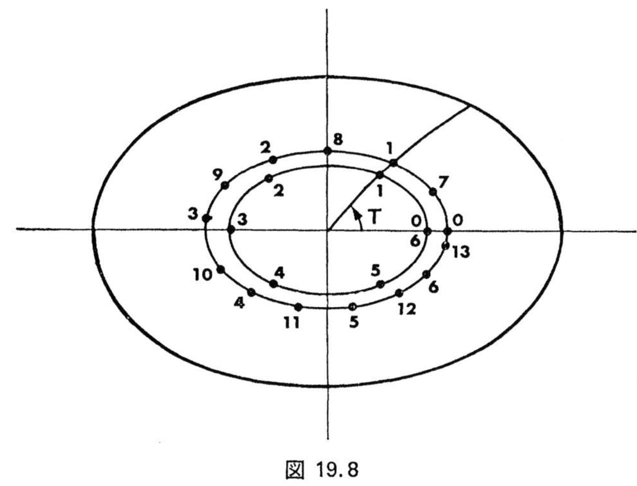

図 19.8

最後に，平衡位置 $p=q=0$ が安定なことを注意したい．すなわち

$$|x_0|=\sqrt{p_0{}^2+q_0{}^2}$$

が十分に小さいときには，すべての $n\in\mathbf{Z}$ に対して $|T^n x_0|$ も小さい．

積分可能でない場合 19.9

ωが定数ではない周期函数 $\omega(t)$ とし，さらに $\omega(t)$ は定数 ω_0 に近いものと仮定する．たとえば

$$\omega^2=\omega_\varepsilon(t)^2=\omega_0{}^2(1+\varepsilon\cos\nu t),\ 0<\varepsilon\ll 1,\ \nu=2\pi/\tau$$

のごとく，この ω_ε に対応する写像 T_ε は，さきの写像Tに近い．この写像 T_ε は $\mathrm{d}p\wedge\mathrm{d}q$ で与えられる面積を保存しかつ点$(0,0)$を動かさないが，T_ε はエネルギーもまた曲線系 Γ_I も保存しない．摂動論の主目的は，$\varepsilon\ll 1$ で $n\to+\infty$ なるときの反復 $T_\varepsilon{}^n$ の漸近的挙動を調べることである．この問題を考える上で

の二つの方向として

(1) $\varepsilon \ll 1, -\infty < n < \infty$ **(安定性理論),**

(2) $\varepsilon \ll 1, |n| < \varepsilon^{-k}$ **(第 k 近似の漸近理論)**

がある.

安定性理論における主要結果は Kolmogorov によって得られた (21 節をみよ). われわれの例においては, それはつぎの定理におけるようになる.

定理 19.10.

もし ε が十分に小さいと, 写像 T_ε は不変な解析的曲線系 Γ_ε で, T の不変曲線系 Γ に近いもの, Γ_ε をもつ. なおそのうえに, ε が十分に小さいならば, これらの曲線系 Γ_ε は, 分離閉曲線 $\frac{1}{2}p^2-\omega_0{}^2\cos q=\omega_0{}^2$ の内部の領域 $\frac{1}{2}p^2-\omega_0{}^2\cos q<\omega_0{}^2$ を, その Lebesgue 測度が ε とともに 0 に収束するような集合の点をのぞけば, うずめつくす.

大ざっぱにいえば, ε が十分小さいと不変曲線系 Γ_I でその角 $\lambda(I)$ が 2π の無理数倍になっているような Γ_I はつぶれないでわずかに変形するのにとどまる. そして Γ_ε の点 x の像 $T_\varepsilon{}^n x$ はすべて Γ_ε に含まれる.

T_ε によって不変な曲線 Γ_ε には, (q は 2π を法とし, t は τ を法とする) p, q, t 空間の (19.4) で不変なドーナツ形*) が対応する.

これらのドーナツ形は p, q, t 空間を分割する (図 19.11 をみよ). したがって,

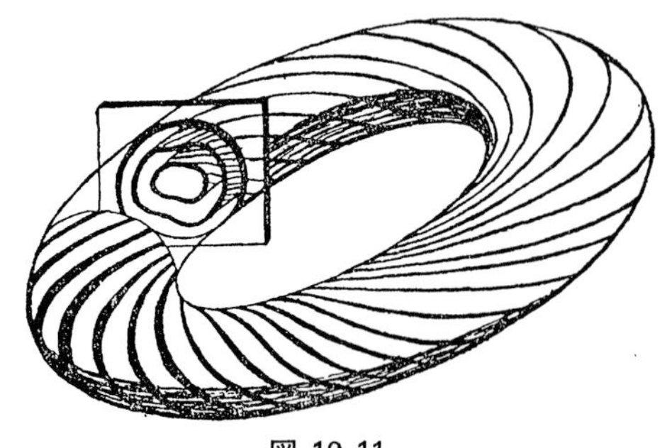

図 19.11

*) これはブランコの準周期的運動 (quasi-periodic motion) にあたる.

(19.4) の解の軌道は，それが二つの不変なドーナツ形の間の空隙から出発したものであれば，いつまでもこの空隙のなかにとどまっていることになる．このようにして定理 19.10 から，運動の安定性についての結論が導ける．

定理 19.10 は，付録 34 にその証明を与えるところの定理 21.11 から直ちに系として得られるのである．

第 20 節　不動点と周期的運動

Γ_ε の形の二つの不変な曲線の間の空隙の構造をよりよく理解するために，写像 T_ε およびその反復の不動点を研究しよう．これらの不動点は，ブランコの周期的運動に対応しているのである．

楕円的点および双曲的点 20.1

不動点の近傍では，写像はその線形部分に，すなわち 2 次およびそれ以上の項を無視するならば，この写像の (全) 微分に引き下げられる．正準写像の微分は線形な正準である．そして線形正準写像については付録 27 で論ずる．この線形写像が双曲的写像 (または反射写像を伴う双曲的写像，または楕円的写像) ならばもとの不動点は双曲的 (または反射を伴う双曲的，または楕円的) であるという．

双曲的な不動点は不安定なことが線形 (双曲的) 写像のときにもまた非線形 (双曲的) 写像のときにも容易に証明される (Hadamard)．楕円的不動点の安定性の問題は G. D. Birkhoff の問題として知られている．二次元の場合には楕円的な不動点は一般に安定である (付録 28 をみよ)．

最低平衡位置の安定性について 20.2

19 節の写像 T_ε の不動点 $p=q=0$ を考えよう．もし $\varepsilon=0$ ならば写像 $T_\varepsilon=T$ は原点 $p=q=0$ で楕円的である．実際，T の微分は角 $\lambda=\omega\tau=2\pi(\omega/\nu)$ の楕円的回転である．よって ε が小さくて $\lambda\neq k\pi(k=1,2,\ldots)$ ならば，写像 T_ε はまた楕円的である．いいかえれば，安定性が (安定でないものに) かわり得るのは

$$\nu \approx \frac{2\omega}{1}, \frac{2\omega}{2}, \frac{2\omega}{3}, \cdots \tag{20.3}$$

のようなときに限る．

もっとくわしい計算をすれば，これらのνの値(パラメター共鳴(parametric resonance)の値という；付録29をみよ)に対して写像T_εは$p=q=0$で双曲的であることがわかる(図20.4をみよ)．いいかえれば，ブランコの平衡は，その固有振動の半周期の整数倍の期間にブランコをかたよらせるときに，変化して(ブランコは振動しはじめる)この事実は経験的にはよく知られている*)．

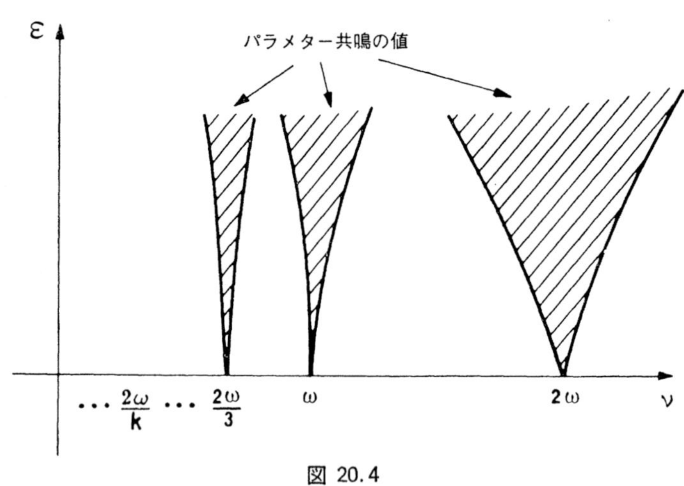

図 20.4

T_εの反復の不動点の存在について 20.5

T_ε^nの不動点を考えよう．T^nの不動点から作られた，Tによって不変な曲線をΓとしよう(19節をみよ)．ここで

$$\lambda(I) = 2\pi\frac{m}{n}, \frac{d\lambda}{dI} \neq 0$$

---

*) そのうえ，19.4の解の振幅は，εが十分小さければ小さいことに注意せよ．何となれば，定理19.10によって解の軌道はΓ_εの形の二つの曲線の間にとどまっているから，この最後の事実は，方程式19.4の非線形性から導かれる．すなわち振動数$\lambda(I)$は振幅に依存し．振動が増幅するのに十分なだけの時間がないので(20.3)はもはや満足されない．

とおこう．Tをn回反復したT^nを施すと，Γの各点はもとの点にもどるので不動点である．Tのこの性質は，小さい摂動$(T \to T_\varepsilon)$に対しては保持されない，しかしPoincaréが証明したように，εが十分小さいと$T_\varepsilon{}^n$は，曲線Γに近いところに$2kn$個の不動点をもつ．これをいうために，Tによって不変で曲線Γに近い二つの曲線を考える：すなわち，それぞれ$\lambda^+ > \lambda$および$\lambda > \lambda^{-1}$なるλ^+とλ^-とを回転の角とする曲線Γ^+とΓ^-を考える(図20.6)．そうすると写像T^nはΓ^+を正の向きにΓ^-を負の向きに回転させる．

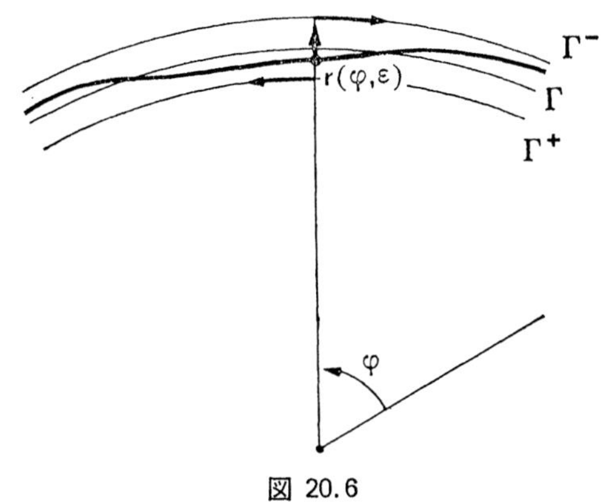

図 20.6

この性質は，εが十分小さいと$T_\varepsilon{}^n$に対しても成り立つ．ゆえに，$\varphi=$定数で与えられる各半径の上に，$T_\varepsilon{}^n$によってこの半径に沿うて動く点$r(\varphi, \varepsilon)$がある：

$$\varphi(T_\varepsilon{}^n r(\varphi, \varepsilon)) = \varphi.$$

さらに，もしεが十分小さいと，点$r(\varphi, \varepsilon)(0 \leqq \varphi \leqq 2\pi)$は$\Gamma$に近い閉じた解析的な曲線$R_\varepsilon$を作る．ここで写像$T_\varepsilon{}^n$が正準的で保測的(area-preserving)であることを思いおこそう．したがって，像$T_\varepsilon{}^n R_\varepsilon$は$R_\varepsilon$でとりまかれ得ないし，逆にまた$R_\varepsilon$は$T_\varepsilon{}^n R_\varepsilon$でとりまかれ得ない．よって$R_\varepsilon$と$T_\varepsilon{}^n R_\varepsilon$とは交わる(図20.7)．その交点は$T_\varepsilon{}^n$の不動点である．$T_\varepsilon{}^n$が$R_\varepsilon$の各点を半径$\varphi=$定数に沿うて動かすからである．こうして$\Gamma$の近傍に$T_\varepsilon{}^n$の不動点のあることがわかった．

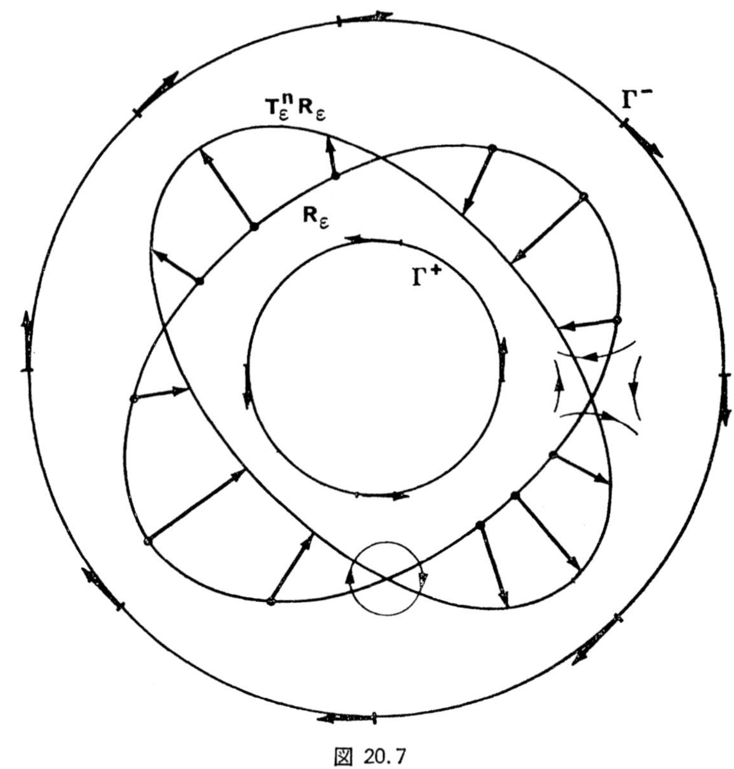

図 20.7

T_ε の反復の不動点の分類 20.8

これらの不動点の型はなにか？それらは楕円的であるかまたは双曲的であるのか？もし $\varepsilon=0$ ならば，これらはすべて固有値 $\lambda_{12}=1$ なる放物的点である．したがって，ε が十分に小さいと，$\lambda_{12}\approx 1$ であって反射を伴う双曲的な場合ではない．一方において，"半径方向の移動" を考えよう：そうすると

$$\Delta(\varphi)=I(T_\varepsilon{}^n r(\varphi))-I(r(\varphi))$$

は，$T_\varepsilon{}^n$ の不動点では 0 になる．一般の場合 ("generic case") には，これらの零点では $\Delta'=\mathrm{d}\Delta/\mathrm{d}\varphi\neq 0$ となって，多重度 1 の零点であることがわかる．したがって，$\Delta'>0$ なるような零点は $\Delta'<0$ であるような零点を分離する．これから不動点の個数が偶数であることがわかる．

各点xに，xから$T_\varepsilon^n x$を向くベクトルを対応させよう．(図20.7) 容易にわかるように(付録27)，上のベクトル場の，不動点における指数は

$$\mathrm{Ind} = \left(\frac{\mathrm{d}\lambda}{\mathrm{d}I}\cdot\frac{\mathrm{d}\Delta}{\mathrm{d}\varphi}\right) \text{の符号}$$

で与えられる．ゆえに不動点のうち半分は指数1を，残りの半分は指数 -1 をもつ．このことから，不動点のうち半分は楕円的で残りの半分は双曲的であることがわかる．楕円的な不動点と双曲的な不動点については説明図20.7をみられたい．

ここで楕円的な不動点xを考えよう：$T_\varepsilon^n x = x$. xの軌道は$x, T_\varepsilon x, \dots, T_\varepsilon^{n-1}x$からなりしたがって

$$\varphi(T_\varepsilon^l x) = \varphi(x) + 2\pi l\frac{m}{n}$$

の成り立つことがわかる．xの軌道の点はすべてT_ε^nの不動点であり，かつ楕円的である．これらはxと同じ固有値をもつからである．よって楕円的な不動点全体の集合は，それぞれn個の点からなる軌道のいくつかに分かれる．このような軌道が丁度k個あるとすると，kn個の楕円的不動点があることになる．ゆえに20.5に約束したように，全体で$2kn$個の(楕円的ならびに双曲的な)不動点がある．

不安定性圏 20.9

上に述べた楕円的ならび双曲的な不動点の近傍を調べることにしよう．V. Arnold [7] によれば (付録28をもみよ)，“一般的な”楕円的点は，T_ε^nによって不変な閉じた曲線によってかこまれる．これらの曲線は“島”(island)を作る (図20.10をみよ)．島はいずれも，その曲線の系Γ_ε'で全体の構造の小模型を作る；そしてこれら曲線の間の島々はまた云々．これらの島々や曲線Γ_εの間には，双曲的点をかこむ圏が残されている．実際,*) T_ε^nの双曲的不動点を分離する閉曲線は互いに交わって，複雑な網状組織 (network) を作る．その様子は図20.10に描いてある．これを発見したPoincaréは，つぎのように書いた

*) Poincaré [2] や V. Melnikov [1] をみよ．

図 20.10

([2], V. 3, Chap. 33, p. 389):

"人は，私が描こうともしなかったのにできたこの図形の複雑さに感動するでありましよう．これより他のどんなものも，三体問題や力学の問題について(一価の第一積分がなかったり，Bohlin 級数が発散するような場合におけるごとき) その複雑性に関してよりよい概念をわれわれに与え得ないのであります".

不安定性圏の内における運動のエルゴード性質についてはわかっていない．おそらくはエルゴード成分たちのなかには，特異なスペクトルをもつものや K- 力学系であるものが存在するであろう．

注意 20.11

上の議論では，与えられた $\varepsilon \ll 1$ に対して無限に多くの楕円的な島が存在することを証明できたわけではない．Poincaré の最後の幾何学的定理*) (the last

---

*) Poincaré [3], G. D. Birkhoff [1] をみよ．

geometric theorem) から，Γ_ε のような不変な曲線 (定理 19.10 参照) 二つの間に位置する環状領域 (annulus) のなかに，$(n\to+\infty)$ なるとき $T_\varepsilon{}^n$ の指数+1の不動点が無限に多く存在することが証明される．おそらくこれら不動点のあるものは，楕円的点ではなく反射を伴う双曲的点であるだろう．数値計算*) に

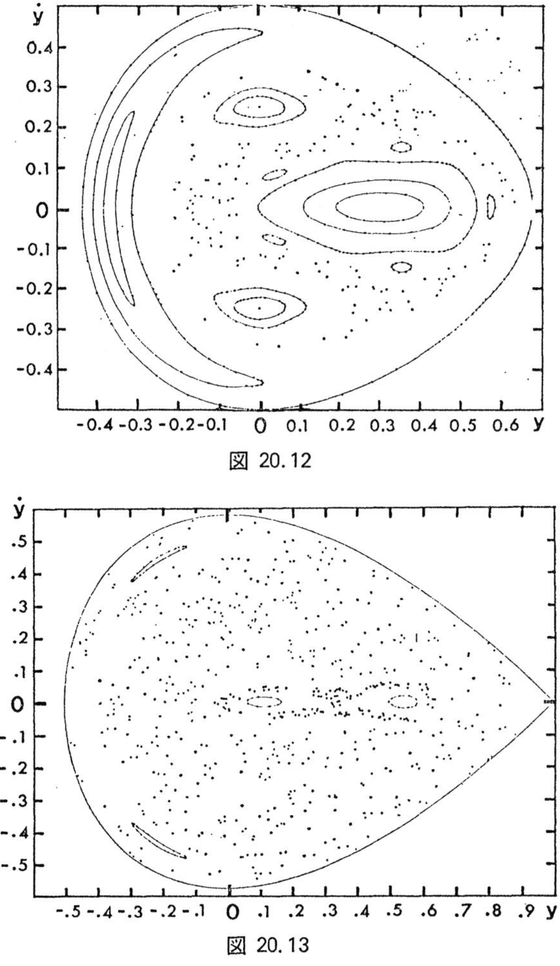

図 20.12

図 20.13

*) Gelfand, Graev, Sueva, Michailova, Morosov [3]; Ochozimski, Sarychev, ... [1]; M. Henon, C. Heils [1].

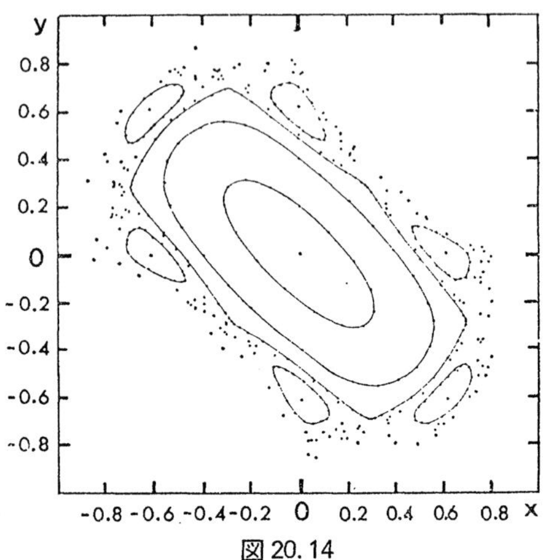

図 20.14

よって，この予想が支持されているようにみえる．

図 20.12–20.14 は M. Henon と C. Heiles [1] の仕事からお借りした．彼等は T_8 型の写像の軌道を，電子計算機によって計算して描いた．描いた曲線の外部の点はすべて唯一つの軌道上の点である．

第21節 不変ドーナツ形と準周期的運動

第19節および第20節で考察した例は，“積分可能な” 力学系に十分近い系についていつでも起こるところの状況の特別な場合になっている．

(A) 積分可能な力学系 21.1

もし人が，古典力学における “積分可能な” 問題をよく検討してみるならば*)，これらの問題のすべてにおいて，有界な軌道はすべて周期的または準周期的 (quasi-periodic) であることを見出すであろう．いいかえれば，状相空間は，準周期運動を荷っている不変ドーナツ形の層に分かれる．

例 21.2.

---

*) たとえば，自由粒子が，(三軸の) 楕円体やドーナツ形の表面上などの測地線に沿う運動 ((1.7) および付録2をみよ) や，重い固体の運動 (Euler, Lagrange, Kovalewski などの場合) など．

状相空間 Ω が，$\mathbf{R}^n$ の有界な領域 B^n とドーナツ形 T^n との直積であると仮定しよう．そして $p=(p_1,\ldots,p_n)$ を B^n の座標，$q=(q_1,\ldots,q_n)$ (1を法として) を T^n の座標とすると，Hamilton 函数 $H=H_0(p)$ に関する Hamilton 方程式は

$$\dot{p}=0, \quad \dot{q}=\omega_0(p) \qquad \left(\omega_0(p)=\frac{\partial H_0}{\partial p}\right)$$

となる．これで記述される運動は，不変ドーナツ形 $p=$ 定数の上では振動数系 $\omega(p)$ の準周期的運動である．この振動数系はドーナツ形ごとに定まるが，もし

$$\frac{\partial^2 H_0}{\partial I^2}=\frac{\partial \omega_0}{\partial I}\neq 0$$

ならば，ドーナツ形 $p=$ 定数の各近傍内に不変ドーナツ形があって，その上では振動数の間には有理関係はなく，軌道はいたるところ稠密になる (付録1)．また他のドーナツ形もあって，その上では振動数は互いに他の有理数倍になっている：しかしこのようなドーナツ形は例外的なものであり，それらの全体は測度0の集合を作る．$B^n\times T^n$ の座標 (p,q) は“作用-角”座標とよばれる．

積分可能な力学系のすべてに対して，ある $(2n-1)$ 次元の超曲面があって，状相空間を不変領域に分割するがこれらの領域はそれぞれ n 次元の不変な多様体の層に分けられる (付録26)．もし不変領域が有界ならば，対応する多様体はそれぞれ準周期的運動を支えるドーナツ形である．このような領域に作用-角座標を導入することができて，力学系は (21.3) の形の方程式で記述される．

(B)　積分可能な力学系に近い系 21.4.

ここで Hamilton 函数が摂動されたと仮定しよう．すなわち，

$$H=H_0(p)+H_1(p,q), \quad H_1(p,q+2\pi)=H_1(p,q)\ll 1$$

において“摂動項” H_1 は“十分小さい”ものとする．Hamilton 方程式はこのとき

$$\dot{p}=-\frac{\partial H_1}{\partial q}, \quad \dot{q}=\omega_0(p)+\frac{\partial H_1}{\partial p} \tag{21.5}$$

となる．A. N. Kolmogorov [6] が，非常に沢山の初期条件に対して，運動が準周期的であることを示した．したがって，(21.5) はエネルギー準位 $H=$ 定数の上ではエルゴード的でなく，またエルゴード的成分のうちには離散的スペク

トルをもつものがあり，しかもそうでない（離散的スペクトルをもたない）エルゴード的成分全体の Lebesgue 測度は，H_1 が小さいときには小さくなる．

Hamilton 函数 $H(p)$ が，状相空間の複素領域 $[\Omega]$：

$$\Omega(\mathcal{R}p,\ \mathcal{R}q\in\Omega;|\mathcal{I}p|<\rho,|\mathcal{I}q|<\rho)$$

で解析的であると仮定しよう．さらに非摂動系が退化しないものと仮定しよう：

$$\mathrm{Det}\left|\frac{\partial\omega_0}{\partial p}\right|=\mathrm{Det}\left|\frac{\partial^2 H_0}{\partial p^2}\right|\neq 0 \tag{21.6}$$

その振動数が互いに他の有理数倍になっていないような振動数系（frequency-vector）$\omega=\omega^*$ を選ぶ．これに対応する非摂動系は，(21.3) において $p=p^*$，$\omega_0(p^*)=\omega^*$ とおいたものである．これに対応する不変ドーナツ形を $T_0(\omega^*)$ とおく．したがって系 (21.3) は $T_0(\omega^*)$ の上で振動数系 ω^* をもつ．このときつぎの定理が成り立つ．

定理 21.7.

H が十分に小さいならば，ほとんどすべての ω^* に対して*)，摂動系 (21.5) の不変ドーナツ形 $T(\omega^*)$ で $T_0(\omega^*)$ に近いものが存在する．もっと精密にいえば次のようになる：

すべての $K>0$ に対して，$\varepsilon>0$ と抽象的ドーナツ形 $T=\{2\pi$ を法とした $\mathbf{Q}\}$ から Ω の中への写像 $p=p(\mathbf{Q}),\ q=q(\mathbf{Q})$ で，(21.5) により

$$\dot{\mathbf{Q}}=\omega^*$$

であり，しかも $[\Omega]$ で

$$|H_1|<\varepsilon=\varepsilon(K,\omega^*,H_0,\Omega,\rho)>0$$

ならば

$$|p(\mathbf{Q})-p^*|<K,\quad |q(\mathbf{Q})-\mathbf{Q}|<K$$

となるようなものが存在する．

そのうえ，ドーナツ形 $T(\omega^*)$ の全体はその測度が正で，かつその補集合の測度が $|H_1|\to 0$ なるときに 0 に収束する．この定理 21.7 の証明は Arnold [5] に与えられている

---

*) ルベーグ測度 0 のある集合を除いたのこりすべての ω^* に対して

この補集合の点から出発する軌道の挙動については，よく知られていない．わが力学系の自由度が2である ($n=2$) ならば，状相空間 Ω の次元は4であり，見出ださる可き2次元の不変ドーナツ形は3次元多様体 $H=$ 定数を分割する．その補集合の作る領域は，これらの不変ドーナツ形の間の環領域である (図19.11をみよ)．$n>2$ ならば，n 次元の不変ドーナツ形は $(2n-1)$ 次元の多様体 $H=$ 定数 h を分割しないし，ドーナツ形 $T(\omega^*)$ に属さないような軌道は $H=h$ に沿うて非常に遠くまで行くことができる (23節をみよ)．

(C)　応用と一般化 21.8.

定理21.7は，楕円体や回転曲面 (surface of revolution) に近い凸曲面の上の測地線に沿う自由粒子の運動にも応用される．この定理によって，平面に限られた円周3体問題 (plane restricted circular three-body problem) の安定性を証明することができる*)．また，重い非対称な固体の速い回転の安定性を証明することもできる**)．

しかしこの定理は，非摂動系が摂動系よりも少ない振動数をもつような (退化した場合) には，適用できない．このような場合には，条件 (21.6) は成り立たないで

$$\mathrm{Det}\,\frac{\partial^2 H_0}{\partial p^2}\equiv 0$$

となるのである．摂動論における，平衡点や周期系のような“極限における退化”の場合には，特別な研究が必要となる．この方向については，定理21.7を一般化するいくつかの結果に言及しておこう：

V. I. Arnold は，一般の楕円的な場合における，2自由度の系の平衡点や周期解の安定性を証明した．またその系として A. M. Leontovich [1] が，制限3体問題 (平面的かつ円周的な) の Lagrange の周期解が安定なことを証明した．

V. I. Arnold [8], [9], [10] は，退化系の摂動による新しい振動数の生成の問題を研究した．その系として，1自由度の非線形振動系におけるパラメターのゆ

---

*)　A. N. Kolmogorov [7]

**)　V. I. Arnold [5]

っくりした周期的変化に対する作用 (action) の永久的断熱的不変性を証明することができる．同じくまた，軸対称な磁場による“磁性わな”が荷電粒子を永久にとらえることがができることを証明することもできる．

最後に，n 体問題における準周期的解も発見された．もし $(n-1)$ 個の遊星の質量が，中心の星に比較して十分に小さいならば，その準周期解の全体が (初期条件の定め方で測ったとき) 測度正の集合になるほど沢山ある．さらにこれらの準周期運動は“遊星的”な相を呈する．すなわち，“接吻”楕円の離心率や傾きは小さく，長軸の長さは永久に初期の値の近くにとどまっている (V. Arnold [4] をみよ)．

J. Moser [1], [5] もまた定理 21.7 を拡張した．Moser は Hamilton 函数の解析性の仮定をしないでも，その代りに数百階の次数までの H の導函数の存在を仮定するだけでよいことを示した．たとえば2自由度系に対して，333 階までの H の導函数が存在すれば定理 21.7 が成り立つ．

(D)　正準変換の不変ドーナツ形 21.9.

定理 21.7 に対して，Poincaré–Birkhoff の“横断面 (surfaces de section) を通る軌道”の方法を用いることによって，別の定式化を与えることができる．方程式 (21.3) において，振動数の系 $\boldsymbol{\omega}$ の最初の成分 ω_1 が 0 でないと仮定しよう．状相空間 Ω^{2n} の部分多様体 Σ^{2n-2} で，方程式系 $q_1=0, H=h=$ 定数によって規定されるものを考察しよう．(21.5) の軌道 $x(t)$ で Σ^{2n-2} の点 x を通るものは，t が 0 から増してゆくとき，Σ^{2n-2} にもどって Σ^{2n-2} の唯一つの点 Ax に交わる (図 19.11)．もし摂動項 H_1 が十分小さくて $\omega_1(p)\neq 0$ であるならば，写像 $A:\Sigma^{2n-2}\to\Sigma^{2n-2}$ は，$(n-1)$ 次元のドーナツ形 $p=$ 定数，$q=0$ のある近傍で一意的に定まる．そうして

$$\frac{\partial H}{\partial I_1}=\omega_1\neq 0$$

であるから，この近傍での“作用-角”座標は $p_2,\dots,p_n; q_2,\dots,q_n$ (2π を法として) である．写像 A は正準的である (付録 31 をみよ)．

ここで非摂動系 ($H_1=0$ のときにあたる) を考えよう．(21.3) によれば，写

像 A は次式で与えられる.

$$A: p, q \to p, q+\omega(p); \qquad \omega_k(p) = 2\pi\frac{\omega_k}{\omega_1}(k=2,\ldots,n) \tag{21.10}$$

いいかえれば. ドーナツ形 $p=$ 定数はいずれも不変で, A を施すと角 $\omega(p)$ だけ回転するのである.

摂動項 H_1 が小さいときには, 対応する正準変換 $\mathscr{A}: \Sigma^{2n-2} \to \Sigma^{2n-2}$ は (21.10) に近い. $\mathscr{A}$ の $(n-1)$ 次元不変ドーナツ形は, 明らかに, (21.5) の n 次元不変ドーナツ形に相似ており, 写像 $\mathscr{A}$ に対して定理 21.7 に相似たつぎの定理が成り立つ (定理 21.11 をみよ).

ここでまた Ω を状相空間とする:

$$\Omega = T^n \times B^n,\ B^n = \{p\},\ T^n = \{2\pi \text{ を法とする } q\}.$$

$\mathbf{B}: p, q \to p'(p,q), q'(p,q)$ を大局的な正準変換とする. したがって, Ω の任意の閉曲線 γ に対して

$$\oint_\gamma p\,\mathrm{d}q = \oint_{\mathbf{B}\gamma} p\,\mathrm{d}q$$

が成り立つとする (付録 33 をみよ). ここで函数 $p'(p,q), q'(p,q)-q$ が Ω の複素近傍 $[\Omega]$:

$$\mathscr{R}(p),\ \mathscr{R}(q) \in \Omega; \qquad |\mathscr{I}p|,\ |\mathscr{I}q| < \rho$$

で解析的であると仮定しよう. $[\Omega]$ で解析的な函数 $\omega(p)$ によって $\mathbf{A}: p, q \to p, q+\omega(p)$ のごとく与えられる正準変換を $\mathbf{A}$ とし, $\mathbf{A}$ によって不変なドーナツ形 $T_0(\omega^*)$ が $p=p^*, \omega(p^*)=\omega^*$ で与えられるとしよう.

定理 21.11.

もしも $\mathbf{B}$ が恒等写像に十分近いならば, ほとんどすべての ω^* に対して, ドーナツ形 $T(\omega^*)$ で, $T_0(\omega^*)$ に近くかつ $\mathbf{BA}$ によって不変なものが存在する.

くわしくいえばつぎのようになる. 任意の $K>0$ に対して $\varepsilon>0$ と, 抽象的ドーナツ形 $T=\{2\pi$ を法とする $Q\}$ を Ω のなかへ写す写像 $\mathbf{D}: T \to \Omega$, $p=p(Q)$, $q=q(Q)$ とが存在して

$$\mathbf{D}(Q+\omega^*) = \mathbf{B}\cdot\mathbf{A}\cdot\mathbf{D}(Q),$$

$$\begin{array}{ccccc} & \xrightarrow{\mathbf{A}} & & \xrightarrow{\mathbf{B}} & \\ \mathbf{D}\uparrow & & & & \uparrow \\ Q & \longrightarrow & & & Q+\omega^* \end{array}$$

が成り立ち，しかも $[\Omega]$ において

$$|p'-p|+|q'-q| < \varepsilon = \varepsilon(K, \omega^*, \mathbf{A}, \Omega, \rho) > 0$$

ならば

$$|p(Q)-p^*| < K, \quad |q(Q)-Q| < K$$

が成り立つ．さらに $T(\omega^*)$ のようなドーナツ形の集合は正の測度をもちかつこの集合の補集合の測度は $|p'-p|+|q'-q| \to 0$ とともに 0 に収束する．

定理 19.10 は定理 21.11 において $n=1$ として得られる系である．定理 21.11 は，1954 年以来よく知られていた；その証明は発表されなかったけれども．ついに J. Moser [1] が平面の写像の場合 ($n=1$ の場合) の証明を与えた．これは $\mathbf{R}^2$ におけるトポロジーを用いる証明であった．本書付録 34 に一般の n に対する証明を与える：そのトポロジーを用いる部分は，大局的な正準変換の生成函数 (generating function) の技巧に帰着させてある (付録 33).

(E)　定理 21.7 と定理 21.11 との比較 21.12.

$\mathbf{A}$ に近い解析的な正準変換が，適当に選んだ Hamilton 力学系の横断面を用いて作られるかどうかはまだわかっていない．したがって定理 21.11 が定理 21.7 から導かれるというわけにいかない．

たとえ Hamilton 力学系 (21.5) に限定することにしても，定理 21.7 と定理 21.11 とは同等な結果を与えない．実際，(21.6) と (21.10) とによって，定理 21.7 と定理 21.11 の非退化の条件

$$\mathrm{Det}\left|\frac{\partial\omega}{\partial p}\right| \neq 0, \qquad \mathrm{Det}\begin{vmatrix} \dfrac{\partial\omega}{\partial p} & \omega \\ \omega & 0 \end{vmatrix} \neq 0$$

は，非摂動 Hamilton 函数 H_0 を使って

$$\mathrm{Det}\left|\frac{\partial^2 H_0}{\partial p^2}\right| \neq 0, \qquad \mathrm{Det}\begin{vmatrix} \dfrac{\partial^2 H_0}{\partial p^2} & \dfrac{\partial H_0}{\partial p} \\ \dfrac{\partial H_0}{\partial p} & 0 \end{vmatrix} \neq 0 \tag{21.13}$$

と書けるが，この最後の二つの条件は明らかに互いに関係がない．これらのいずれも，不変なドーナツ形の存在を保証するのには十分である．2番目の条件はさらに，“エネルギー曲面”のおのおののうえに不変なドーナツ形が存在することをも保証する；この事実から，2自由度の系に対する安定性（図19.11をみよ）が導かれる．($n=2$が定理21.7に，また$n=1$が定理21.11に対応しているのである)．

多くの応用に際しては，(21.13)の二つの条件は双方ともに成り立っているか，または双方ともに成り立っていないことが多いのである．

第22節 摂 動 論

つぎには漸近理論にうつろう．すなわち，摂動の大きさの規模をεとして，軌道の$0<t<\dfrac{1}{\varepsilon}$における挙動を研究しよう．この問題では非 Hamilton 力学系も考察に採り入れることができる．

(A) 平均法[*] **22.1.**

$T^k=\{\varphi=(\varphi_1,\ldots,\varphi_k)\,(2\pi$ を法として$)\}$ をk次元のドーナツ形とし，$B^l=\{I=I_1,\ldots,I_l)\}$ を$\mathbf{R}^l$の有界領域とする．状相空間$\Omega=T^k\times B^l$において非摂動系

(22.2) $$\dot{\varphi}=\omega(I),\quad \dot{I}=0,\quad \omega=(\omega_1,\ldots,\omega_k)$$

を考えよう．これは，明らかに系(21.3)の一般化である：各ドーナツ形$I=$定数は不変で，かつ振動数の系ωがこのドーナツ形Tの上で互いに有理的関係にないならば，軌道$\varphi(t)$はドーナツ形Tの上でいたるところ稠密である．このような場合には運動(22.2)は，ドーナツ形Tの上で準周期的であるといわれる．もしも振動数の系が互いに有理的関係にあるときには，一つの軌道の閉苞はk次元ドーナツ形$(k<n)$である（共鳴の場合）．

つぎに(21.5)を一般化した摂動系を考えよう：

---

[*] この方法は歴史的には，Lagrange, Laplace, Gauss にさかのぼれる；これらの人が天体力学にこの方法を用いたのである．

$$(22.3)\quad \begin{cases}\dot\varphi = \omega(I)+\varepsilon f(I,\varphi)\\ \dot I = \varepsilon F(I,\varphi)\end{cases}\quad ただし\quad \begin{cases}f(I,\varphi+2\pi)\equiv f(I,\varphi)\\ F(I,\varphi+2\pi)\equiv F(I,\varphi),\quad \varepsilon\ll 1\end{cases}$$

勿論，$t\approx 1$ ならば $|I(t)-I(0)|\sim\varepsilon\ll 1$ である．この $I(t)$ の発展 $|I(t)-I(0)|$ の一位の効果が現われてくるのは，$t\sim\frac{1}{\varepsilon}$ 程度の十分に長い時間が経過してからである．

摂動論で摂動系を研究するにはつぎのようにする．$\bar F(I)$ をもって平均を表わす：

$$\bar F(I) = (2\pi)^{-k}\cdot\oint\ldots\oint F(I,\varphi)d\varphi_1\ldots d\varphi_k.$$

ここで“平均化した系(averaged system)”または“発展系(system of evolution)”と呼ばれる．

$$(22.4)\qquad \dot J = \varepsilon\cdot\bar F(J)$$

を考える．$\varepsilon\ll 1$ ならば

$$(22.5)\qquad 0<t<\frac{1}{\varepsilon}\quad に対して\quad |I(t)-J(t)|\ll 1$$

であろうと期待される．ここに $I(t),\varphi(t)$ は (22.3) の解であり，$J(t)$ は初期条件 $J(0)=I(0)$ に応ずる (22.4) の解である．

このようにしてつぎの問題が提起される：摂動された運動 $I(t)$ と“発展運動(motion of evolution)” $J(t)$ の間には，$0<t<\frac{1}{\varepsilon}$ で，どのような関係があるであろうか？ 不等式 (22.5) が成り立つであろうか．

最も簡単な周期運動 ($k=1$ に相応する) に対しては，$\omega\neq 0$ ならば

$$0<t<\frac{1}{\varepsilon}\quad において\quad |I(t)-J(t)|<C\cdot\varepsilon$$

であることが容易に証明される (付録30と，Bogolubov および Mitropolski [1] をみよ)．しかし自由度 k が1より大きくなるにつれて，$k=2$ に対してすら，状況はずっと複雑になる．

(B) 一つの反例 22.6.

$k=l=2$, $a>1$ として力学系

$$\dot\varphi_1 = I_1,\qquad \dot\varphi_2 = I_2,\qquad \dot I_1=\varepsilon,\qquad \dot I_2 = \varepsilon a\cos(\varphi_1-\varphi_2)$$

を考えよう．このとき発展系は勿論

$$\dot{J}_1 = \varepsilon, \quad \dot{J}_2 = 0$$

になる (図 22.7 の小さい矢印に対応して)．ここでつぎの初期条件を考えよう：

$$I_1 = I_2 = J_1 = J_2 = 1, \quad \varphi_1 = 0, \quad \varphi_2 = \arccos \frac{1}{a}.$$

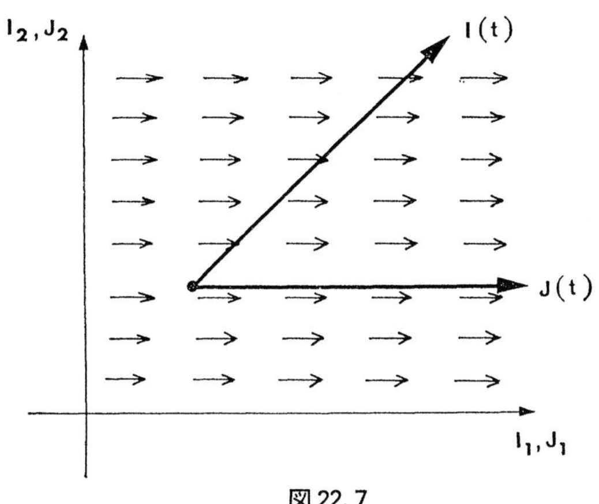

図 22.7

このとき

$$I_1(t) = I_2(t) = 1+\varepsilon t, \quad J_1(t) = 1+\varepsilon t, \quad J_2(t) = 1$$

となって

$$|I(1/\varepsilon) - J(1/\varepsilon)| = 1$$

となる．いいかえれば，時間 $1/\varepsilon$ の後には，平均した運動は現実の運動と何の関係もなくなる；現実の運動の方は $\omega_1 = \omega_2$ なる共鳴によって終始閉ぢ込められているのである．

(C)　平均法の数学的基礎づけ 22.8.

平均法の数学的基礎付けの問題に対しては，少なくとも 4 つの異なる近づき方があるが，これらはいずれもむしろ地味な結果に導くのである．

(1)　平均化した系の特解 (たとえば，平衡位置 $\bar{F} = 0$) の近傍はかなりよく研究されている．たとえば，系 (22.4) の牽引的点に対応するところの (22.3) の牽引的ドーナツ形が存在する．$0 < t < \infty$ に対する安定性が，このようなド

ーナツ形のある近傍では明らかに成り立つ. N. N. Bogolubov [2], J. Moser [2], [5] および I. Kupka [1] などが, 摂動系に対してもやはり牽引的ドーナツ形が存在することを証明した.

上の近づき方は Hamilton 系には適用されない. Liouville の定理の示すように, この場合は牽引的点は存在しないからである.

(2) $I(t)$ と $J(t)$ との関係を, (測度論の意味で) ほとんどすべての初期データとの関連でしらべる; 共鳴に対する初期データは無視することにして. このときは, Anosov [3] と Kasuga [1] とがつぎの型の定理を証明した:

$R(\varepsilon,\rho)$ をもって, $0<t<1/\varepsilon$ なるすべての t に対して $|I(t)-J(t)|>\rho$ が成り立つような初期データに対応する Ω の部分集合とする. そうすると, すべての $\rho>0$ に対して $\lim_{\epsilon\to 0}\text{measure}(R(\varepsilon,\rho))=0$ が成り立つ.

この方向では, (22.3) よりもずっと一般な系に対して同じような結果が得られる. この近づき方の弱点は, $R(\varepsilon,\rho)$ の測度の評価が現実的でなく, したがって $R(\varepsilon,\rho)$ のなかにおける運動に対する情報が何も得られないことにある.

(3) 共鳴の状態を通してその推移を研究することができる.

(4) もつと多くの情報を得るために Hamilton 系に制限することを考える.

(D) 共鳴の状態を通しての推移 22.9.

一つの例から話を始めよう:

$$\dot\varphi_1=I_1+I_2,\qquad \dot\varphi_2=I_2,\qquad \dot I_1=\varepsilon,\qquad \dot I_2=\varepsilon\cos(\varphi_1-\varphi_2).$$

平均化した系は (図 22.10 をみよ).

$$\dot J_1=\varepsilon,\qquad \dot J_2=0.$$

共鳴 $\omega_1=\omega_2$ に対応する初期データ

$$\varphi_1(0)=\varphi_2(0)=I_1(0)=I_2(0)-1=0$$

を与えよう. そうすると系は容易に積分できて

$$|I(t)-J(t)|=|I_2(t)-1|=\sqrt{2\varepsilon}\int_0^\tau\cos x^2\cdot\mathrm{d}x,\qquad \tau=\sqrt{\varepsilon/2}t$$

を得る. $t=1/\varepsilon$ に対しては, 明らかに

$$\left|I\left(\frac{1}{\varepsilon}\right)-J\left(\frac{1}{\varepsilon}\right)\right|=C\cdot\sqrt{\varepsilon}$$

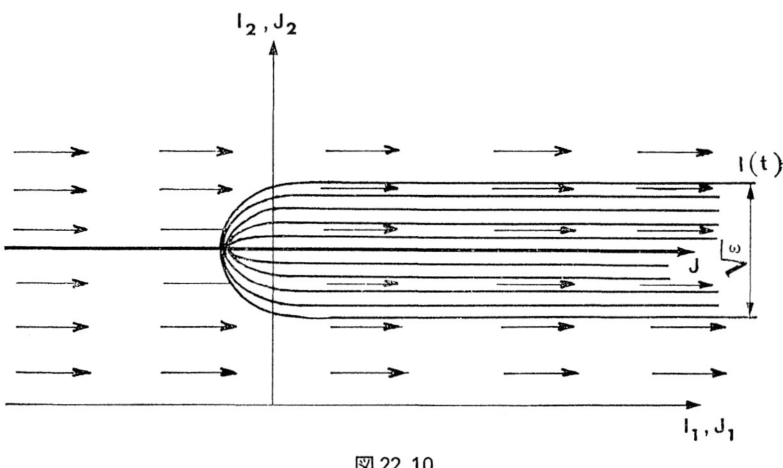

図 22.10

となる.

よって，共鳴 $\omega_1=\omega_2$ を通しての推移においては，軌道 $I(t)$ と平均化された軌道 $J(t)$ との距離は，$t=\dfrac{1}{\varepsilon}$ に対して $\sqrt{\varepsilon}$ の位数の大きさである．したがって I_2 の共鳴を通しての散乱は $\sqrt{\varepsilon}$ の位数の大きさである (図 22.10 をみよ)．2 自由度の ($k=2$ の) 一般の系 22.3 に対しては，つぎの定理が得られる*)：

Ω において

$$A(I,\varphi)=\left(\frac{\partial\omega_1}{\partial I}F\right)\omega_2-\left(\frac{\partial\omega_2}{\partial I}F\right)\omega_1$$

が 0 にならないとすれば，

(22.11)　$0<t<\dfrac{1}{\varepsilon}$ なる t のすべてに対して

$$|I(t)-J(t)|<C\cdot\sqrt{\varepsilon}\cdot\log^2\left(\frac{1}{\varepsilon}\right)$$

が成り立つ.

$A\neq 0$ なる条件は，系がどの共鳴に際してもそこに閉じ込められたままにならないことを示す：すなわち (22.3) から

---

*) V. I. Arnold[12].

$$\frac{\mathrm{d}(\omega_1/\omega_2)}{\mathrm{d}t} \neq 0$$

が導かれる．

例 (22.6) において条件 $A \neq 0$ は犯されて，$a > 1$ ならば

$$A(I, \varphi) = I_2 - I_1 a \cos(\varphi_1 - \varphi_2)$$

は $I_1 = I_2$ のところを通るとき符号を変える．この例によって，条件 $A \neq 0$ は，平均化された系についての同じような条件では置き換えられないことがわかる．

(22.11) を証明するために使われたアイデアは，各々の共鳴によって作り出される散乱は $C\sqrt{\varepsilon}$ の位数の大きさであり，かつ $\omega_1/\omega_2 = m/n$ の形の無限に多くの共鳴のうちで，最大の

$$\log^2 \frac{1}{\varepsilon} \qquad \left(m, n < \log \frac{1}{\varepsilon}\right)$$

だけが認め得る効果を作り出すということである．

2つより大きい振動数のある ($k > 2$ である) 系の共鳴を通しての推移についてはまだ研究されていない．

(E) Hamilton 系の発展 22.12.

つぎに Hamilton 系 21.5 に平均法を応用しよう．もしも非退化の条件 (21.6) が成り立っていれば，非摂動系の軌道のほとんどすべては，ドーナツ形 $p=$ 定数の上でエルゴード的である．したがって，この系を，$I = p$, $\varphi = q$, $k = l = n$ として，(22.3) の形に書くのは理屈にかなっているであろう：

$$\begin{cases} \dot{\varphi} = \omega(I) + \varepsilon \dfrac{\partial H_1}{\partial I} \\ \dot{I} = -\varepsilon \dfrac{\partial H_1}{\partial \varphi}, \end{cases}$$

ここに

$$H = H_0 + \varepsilon H_1, \qquad \omega = \frac{\partial H_0}{\partial p}$$

である．このとき平均化した系は $\dot{J} = 0$ である．

$$\bar{F}(J) = -(2\pi)^{-k} \oint \cdots \oint \frac{\partial H_1(I, \varphi)}{\partial \varphi} \mathrm{d}\varphi_1 \ldots \mathrm{d}\varphi_n = 0$$

であるからである．いいかえれば，非退化の Hamilton 系には発展がなくて $J=$ 定数である．

準周期運動が保存されることを示す定理 21.7 は，上の結論を厳密に証明する．実際，定理 21.7 からつぎのことがいえる：

$$\text{すべての } t\in\mathbf{R} \text{ と } \varepsilon<\varepsilon_0(K) \text{ に対して } |I(t)-J(t)|<K$$

($n=2$ で

$$\mathrm{Det}\begin{pmatrix}\dfrac{\partial^2 H_0}{\partial I^2} & \dfrac{\partial H_0}{\partial I}\\ \dfrac{\partial H_0}{\partial I} & 0\end{pmatrix}\neq 0$$

の場合にはすべての初期条件に対して，また一般の場合にはほとんどすべての初期データに対して)．これによって保存の条件が定理 21.7 においてつとめる役割りが説明される：この条件が発展を阻害する*) からである．同様にして定

*) 正準系に特有なこの状況は，つぎの簡単な例においてすでに表われている．すなわちつぎのような“中心”の摂動二つを考えよう (図 22.13):

$$\begin{cases}\dot{x}=y+\varepsilon_1\\ \dot{y}=-x+\varepsilon_2\end{cases}\qquad\begin{cases}\dot{x}=y\\ \dot{y}=-x-\varepsilon y\end{cases}$$

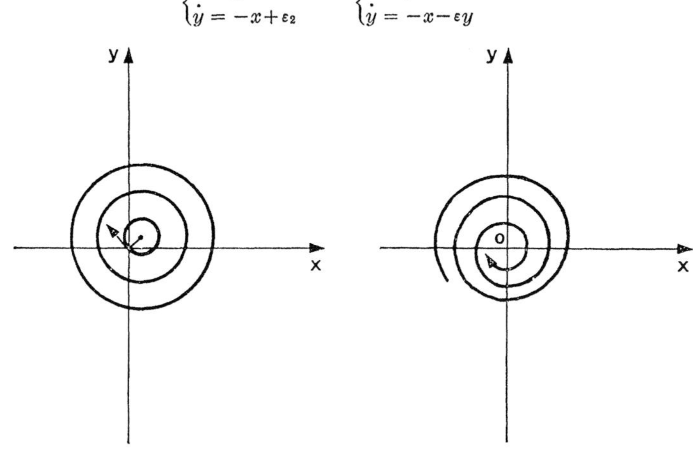

図 22.13

第一の摂動は正準的で，どの軌動をも摂動に直交する方向に動かし，発展をもち来たさない．第2の摂動は正準的でなくて，原点の方え発展をもち来たす，保測的で発展を伴う例は，x,y,z,u の4次元空間で作ることができる：すなわち

$$\dot{x}=y,\ \dot{y}=-x-\varepsilon y,\ \dot{z}=u,\ \dot{u}=-z+\varepsilon u.$$

理21.1においても発展が阻害されている：写像が大局的に正準であるゆえに.

一方において，非退化の条件が演ずる役割りを理解することもできる．実際，非退化の場合には，非摂動系の一般の軌道はk次元のドーナツ形の上でエルゴード的である（ここにkはほんとうにnより小さい)．このような場合には，摂動論のやり方でk次元ドーナツ形の上での平均の結果を予想できる．したがって，正準系に対してすら，発展が起こることが可能になるのである．

例 22.14.

Hamilton系

$$H = H_0 + \varepsilon H_1(I_1, \dots, I_n, \varphi_1, \dots, \varphi_n), \qquad I \in B^n,$$
$$\varphi \in T^n = \{2\pi \text{を法としての } (\varphi_1, \dots, \varphi_n)\}$$
$$H_0 = H_0(I_1, \dots, I_k), \qquad \frac{\partial^2 H_0}{\partial I^2} \neq 0$$

を考えよう．この系は$k < n, 1 = 2n-k$としての(22.3)の形であり，これを平均した系は

$$\begin{cases} \dot{J}_0 = 0, \quad J_0 = (J_1, \dots, J_k), \ \varphi_0 = (\varphi_1, \dots, \varphi_k) & (2\pi\text{を法として}) \\ \dot{J} = -\varepsilon \cdot \dfrac{\partial \bar{H}_1}{\partial \psi} \qquad J = (J_{k+1}, \dots, J_n) & \\ \dot{\psi} = \varepsilon \dfrac{\partial \bar{H}_1}{\partial J} \qquad \psi = (\psi_{k+1}, \dots, \psi_n) & (2\pi\text{を法として}) \end{cases}$$

である．ここに

$$\bar{H}_1(J_0, J, \psi) = (2\pi)^{-k} \oint \cdots \oint H_1(J_0, J; \varphi_0, \psi)\, d\varphi_0$$

である．

この平均した系が，（平面3体問題におけるように）可積分であるか，または（遊星の場合の多体問題のように）可積分に近いときには，非摂動系に対して準周期的な解がある．これらの準周期な運動は，非摂動系からくるところのk個の“速い”周期$(\omega_1, \omega_2, \dots, \omega_k) \sim 1$と，平均した系からくる$l = (n-k)$個の“遅い”周期$(\omega_{k+1}, \dots, \omega_n) \sim \varepsilon$とをもつ*).

---

*) V. Arnold[10], [4]

平均した系が可積分でないような一般の場合には，摂動系の解と平均した系の解との関係は，$0<t<1/\varepsilon$ においてすら，まだよく知られていない．知られている結果は22.8節の2や3に述べたことぐらいである．なお，非退化系に対してすら，$n>2$ に対しては少なくとも $t\sim 1/\varepsilon$ において（または $t\sim 1/\varepsilon^m$ において)，(不変ドーナツ形の補集合であるところの）不安定圏における運動を研究する必要がある．このような圏において，$(n-1)$ 次元の不変ドーナツ形で“楕円的”または“双曲的”な型のものが見出されることが確からしいのである[*]；これらのドーナツ形は，任意次元 n の場合には20節の周期解にあたるのである．これについて，$n>2$ ならば n 次元の不変ドーナツ形は，$(2n-1)$ 次元のエネルギー準位 $H=$ 定数を分割しないことを想い出していただきたい．このことから“双曲”的なドーナツ形の分離閉曲線 (separatrices) は，$H=$ 定数に沿うて非常に遠くまでのびている．次の節は，不安定性の機構についてこれと類似のものの研究に捧げられる．

第23節　位相的不安定性とひげのはえたドーナツ形

つぎには，Hamilton 力学系で定理21.7および定理21.11の条件は満足するが位相的には不安定で，$|I(t)-J(t)|$ が $-\infty<t<\infty$ で有界でないような例[**]を与えよう (23.10をみよ)．定理21.7と定理21.11によれば，この系ではほとんどすべての初期データに対しては解は安定である（そして対応する解は準周期的である)．$I(t)$ の永年的変化 (secular change) の速さは $\exp(-1/\sqrt{\varepsilon})$ の位数であり，したがって古典的な摂動論によるいかなる近似法によっても不安定性が明らかにされはしない．

まずいくつかの定義を与えよう．

---

[*] その動機については V. Arnold [14] をみよ．このことを本書にしるしてからのちに，上に述べた不変ドーナツ形の存在は，V. K. Melnikov [2], J. Moser [5] および G. A. Krasinskii [1] の三人によって互いに独立証明された．

[**] 例 (23.10) は人為的にすぎるようであるが，この例の不安定性を保証する“推移的連鎖”の機構は一般の場合（たとえば3体問題にも）応用できるものと信ずる．

(A)　ひげのはえたドーナツ形 23.1.

力学系の状相空間のなかに不変ドーナツ形 T があり，その上にその軌道がいたるところ稠密であるような準周期的運動があると仮定しよう．

もし T が二つの不変な開多様体の交わりの連結成分として $T = M^+ \cap M^-$ の形でありかつつぎの条件を満たすときに，T をひげのはえたドーナツ形という：到着的なひげ M^- の上の軌道はすべて $t \to \infty$ なるとき T に近づき，また出発的ひげ M^+ の上の軌道はすべて $t \to -\infty$ なるとき T に近づく：

$$x(0) \in M^+ \quad \text{に対して} \quad \lim_{t\to-\infty} |x(t)-T| = 0,$$

$$x(0) \in M^- \quad \text{に対して} \quad \lim_{t\to+\infty} |x(t)-T| = 0.$$

たとえばドーナツ形 T^k は，$\mathbf{R}^{l+}\times\mathbf{R}^{l-}\times\mathbf{R}^{l_0}\times T^k$ における系

(23.2)
$$\dot{x} = \lambda x,\ \ \dot{y} = -\mu x,\ \ \dot{z} = 0,\ \ \dot{\varphi} = \omega$$

$(\lambda, \mu > 0$ で，2π を法として $\varphi \in T^k$ で ω は無理数$)$

において $x = 0, y = 0, z = 0$ で与えられ，$(l_+ + k)$ 次元のひげ $M^+(y = z = 0)$ と $(l_- + k)$ 次元のひげ M^- $(x = z = 0)$ をもつ．

(B)　遷移的ドーナツ形 23.3.

M を X の滑かな部分多様体とせよ．X の部分集合 Ω をとる．もし M を x で横断 (transverse) する多様体 N がすべて Ω に交わるときに，Ω が M の点 x で多様体 M を障害する (obstruct) という．たとえば*)，極限閉軌道 M に巻きついてゆく螺旋的軌道 Ω がその例である (第3章の図16.4をみよ)．もしもひげのはえたドーナツ形がつぎの性質をもつときに，このドーナツ形は遷移的ドーナツ形とよばれる (図23.4をみよ)：その性質とは到着的ひげ M^{-1} の任意の点 ξ の任意の近傍 U を出発する軌道系が，出発的ひげ M^+ を M^+ の任意の点 η において障害することである．

補題 23.5.

微分方程式系23.2におけるドーナツ形 $x = y = z = 0$ は遷移的ドーナツ形である．

証明：

---

*) Sitnikov [1] や A. Leontovich [1] の論文はこの事実に基づいている．

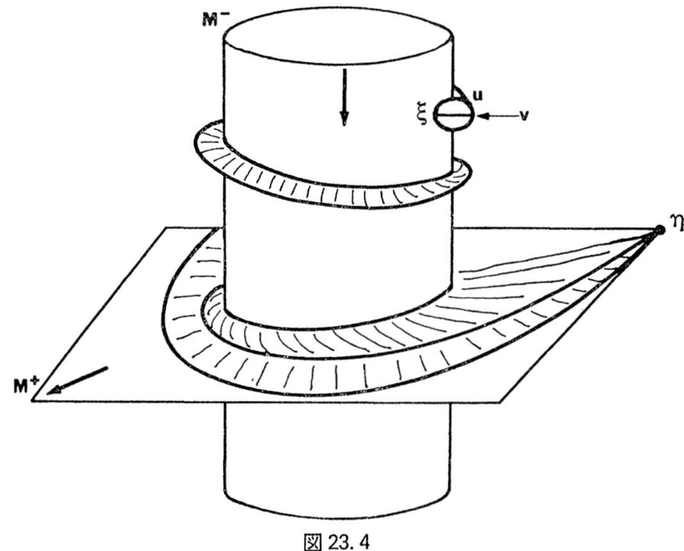

図 23.4

$\xi=(0, y_0, 0, \varphi_0)$, $\eta=(x_1, 0, 0, \varphi_1)$ とおく．ω が無理数なので，$\varphi_0+\omega t_i$ から φ_1 への距離が $t_i\to+\infty$ なるとき 0 に収束するような数列 $\{t_i\}$ が存在する．

U の一部 V で，条件 $y=y_0$ で規定されるものを考える．U から発するすべての軌道の点から成る集合 $\bigcup_{t>0} U(t)$ を Ω としるす．そうすると，Ω は $g_{t_i}V$ の形の点集合をすべて含む．ここに g_t は (23.2) によって定義される変換である．t_i が十分に大きいと，これらの $g_{t_i}V$ は η の近傍と交わる ($\lambda>0$ であることによって)．その交わりは

$$y=y_i, \qquad y_i=e^{-ut_i}\cdot y_0\to 0$$

によって与えられる．よって Ω は，M^+ に平行で M^+ に収束するところの曲面 $g_{t_i}V$ をすべて含む．これらの曲面がすでに，M^+ を η において障害する．このようにして補題 23.5 が証明された．

(C)　**遷移的連鎖 23.6.**

力学系が遷移的ドーナツ形 $T_1, T_2, \ldots, T_s$ をもつとせよ．これらのドーナツ形はつぎの条件を満足するときに，遷移的連鎖を作るといわれる：すなわち各ドーナツ形 T_i の出発的ひげ $M_i{}^+$ が，ドーナツ形 T_{i+1} の到着的ひげを，これら二

つのひげの交わりのある点で横断する (図 23.7 をみよ)：

$$M_1^+ \cap M_2^- \neq 0, \quad M_2^+ \cap M_3^- \neq 0, \ldots, M_{s-1}^+ \cap M_s^- \neq 0.$$

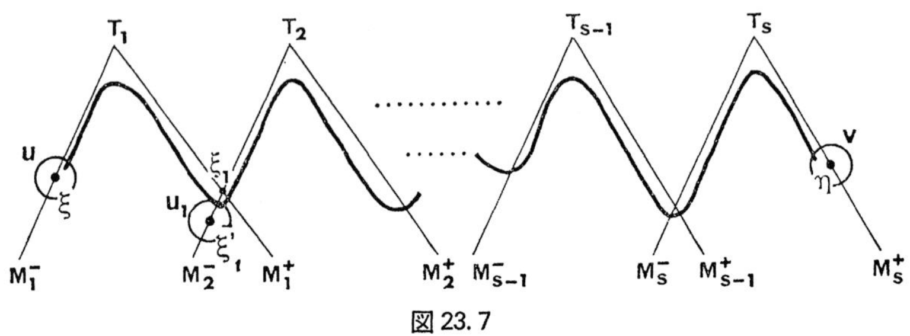

図 23.7

補題 23.8.

$T_1, T_2, \ldots, T_s$ を遷移的連鎖とする．このとき，M_1^- の任意の点 ξ の任意の近傍 U と，M_s^+ の任意の点 η の任意の近傍 V とはある軌道 $\zeta(t)$ によって連結される：$\zeta(0) \in U$ かつ $\zeta(t) \in V$.

証明：U の将来すなわち $\Omega = \bigcup_{t>0} U(t)$ を考える．T_1 が遷移的ドーナツ形であるから，Ω は M_1^+ を $\xi_1 = M_1^+ \cap M_2^-$ において障害する．したがって M_2^- は Ω の開集合に交わる．ξ_1' を $M_2^- \cap \Omega$ の点とすると，ξ_1' の近傍 U_1 で Ω に属するものが存在する．U_1 の将来は Ω に属する．このようにして Ω が M_s^+ を η において障害することを証明するためには，上のような推論を s 回施せばよい．

(D)　一つの不安定系 23.9.

$\Omega = R^2 \times T^3$ を 5 次元の空間*) とし，その座標を

$$I_1, I_2\,;\ \varphi_1, \varphi_2, t \quad (\varphi_1, \varphi_2, t \text{ は } 2\pi \text{ を法として考える})$$

で示すことにする．パラメター ε, μ に依存する Hamilton 函数

$$H = \frac{1}{2}(I_1^2 + I_2^2) + \varepsilon \cos(\varphi_1 - 1)[1 + \mu B], \qquad B = \sin \varphi_2 + \cos t$$

を考える．すなわちこの H に対応する微分方程式系

$$(23.10) \qquad \dot{\varphi}_1 = I_1\,;\ \dot{\varphi}_2 = I_2, \quad \dot{I} = \varepsilon \cdot \sin \varphi_1 [1 + \mu B]$$

$$\dot{I}_2 = \varepsilon \cdot (1 - \cos \varphi_1) \mu \cos \varphi_2$$

---

*) (23.10) を保存系に書き表わすこともできる．

を考える．ただし $\mu \ll \varepsilon \ll 1$ としておく．

定理 23.11.

$0 < A < B$ とする．任意の $\varepsilon > 0$ に対して $\mu_0 = \mu_0(A, B, \varepsilon)$ が存在して，$0 < \mu < \mu_0$ なる μ に対しては (23.10) が，$I_2(0) < A$ と $I_2(t) > B$ (ある t において) とを満足する解をもつ．

この定理を証明には，補題23.8を用い，遷移的連鎖 $T_1, \ldots, T_s$ で T_1 においては $I_2 < A$ かつ T_s においては $I_2 > B$ となるものを見出すとよい．

補題 23.12.

ωが無理数とすると $I_1 = \varphi_1 = I_2 - \omega = 0$ によって定義された多様体 T_ω はいずれも微分方程式系 (23.10) の二次元的なひげのはえたドーナツ形である．

証明：

(1)　T_ωは明らかに (23.10) の不変ドーナツ形である．

(2)　$\mu = 0$ ならば，3次元のひげのはえたドーナツ形の式は

$$I_1 = \pm 2\sqrt{\varepsilon}\sin\frac{\varphi_1}{2}, \qquad I_2 = \omega$$

である；

(3)　$\mu \neq 0$ で μが十分小さいときには，ひげは存在してそれは Hadamard の方法 (第3章第15節をみよ) で見出せる．このようにして，補題 (23.5) における推論によりドーナツ形 T_ω が遷移的ドーナツ形であることがわかる．

最後に，μが十分小さいときのひげに対する変化式を用い，つぎの補題が証明される*)：

補題 23.13.

$A < \omega < B$ とせよ．このときはドーナツ形 T_ω の出発的ひげ M_ω^+ は，T_ω に十分近いドーナツ形 $T_{\omega'}(|\omega - \omega'| < K = K(\varepsilon, \mu, A, B))$ のすべての到着的ひげ $M_{\omega'}^-$ に交わる．

この補題の証明には，V. Arnold [13] に見出されるところのある種の計算が必要である．この計算によって

*) Poincaré [2] および V. K. Melnikov [1] をみよ．

$$K \sim \mu \exp(-1/\sqrt{\varepsilon})$$

であることもわかる.

補題 23.12 と補題 23.13 から，(ω_i が無理数で $|\omega_i - \omega_{i+1}| \leqq K$, $\omega_1 < A$, $\omega_s > B$ としたとき) ひげのはえたドーナツ形 $T_{\omega_1}, T_{\omega_2}, \ldots, T_{\omega_s}$ が遷移的連鎖であることがわかる. 補題 23.8 をこの連鎖に応用して定理 23.11 が得られる.

第4章の一般的な参考書

Arnold, V., Small Denominators I, *Izvestia Akad. Nauk., Math. Series* 25, 1 (1961), pp.21–86 [*Transl. Amer. Math. Soc.* 46(1965), pp.213–284]. Small Denominators II, *Usp. Math. Nauk.* No. 5 (1963), pp. 13–40. [*Russian Math. Surveys*, No.5 (1963), pp. 9–36]. Small Denominators III, *Usp. Math. Nauk.* No. 6 (1963), pp. 89–192. [*Russian Math. Surveys*, No. 6 (1963), pp. 85–193].

Birkhoff, G. D., Dynamical Systems, New York(1927).

Moser, J., On Invariant Curves of Area-Preserving Mappings of an Annulus, *Göttingen Nach.* No. 1 (1962).

Poincaré, H., Les méthodes nouvelles de la mécanique céleste, I, II, III, Gauthier-Villars, Paris (1892, 1893, 1899).

Siegel, C. L., Vorlesungen über Himmelsmechanik, Springer, Berlin(1956).

訳者追加：

Siegel, C. L. —Moser, J. K., Lectures on Celestial Mechanics, Springer, Berlin (1971).

付　　録 1

Jacobi の定理

（第１章の例 1.2 をみよ）

$S^1=\{1$ を法とした $x\}$ を円周とし $\omega\in\mathbf{R}$ として移動 $\varphi: x\to x+\omega$ (1 を法として) を考える．φ の軌道は，ω が無理数のときかつこのときに限っていたるところ稠密である．

証明：まず ω を**有理数**として

$\omega=p/q$ で $p,q\in\mathbf{Z}, q>0$ とすると φ^q は恒等写像である．円周のどの点も φ^q で動かないから，各軌道は閉じておりかつ有限個の点からなる．

つぎに ω を無理数としよう．このときは：

x を S^1 の任意の点とすると，$\varphi^n x$ は互いに異なっている．それは，もし

$$\varphi^n x=\varphi^m x$$

とすると $(n-m)\omega\in\mathbf{Z}$ となって $n=m$ となるからである．ゆえに各軌道は無限に多くの点からなっている．S^1 がコンパクトであるから，この軌道は集積点をもつ．よって任意の $\varepsilon>0$ に対して

$$|\varphi^n x-\varphi^m x|<\varepsilon$$

となるような相異なる整数 n, m が存在する．$|n-m|=p$ とおいて，φ が長さを保存することに注意すれば

$$|\varphi^p x-x|<\varepsilon$$

を得る．よって $\varphi^p x, \varphi^{2p}x, \ldots, \varphi^{kp}x, \ldots$ は S^1 を，ε より小さい長さの区間に分つ．ε が任意であったから，定理は証明された．

この定理の N 次元への拡張はつぎのようになる：

$T^n=\mathbf{R}^n/\mathbf{Z}^n$ を n 次元のドーナツ形とし，$\omega\in\mathbf{R}^n$ として T^n での移動 $\varphi: x\to x+\omega$ (1 を法として) を考える．φ の軌道がいたるところ稠密になるのは，つぎの条件が満足するときかつこのときに限る：$\mathbf{k}\in\mathbf{Z}^n$ として $\mathbf{k}\cdot\omega\in\mathbf{Z}$ ならば $\mathbf{k}=0$.

連続パラメターの場合はつぎのようになる：$t\in\mathbf{R}$, $\omega\in\mathbf{R}^n$ として T^n での移動 $\varphi_t: x\to x+t\omega$ を考える．φ_t の軌道が稠密になるのは，つぎの条件が満足されるときかつこのときに限る：$\mathbf{k}\in\mathbf{Z}^n$ として $\omega\cdot\mathbf{k}=0$ ならば $\mathbf{k}=0$.

付　　録　2

ドーナツ形の上の流れ

（第1章の例1.7をみよ）

Vを2次元のドーナツ形とする．すなわちVは，半径rの円をこの円のおかれている平面でこの円の中心から$1(>r)$の距離にある点を通る線分Ozのまわりに回転した回転面である．だからVは

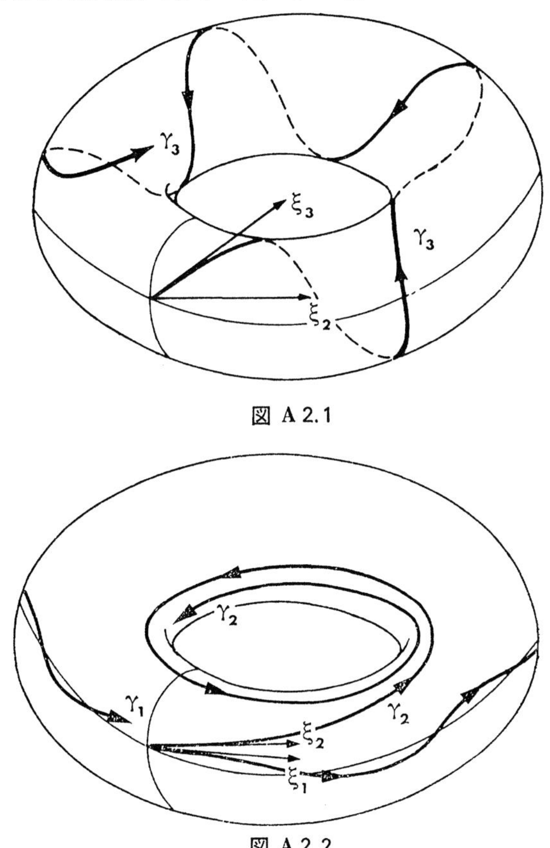

図 A 2.1

図 A 2.2

$$x = (1 + r\cos\phi)\cos\varphi$$
$$y = (1 + r\cos\phi)\sin\varphi$$
$$z = r\sin\phi$$

で表わされる．ここに φ は緯度，ϕ は経度である．

エネルギーの保存および Oz のまわりの角運動量の保存の条件を書くと，測地線の方程式が得られる．すなわち

$$r^2\dot{\phi}^2 + (1 + r\cos\dot{\phi})^2\cdot\dot{\varphi}^2 = h = \text{定数},$$
$$\dot{\varphi}\cdot(1 + r\cos\phi)^2 = k = \text{定数}.$$

$h=1$ とすると，$M = T_1V$ の上の測地的流れが得られる．この流れは，回転 $\varphi \to \varphi +$ 定数で不変である．よって測地線を研究するのに，その出発点が子午線上にあるような測地線だけを研究するとよい．図 A 2.1 および図 A 2.2 には，γ_2 で分離される一般の場合の γ_1 と γ_3 とを描いてある．

付　　　録　4

Lie 群の上の測地的流れ

(第1章の例1.7)

不変 (または右不変) な距離をもつ Lie 群の上の測地的流れは重要な応用
つ：

次元ユークリッド空間の回転の群の連結成分 $SO(3)$ の上の測地的流れは．
の定点のまわりの回転に対応する：その流れの各軌道が剛体の一つの回転
に対応するのである．

次元空間 $\mathbf{R}^n$ における，正の比による相似と移動とが，$(n+1)$ 次元の負の
率空間における測地的流れを生成する．

ぎにコンパクト Riemann 領域 $\mathscr{D}$ の，可微分保測変換の作る群 $S\mathrm{Diff}(\mathscr{D})$
よう．これに対応する (無限小変換の作る) 代数は，$\mathscr{D}$ の上の発散のな
vergence-free) ベクトル場 V を作る：$\mathrm{div}\, V=0$．エネルギー $\langle V, V\rangle$
$V^2 \mathrm{d}x$ は，このベクトル場の空間の上で定義された，正の定符号の二次
成して群 $S\mathrm{Diff}(\mathscr{D})$ の上に右不変な Riemann 計量を定義する．

計量に関する測地線は，$\mathscr{D}$ における完全流体 (すなわち非圧縮な非粘性の
の流れに他ならない．この無限次元多様体 $S\mathrm{Diff}(\mathscr{D})$ の Riemann 曲率
算することができる．たとえば，$\mathscr{D}$ がドーナツ形 $T^2=\{1$ を法としての
にその自然な計量 $\mathrm{d}x\mathrm{d}y$ を付与したものとすると，これの断面曲率 (sec-
curvature) は，層流 (laminar flow)

$$V_x=\cos y, \qquad V_y=0$$

る各断面において，正ではない．詳しくは，V. I. Arnold [1] や L. Aus-
r-L. Green-F. Hahn [1] をみよ．

付　　録 3

Euler–Poinsot の運

(第1章の例1.7をみよ)

これは，その重心で固定された剛体の運動である．
次元の状相空間において表現される．この力学系に対し
の) 第一積分が存在する：すなわちエネルギー T と，
である． これら4つの (状相空間の点の) 函数は，与え
い． 6次元の状相空間の点で， そこにおいてこれら4
定数値をとるような点は，一般に2次元の多様体 M を
$M(T,m)$ はドーナツ形である． 実際，M が運動で不変
における状相–速度 (phase-velocity) ベクトルは M に
は， 特異点のないベクトル場をもつことになる． とこ
ンパクトで可符号 (orientable) である．コンパクト，可
その上に特異点のないようなベクトル場を許すのはド
られている．一方において，M はその運動による力学
から， 不変測度 μ をもつ (Liouville の定理)． よって
である．

正準変換によって (M,μ,φ_t) を， $\dot{x}=1$， $\dot{y}=\alpha$ の形
ができる (例1.2; 付録26をみよ) よって Euler–Poins
周期的で， その軌道は M の上で稠密である． その2つ
れ歳差 (precession) と回転とよばれるものである (Eule

左
をも
3
剛体
運動
n
定曲
つ
を考
い (c
$=$
形式
こ
流体
を計
$(x,y$
tion
を含
land

付　　録　5

振　　子

(1.13をみよ)

振子の運動方程式は，kを正定数として $\ddot{q}+k\sin q=0$ であるから，連立方程式

$$\begin{cases}\dot{q}=p\\ \dot{p}=-k\sin q\end{cases}$$

と同等である．その Hamilton 函数は $H=(p^2/2)-k\cdot\cos q$ で，図A 5.1 が軌道を描いている．この連立方程式は，対称変換 $p\to -p$ や移動

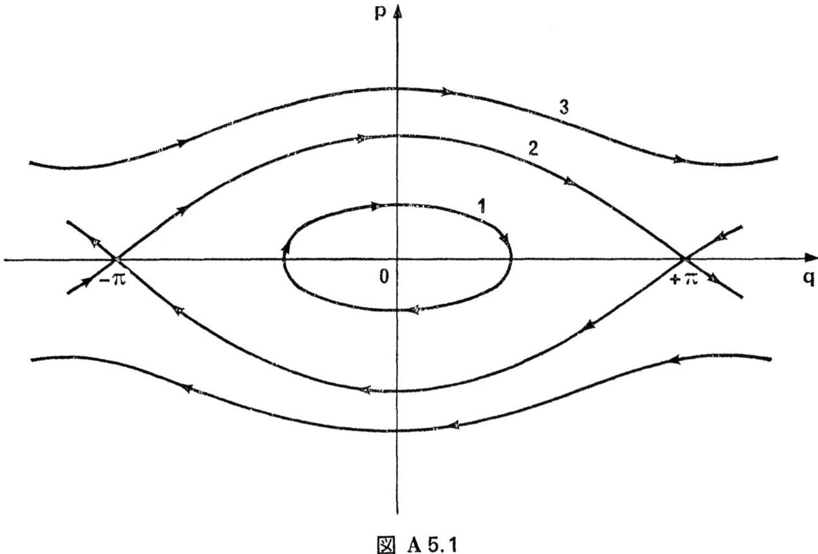

図 A 5.1

$$(q,p)\to(q+2K\pi,p)\quad(K\in\mathbf{Z})$$

によって不変である．点 $(k\pi,0)$ は特異点である：$(2\pi k,0)$ は中心点 (center 安定平衡点) で，$((2k+1)\pi,0)$ は鞍点 saddle point 不安定平衡点) である．軌道は三

つの型に分れる：第1は（小振動），第2は二つの鞍点を結ぶ分離曲線（separatrix）で，第3のは懸吊点（suspension point）のまわりの完全回転にあたるものである．

（問題に適した）自然な状相空間は (p, q) 平面でなく，筒面（π を法とする q, p）である．これは大局的な Hamilton 流れの例である．

付　　録 6

測　度　空　間

(第1章第2節をみよ)

M の上の σ- 集合代数 $\mathcal{B}$ とは，M の部分集合の集まりで，その集まりのなかでは補集合をとっても可算個の和集合をとってもこの集まりの集合になっているものをいう．$\mathcal{B}$ の各集合に対して非負の値 (無限大値も許される) をとる可算加法的集合函数 μ を測度という．$(M, \mathcal{B}, \mu)$ の組合せを測度空間という；$\mathcal{B}$ は M の可測集合の族で μ は $\mathcal{B}$ の集合に対して定義せられた測度である (これらの概念については Halmos [2] や Rohlin [3] をみよ).

実際のところ，$(M, \mathcal{B}, \mu)$ それ自身ではなく，測度空間の同値類がわれわれの興味の対象なのである．この点を説明しよう．A と B を $\mathcal{B}$ の元とするとき，$\mu(A \cup B - A \cap B) = 0$ ならば $A = B(\mathrm{mod}\,0)$ と書く．この関係 $A = B(\mathrm{mod}\,0)$ は同値関係で，空集合との同値類は測度 0 の集合の類である．$\mathcal{B}$ をこの同値関係で類別したものを $\mathcal{B}(\mathrm{mod}\,0)$ と書く：これはまず Boole 代数である．容易に証明されるように，

$$A_1, A_2, B_1, B_2 \in \mathcal{B} \quad \text{で} \quad A_1 = A_2(\mathrm{mod}\,0),\ \ B_1 = B_2(\mathrm{mod}\,0)$$

ならば

$$A_1 \cup B_1 = A_2 \cup B_2(\mathrm{mod}\,0), A_1 \cap B_1 = A_2 \cap B_2(\mathrm{mod}\,0),$$
$$M - A_1 = M - A_2(\mathrm{mod}\,0)$$

であるからである．そして $A = B(\mathrm{mod}\,0)$ ならば $\mu(A) = \mu(B)$ であるから，μ は $\mathcal{B}(\mathrm{mod}\,0)$ の上で定義された函数と考えられる．

抽象力学系を考察するときには測度 0 の集合は無視する．このことは $(M, \mathcal{B}, \mu)$ の研究を $(M, \mathcal{B}(\mathrm{mod}\,0), \mu)$ の研究で置き換えることを意味するが，$(M, \mathcal{B}(\mathrm{mod}\,0), \mu)$ を (M, μ) と書いても混同はないであろう．すなわち．もし σ-集合代数 $\mathcal{B}(\mathrm{mod}\,0)$ と $\mathcal{B}'(\mathrm{mod}\,0)$ とが一致すれば $(M, \mathcal{B}, \mu)$ と $(M, \mathcal{B}', \mu)$ とを同一視

しようというのである．

(M,μ) と (M',μ') とが与えられたとき，写像 $\varphi: M\to M'$ が mod 0 の準同型写像 (homomorphism) であるというのは，つぎの3条件が満足されることをいう：

(a)　M の測度0の集合 I があって φ は $M\text{-}I$ で定義されている (I が空集合のこともあり得る)；

(b)　$I'=M'-\varphi(M-I)$ は測度0である．すなわち φ は，M' の測度0の集合 I' を無視すれば，M' の上えの (onto) 写像である．

(c)　φ は保測的である．すなわち $\mathcal{B}'(\bmod 0)$ の各同値類はそれぞれつぎのような代表 A' をもつ：$\varphi^{-1}(A')$ が存在して $\mathcal{B}$ に属しかつ

$$\mu[\varphi^{-1}(A')]=\mu'(A')$$

が成り立つ．ゆえに φ は Bool 的測度代数の準同型写像を誘導 (induce) する：$\varphi^{-1}:\mathcal{B}'(\bmod 0)\to\mathcal{B}(\bmod 0)$.

もしも $(M,\mu)=(M',\mu')$ ならば，φ は自己準同型 (endomorphism mod 0) であるという．φ と φ^{-1} の双方ともに準同型写像 (mod 0) ならば，φ は同型写像 (mod 0) であるという；なおその上に (M,μ) と (M',μ') とが一致すれば，φ は自己同型写像 (mod 0) であるという．

付　　録 7

パンこね変換と $B\left(\frac{1}{2}, \frac{1}{2}\right)$ との同型

（第1章の例4.5）

つぎの図式が可換であるような同型写像 (mod 0)f を作ることができればよい：

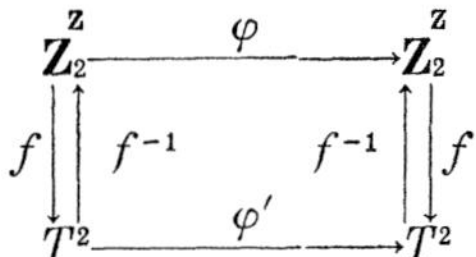

f の定義 $\mathbf{Z}_2^{\mathbf{Z}}$ の点 $m = \dots, a_{-1}, a_0, a_1, \dots$ をとる．そして $f(m) = (x, y)$ を

$$x = \sum_{i=0}^{\infty} \frac{a_{-i}}{2^{i+1}}, \qquad y = \sum_{i=1}^{\infty} \frac{a_i}{2^i} \tag{A7.1}$$

で定義する．T^2 の元 (x, y) において x または y が2進有理数のとき以外は，(x, y) は唯一つの m の f による像になる．すなわち可算個で測度が 0 の T^2 の集合の点だけが f によって多重に写された点になる．

f は保測的である．これを証明するためには，測度代数 $\mathbf{Z}_2^{\mathbf{Z}}$ の生成元 $A_i^j = \{m | a_i = j\}$ について測度が保たれることをいえばよい．ところが

$$f(A_i^j) = \left\{\left(\sum_{k=0}^{\infty} \frac{a_{-k}}{2^{k+1}}, \sum_{k=1}^{\infty} \frac{a_k}{2^k}\right) \middle| a_i = j\right\}$$

は，その辺の長さが1と $1/2^{|i|+1}$ であるような短形の $2^{|i|}$ 個から成る．よって

$$\mu'[f(A_i^j)] = \frac{1}{2} = \mu(A_i^j)$$

である．

図式の可換性の証明．x, y が (A7.1) で与えられているとすると

$$f^{-1}(x, y) = \dots, a_{-1}, a_0, a_1, \dots$$

$$\varphi \cdot f^{-1}(x, y) = \dots, a'_{-1}, a_0', a_1', \dots \quad (a_i' = a_{i-1})$$

であるから

$$f\varphi f^{-1}(x,y)=\left(\sum_{k=1}^{\infty}\frac{a_{-k}}{2^k},\ \sum_{k=0}^{\infty}\frac{a_k}{2^{k+1}}\right)$$

となり，したがって

$$f\varphi f^{-1}(x,y)=\begin{cases}\left(2x,\ \dfrac{y}{2}\right), & a_0=0\text{ すなわち }0\leqq x<\dfrac{1}{2}\text{ のとき},\\ \left(2x,\ \dfrac{1}{2}(y+1)\right). & a_0=1\text{ すなわち }\dfrac{1}{2}\leqq x<1\text{ のとき},\end{cases}$$

となって $f\varphi f^{-1}=\varphi'$.

付　　録 8

状相空間平均と時間平均とがいたるところは一致しないことについて

（注意 6.5 をみよ）

再び例 1.16 における力学系をとりあげよう：M はドーナツ形 $\{(x, y) \bmod 1\}$ とし，そこでの測度を $dxdy$ とし自己同型写像は

$$\varphi(x, y)=(x+y, x+2y) \pmod 1$$

とする．この自己同型写像 φ は庇覆面 $\{(x, y)\}=\widetilde{M}$ の一次写像 $\tilde{\varphi}$ を誘導する．$\tilde{\varphi}$ の行列

$$\begin{pmatrix} 1 & 1 \\ 1 & 2 \end{pmatrix}$$

は二つの固有値 $\lambda_1, \lambda_2 (0<\lambda_2<1<\lambda_1)$ をもつ．直線

$$\begin{cases} x=s \\ y=(\lambda_2-1)s \qquad (s \in \mathbf{R}) \end{cases}$$

は，自然な射影 $\widetilde{M} \to M$ に際して M の曲線 γ に射影される．この曲線 γ は φ によって不変でかつ M において稠密である．それは λ_2-1 が無理数であることによる（付録 1 における Jacobi の定理）．γ の一点 $m=(x, y)$ をとる．そうすると

$$\varphi^n(m)=(\lambda_2{}^n x, \lambda_2{}^n y) \pmod 1$$

であり，$0<\lambda_2<1$ によって

$$\lim_{n \to \infty} \varphi^n(m)=(0, 0)$$

である．解析函数 $f(x, y)=e^{2\pi i x}$ を考えると

$$\frac{1}{N} \sum_{n=0}^{N-1} f(\varphi^n m)=\frac{1}{N} \sum_{n=0}^{N-1} e^{2\pi i x \lambda_2{}^n}$$

$\lim_{n \to \infty} x \cdot \lambda_2{}^n=0$ であるから，数列の通常の収束が，この数列の Césaro の算術平均の同じ値えの収束を導くことを用い

$$f^*(m) = \lim_{n\to\infty} \frac{1}{N} \sum_{n=0}^{N-1} f(\varphi^n m) = 1$$

一方において

$$\bar{f} = \int_M f(x, y)\,\mathrm{d}x\,\mathrm{d}y = \int_0^1 e^{2\pi i x}\,\mathrm{d}x = 0.$$

ゆえに，M で稠密な部分集合 γ のいかなる点 m をとっても，$f^*(m) \neq \bar{f}$ である；f が解析的で，φ が古典力学系を定義するるにもかかわらず．

付　　録 9

1を法とする均等分布 (equipartition) 定理

(6.6をみよ)

ここでは Bohl, Sierpinskii および Weyl による，1を法とする均等分布定理を証明する．すなわち単位円周 M の点を 2π の整数倍にならないような角だけ回転することを φ と書く：

$$M=\{z\in\mathbf{C},|z|=1\},\ \ \varphi(z)=\theta\cdot z,\ \ \theta=e^{2\pi i\omega}.$$

このとき，f が Riemann 積分可能とすると，f の時間平均がいたるところ存在して f の (状相) 空間平均に等しい．

証明：

第1の場合： $f(z)=z^p,\ p\in\mathbf{Z}$ のとき，このときは

$$\frac{1}{N}\sum_{n=0}^{N-1}f(\varphi^n z)=\frac{1}{N}\sum_{n=0}^{N-1}(\theta^n z)^p=\begin{cases}1, & p=0\text{ のとき}\\ \dfrac{1}{N}\cdot z^p\cdot\dfrac{\theta^{Np}-1}{\theta^p-1}, & p\neq 0\text{ のとき}\end{cases}$$

ω の仮定から $\theta^p-1\neq 0,\ |\theta^{pN}-1|<2$ である．ゆえに

$$\bar{f}=f^*(z)=\begin{cases}1, & p=0\text{ のとき}\\ 0, & p\neq 0\text{ のとき}\end{cases}$$

第2の場合： f が三角多項式すなわち

$$f(z)=\sum a_p z^p,\quad p\in\mathbf{Z},z\in M$$

において有限個の p を除いて $a_p=0$ となる場合．このときは第1の場合の結果から

$$f^*(z)=a_0=\bar{f}$$

第3の場合： f が実数値の Riemann 可積分函数の場合．任意の $\varepsilon>0$ に対して三角多項式 $P_\varepsilon^-, P_\varepsilon^+$ を

$$\text{すべての } z\in M \text{ で}\quad P_\varepsilon^-(z)<f(z)<P_\varepsilon^+(z),$$

$$\int_M (P_\varepsilon^+(z) - P_\varepsilon^-(z))\,d\mu < \varepsilon$$

が成り立つようにえらべる．第2の場合から

$$\text{(A9.1)}\qquad \int_M P_\varepsilon^- \cdot d\mu \leqq \liminf_{n\to\infty} \frac{1}{N}\sum_0^{N-1} f(\varphi^n z)$$

$$\leqq \limsup_{n\to\infty} \frac{1}{N}\sum_0^{N-1} f(\varphi^n z) \leqq \int_M P_\varepsilon^+ \cdot d\mu$$

ゆえに lim sup–lim inf $< \varepsilon$ となり，ε が任意であったことから，lim sup $=$ lim inf $=$ lim $= f^*(z)$ がいたるところ存在することがわかる．(A 9.1) によって $f^*(z)$ がいたるところ一定定数値に等しく，しかも

$$f^*(z) = \bar{f}$$

であることがわかった．

これを n 次元ドーナツ形の移動へ拡張できることは明らかである．結果は，Riemann 積分可能な函数の状相空間平均値と時間平均値とは，軌道がいたるところ稠密なときかつこのときに限って，いたるところ一致する．

付　　録 10

エルゴード理論の微分幾何学への応用

Birkhoff の定理は，A. Avez [1] によって次の事実を証明するのに用いられた：

V を n 次元のコンパクト Riemann 多様体で，共役点 (conjugate point) をもたないものとする．このとき作用素

$$\varDelta-\frac{R}{n-1}$$

の固有値はいずれも 0 また正数である．(ここに $\varDelta$ は Laplace 作用素 $-\nabla^{\alpha}\nabla_{\alpha}$ で，R はスカラー曲率である)．とくに (L. W. Green の示したように)

$$\int_M R\cdot\eta \leqq 0$$

ここに η は M の上の微小体積要素である．

付　　録 11

ドーナツ形のエルゴード的移動

(例7.8をみよ)

ドーナツ形の移動 (例1.2および例1.15) は，その軌道が到るところ稠密なときかつこのときに限って (いいかえると，その上の連続函数の時間平均がほとんどいたるところ状相空間平均に等しいときかつこのときに限って) エルゴード的である．

M を n 次元のドーナツ形 $\{e^{2\pi ix}|x\in\mathbf{R}^n\}$ とする．ここに $x=(x_1,\dots,x_n)$，$e^{2\pi ix}=(e^{2\pi ix_1},\dots,e^{2\pi ix_n})$ とする．M における測度は通常の (n 次元の) 積測度 μ で移動 φ は

$$\varphi: e^{2\pi ix}\to e^{2\pi i(x+\omega)},\quad \omega\in\mathbf{R}^n$$

で与えられるものとする．

定理

(M,μ,φ) がエルゴード的であるのは，$\boldsymbol{k}\cdot\omega\in\mathbf{Z}$ と $\boldsymbol{k}\in\mathbf{Z}^n$ から $\boldsymbol{k}=0$ が導かれるときかつそのときに限る．

証明：

f を可測な，φ によって不変な函数とせよ．f の Fourier 係数は

$$a_k=\int_M e^{-2\pi ik\cdot x}f(x)\,\mathrm{d}\,\mu$$

で，$f(\varphi x)$ の Fourier 係数は

$$b_k=\int_M e^{-2\pi ik(x-\omega)}\cdot f(x)\,\mathrm{d}\,\mu=e^{2\pi ik\cdot\omega}a_k$$

である．ゆえに f の不変性からすべての $\boldsymbol{k}$ に対して $b_k=a_k$ となり，$a_k=0$ であるか $\boldsymbol{k}\cdot\omega\in\mathbf{Z}$ でなければならない．

もし $\omega_1,\dots,\omega_n$ が，整数係数に対しては一次独立とすれば，上の第2の場合は $\boldsymbol{k}=0$ においてのみおこる．ゆえに零でない唯一の Fourier 係数は a_0 であ

る．よって f は定数に等しく (M, μ, φ) はエルゴード的である (7.2をみよ).

もしも $\boldsymbol{k}\cdot\omega \in \mathbf{Z}$ となるような $\boldsymbol{k} \neq 0$ が存在すると，$f(x) = e^{2\pi i k\cdot x}$ が定数でない不変函数となり，(M, μ, φ) はエルゴード的でない．

注意

連続パラメターの場合 (M, μ, φ_t):

$$\varphi_t : e^{2\pi i x} \to e^{2\pi i(x+t\omega)}$$

にも上と同じような結果が得られる．すなわち，(M, μ, φ_t) は，$\boldsymbol{k} \in \mathbf{Z}^n$ で $\boldsymbol{k}\cdot\omega = 0$ ならば $\boldsymbol{k} = 0$ なるときかつこのときに限って（または軌道がいたるところ稠密であるとき——Jacobi の定理——かつこのときに限って）エルゴード的である．

付　　録 12

滞在時間の時間平均

（第2章第7節をみよ）

定理 A12. 1

抽象力学系 (M, μ, φ_t) は，つぎの条件を満足するときかつこのときに限ってエルゴード的である：任意の可測集合 A に対して，ほとんどすべての出発点 $x \in M$ に対する軌道

$$\{\varphi_t x | 0 \leqq t \leqq T\}$$

の A のなかえの滞在時間 (sojourn)

$$\tau(T) = \{t | 0 \leqq t \leqq T, \varphi_t x \in A\}$$

が漸近的に A の測度に等しい．すなわち平均滞在時間について

$$\lim_{T\to\infty} \tau(T)/T = \mu(A) \tag{A12. 2}$$

が成り立つ．

証明：(M, μ, φ_t) がエルゴード的で，A が可測とせよ．そうすれば，任意の $f \in L_1(M, \mu)$ とほとんどすべての $x \in M$ に対して，時間平均 $f^*(x)$ = 状相空間平均 $\bar{f}$ である．ここで f として（A の定義函数）$\mathcal{X}_A$ をとると，ほとんどすべての $x \in M$ に対して

$$\lim_{T\to\infty} \tau(T)/T = \lim_{T\to\infty} T^{-1} \int_0^T \mathcal{X}_A(\varphi_t x)\,\mathrm{d}t = \int_M \mathcal{X}_A(x)\,\mathrm{d}x = \mu(A)$$

となる．

逆の証明，すなわち (A 12. 2) からエルゴード性を導くことは容易である．その証明には，$\mathcal{X}_A$ の形の定義函数の一次結合が $L_1(M, \mu)$ を，（$L_1(M, \mu)$ のノルム位相の意味で）生成することに注目すればよい．なお時間パラメターが離散的な場合，すなわち (M, μ, φ) の場合に定理 A 12. 2 が成り立つことは明らかである．

例 A 12.3：ドーナツ形における移動

Mをn次元のドーナツ $\{e^{2\pi ix}|x\in\mathbf{R}^n\}$ とし，μはそこでの通常の測度でφはそこでの移動とする．

$$\varphi: e^{2\pi ix}\longrightarrow e^{2\pi i(x+\omega)}\qquad(\omega\in\mathbf{R}^n).$$

$\boldsymbol{k}\in\mathbf{Z}^n$ で $\boldsymbol{k}\cdot\omega\in\mathbf{Z}$ ならば $\boldsymbol{k}=0$ となるときに，(M,μ,φ) はエルゴード的である（付録11）．よって (A 12.2) が，ほとんどすべての出発点に対して成り立つ．これはまたつぎのように述べることができる：

$$e^{2\pi ix},\ e^{2\pi i(x+\omega)},\dots,\ e^{2\pi i(x+(n-1)\omega)}$$

のなかでAに属するものの個数を $\tau(N,A)$ とすると

(A12.4) $$\lim_{N\to\infty}\tau(N,A)/N=\mu(A)$$

が，ほとんどすべての出発点 $e^{2\pi ix}$ に対して成り立つ．Aが Jordan 可測であるとき，すなわち $\mathscr{X}_A$ が Riemann 可積分であるときには，(A 12.4) がほとんどすべての出発点に対して成り立つ．これを証明するためには，付録9の定理を $f=\mathscr{X}_A$ として，用いればよい．これは連続時間パラメターの場合に拡張することができる．この結果は，1を法とした均等分布定理とよばれて*)，P. Bohl [1], W.Sierpinski および H. Weyl [1], [2], [3] によるものである．これはエルゴード諸定理のうち最初に得られたものの一つである．歴史的にいえば，これは近日点の平均運動に関する Lagrange の問題を解こうという企てに端を発するものなのである．

二・三の応用を述べよう**)．

応用 A 12.5: 2^n の 10 進法表示における最初の数字（例 3.2 をみよ）

2^n の10進法表示における最初の数字がkであるための必要かつ十分な条件は

$$k\cdot 10^r\leqq 2^n<(k+1)10^r$$

すなわち

$$r+\mathrm{Log}_{10}k\leqq n\,\mathrm{Log}_{10}2<r+\mathrm{Log}_{10}(k+1)$$

---

*) F.P.Callahan [1] がこれに一つの初等的証明を与えた．

**) いろいろな分野への，これ以上の応用については Compositio Mathematica, Vol.16, Fasc. 1,2 をみよ．

である．$\alpha = \mathrm{Log}_{10} 2$ とおき $n\alpha-[n\cdot\alpha]=(n\cdot\alpha)$ とおく，ここに[ ]は整数部分を示す．そうすると，上の不等式は

$$\mathrm{Log}_{10} k \leqq (n\cdot\alpha) < \mathrm{Log}_{10}(k+1)$$

となる．ここで，一次元のドーナツ形 $M=\{e^{2\pi ix}|x\in\mathbf{R}\}$ とそこでの通常の測度および移動 $\varphi: e^{2\pi ix}\to e^{2\pi i(x+\alpha)}$ から構成される力学系に，眼を転じよう．α が無理数ならば，力学系 (M, μ, φ) はエルゴード的である（例 7.8 をみよ）．したがって数列 $\{(n\alpha)|n\in N\}$ は均等に分布されている．とくに，(A 12.2) に関連して $A=[\mathrm{Log}_{10} k, \mathrm{Log}_{10}(k+1)]$ ととると，

$$\lim_{N\to\infty}\tau(N, A)/N = \mu(A) = \mathrm{Log}_{10}\left(1+\frac{1}{k}\right)$$

を得る．ところが，$\tau(N, A)$ は数列 $1, 2, \ldots, 2^{N-1}$ の数のうちで，その 10 進法表示の最初の数字が k であるものの個数に他ならない．したがって例 3.2 の記法にもどれば

$$p_7 = \mathrm{Log}_{10}\left(1+\frac{1}{7}\right)$$

を得る．したがって，数列 $\{2^n|n=1, 2, \ldots\}$ の数のうちで，その 10 進法表示の最初の数字が 7 であるものの個数の割合は，8 であるものの個数の割合よりも大きい．この事実は，$\{2^n|n=1, 2, \ldots\}$ の始めの方の数の 10 進法表示の最初の数字のならび

$$1, 2, 4, 8, 1, 3, 6, 1, 2, 5, \ldots$$

をみただけからは想いもよらないことである．これは $\alpha=0.30103$ が，3/10 に著しく近いということに基づくのである．

注意 A 12.6

エルゴード力学系においては，ある点から出発して領域 A のなかへの滞在時間は A の測度に比例するのであるから，この滞在時間についてその分散はどうであるかを問題とするのは自然であろう．これについて，Sinai [1] によって得られたある種の結果について言及しよう．負の定数を曲率とする曲面 V の単位長の接線の作るバンドル T_1V に沿う，この曲面の測地線に沿う流れを φ_t とする．A を T_1V の領域で，断片的に微分可能な境界をもつものとする．こ

のとき測地線 $\varphi_t x$ の A のなかへの平均滞在時間は，Gauss 分布にしたがい，中心極限定理を満足する．

すなわち

$$\lim_{T\to\infty}\mu\left\{x\left|\left|\frac{\tau_T(x)}{T}-\mu(A)\right|<\frac{\alpha}{\sqrt{T}}\right.\right\}=\frac{1}{\sqrt{2\pi}}\int_{-\infty}^{C\alpha}e^{-u^2/2}\,\mathrm{d}\,u$$

ここに $\tau_T(x)=\{t|\varphi_t x\in A,\ 0\leqq t\leqq T\}$ の測度で，C は定数である．

付　　録 13

近日点の平均運動

（例 3.1 と付録 12 をみよ）

平均運動の問題は，遊星の軌道の永年摂動の理論からおこった（Lagrange [1]）．すなわち，$\omega_k, t, a_k \in \mathbf{R}$ で，$e_k \neq 0$ であるものとして，次の極限値の存在とその値の評価が問われているのである：

(A 13.1)
$$\Omega = \lim_{T \to +\infty} \frac{1}{t} \mathrm{Arg} \sum_{k=1}^{n} a_k \cdot e^{i\omega_k t}$$

いいかえれば，平面上で $A_0A_1 \ldots A_n$ なる連接（linkage）を考え，定った長さ $|a_k|$ の連接（link）$A_{k-1}A_k$ がそれぞれ一定の回転速度 ω_k で回転しているときに，ベクトル A_0A_n（図 A 13.1 をみよ）の平均回転速度を研究したいというのである．

定理 A 13.2（H. Weyl, [1]–[5] をみよ）

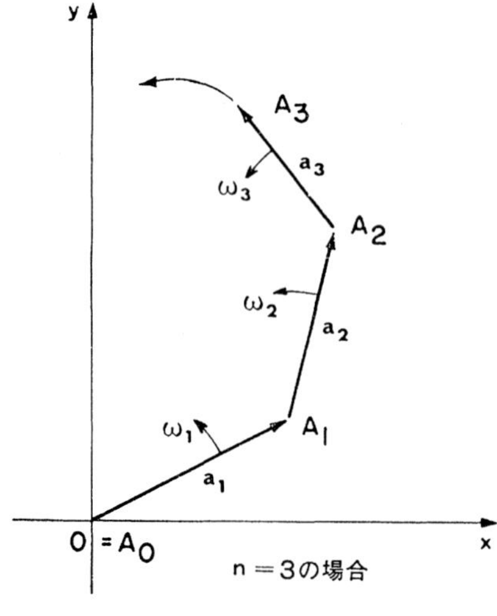

図 A 13.1

ω_k は互いに整数係数的に一次独立と仮定する．すなわち

(A 13.3) $$\omega\cdot\boldsymbol{k}=0,\ \boldsymbol{k}\in\mathbf{Z}^n \text{ ならば } \boldsymbol{k}=0 \text{ である}$$

と仮定する．そうすると平均運動 Ω は存在して

(A 13.4) $$\Omega=p_1\omega_1+\cdots+p_n\omega_n,\ p_k\geqq 0,\ \sum_k p_k=1$$

となる．ここに p_k などは $|\alpha_k|$ などだけに依存する．そして n 個の正値変数の函数 $p(\alpha_1;\alpha_2,\ldots,\alpha_n)$ を，それぞれ長さが $\alpha_2,\ldots,\alpha_n$ で方向は確率論的 (random) な $(n-1)$ 個の（平面）ベクトルの和の長さが α_1 より小さい確率を示すものとする (A 13.12 式をみよ) ならば，

(A 13.5) $$p_1=p(|\alpha_1|;|\alpha_2|,\ldots,|\alpha_n|),\ldots,p_n=p(|\alpha_n|;|\alpha_1|,\ldots,|\alpha_{n-1}|)$$

となるのである．

とくに，$n=3$ で，その辺長が $(|\alpha_1|,|\alpha_2|,|\alpha_3|)$ の三角形が作れるときには (P. Bohl の定理)

(A 13.6) $$\Omega=\frac{1}{\pi}(A_1\omega_1+A_2\omega_2+A_3\omega_3)$$

である．ここに A_1,A_2,A_3 はこの三角形の角である．

$|\alpha_1|,|\alpha_2|,|\alpha_3|$ をその辺長とする三角形が存在しない場合は Lagrange [1] によって研究された．一般の場合については，A. Wintner [1] が式

$$p(\alpha_1;\alpha_2,\ldots,\alpha_n)=\alpha_1\int_0^\infty J_1(\alpha_1\rho)\prod_{k=2}^n J_0(\alpha_k\rho)\,\mathrm{d}\rho$$

を見出だした．ここに J_0,J_1 は Bessel 函数である．ゆえに関係式 $\sum p_k=1$ は，Bessel 函数の加法定理を与えているわけになる．

定理 A 13.2 の証明

対応する力学系 A 13.7

力学系 (M,μ,φ_t) を考えよう．ここに

$$M=T^n=\{z|z=(z_1,\ldots,z_n)\},\ z_k=e^{2\pi i\theta_k},\ \theta_k\in R$$

は n 次元のドーナツ形で，μ はその上での通常の測度，また φ_t は

$$\varphi_t z=(z_1e^{i\omega_1 t},\ldots,z_ne^{i\omega_n t})$$

で与えられる移動である．n 個の辺から成る連接を表現する状相空間は M で，

φ_t がそこでの運動を描くのである．M の上で定義された函数 α を

(A 13. 8) $$\alpha(z)=\mathrm{Arg}\left(\sum_{k=1}^{n}|a_k|\cdot z_k\right),\ 0\leqq\alpha<2\pi$$

によって与える．この函数 α は切れ目 (slit) $\sum=\{z|\alpha(z)=0\}$ の上では不連続であり，また特異多様体 $S=\{z|\sum_{k=1}^{n}|a_k|z_k=0\}$ の上では定義されていない．この多様体は，与えられた辺長 $|a_1, |a_2|,\ldots,|a_n|$ をもつ n 個の辺の作る閉じた連接で可能なもののすべてを表現している．それにもかかわらず；

(A 13. 9) $$\beta(z)=\frac{\mathrm{d}}{\mathrm{d\,t}}\alpha(\varphi_t z)\Big|_{t=0}$$

は，S の外では解析的である．そして極限 (A 13. 1) は，もしこの極限が存在すれば β の時間平均値 β^* すなわち

(A 13. 10) $$\lim_{T\to\infty}\frac{1}{T}\int_0^T\beta(\varphi_t z)\,\mathrm{d}\,t=\lim_{T\to\infty}\frac{1}{T}\left\{\mathrm{Arg}\left(\sum_{k=1}^{n}a_k e^{i\omega_k t}\right)\Big|_{t=0}^{t=T}\right\}$$

になる．ここに $z=(z_1,\ldots,z_n)$，$z_k=a_k/|a_k|$ である．

状相空間平均 A 13. 11

$\omega_k(k=1,2,\ldots,n)$ が整数を係数としては一次独立であるから，力学系 (M,μ,φ_t) はエルゴード的である (付録 11) もしも函数 β が Riemann 積分可能ならば，1 を法としての均等分布定理 (付録 9) によって，時間平均 $\beta^*=\Omega$ は状相空間平均 $\bar{\beta}$ に等しいであろう．

ところが，われわれにわかっているのは (A. Wintner [1] をみよ)，β が Lebesgue 積分可能ということだけである．ゆえに Birkhoff の定理によって，ほとんどすべての初期状相に対して，$\Omega=\bar{\beta}$ となる．これによって状相空間平均 $\bar{\beta}$ のしらべ方のヒントが与えられる．(A 13. 9) 式は，β が $\omega_1,\ldots,\omega_n$ に線形に依存することを示す．ゆえに $\bar{\beta}$ もまた $\omega_1,\ldots,\omega_n$ に線形に依存して

$$\bar{\beta}(\omega)=p_1\omega_1+\cdots+p_n\omega_n$$

となる．ここで，たとえば p_1 を計算するために

$$\omega_1=2\pi,\ \ \omega_2=\cdots=\omega_n=0$$

とおくと

$$p_1=\frac{1}{2\pi}\bar{\beta}(2\pi,0,0,\ldots,0)$$

$$\bar{\beta}(2\pi, 0, 0, \ldots, 0) = \int \cdots \int_{T^{n-1}} \left(\frac{\partial a}{\partial \theta_1} \mathrm{d}\theta_1\right) \mathrm{d}\theta_2 \cdots \mathrm{d}\theta_n$$

を得る．式 (A 13.8) により，θ_1 に関する積分を逐行できて

$$\int_0^1 \frac{\partial a}{\partial \theta_1} \mathrm{d}\theta_1 = \begin{cases} 2\pi, & \text{もし } ||a_2|e^{2\pi i\theta_1} + \cdots + |a_n|e^{2\pi i\theta_n}| < |a_1|, \\ 0, & \text{もし } ||a_2|e^{2\pi i\theta_1} + \cdots + |a_n|e^{2\pi i\theta_n}| > |a_1| \end{cases}$$

となる．よって

$$p_1 = p(|a_1|;\ |a_2|, \ldots, |a_n|)$$

が得られ，

(A 13.12) $$p_1(|a_1|;\ |a_2|, \ldots, |a_n|) = \{z \in T^n |\, |a_2 z_2 + \cdots + a_n z_n| < |a_1|\}$$

の測度によって与えられる．このようにして (A 13.5) が証明された．

条件 $\sum p_k = 1$ は，

$$\omega_1 = \omega_2 = \cdots = \omega_n = 2\pi$$

とおくことによって導かれる．

時間平均 A 13.13 の存在

このようにして，式 (A 13.4) と式 (A 13.5) とは，ほとんどすべての初期偏角 $\mathrm{Arg}\, a_1$，$\mathrm{Arg}\, a_2, \ldots, \mathrm{Arg}\, a_n$ に対して証明される．これらを，ほとんどすべての初期状相に対して証明するために，Bohl [1] によって $n = 3$ のときに創められ，$n > 3$ に対しても用いられるように Weyl [4], [5] によって改良された，特別の工夫を与えよう．まずドーナツ形 M の上で定義された函数 $N(z)$ を考える：ここに

$N(z)$ = 曲線 $\{\varphi_t z;\ -2\pi < t < 0\}$ と，切れ目 (slit)Σ との交点について符号を付けたものの代数的和である．ここで $\beta(z_i) > 0$ となるような交わりの点 z_i は $+1$ に，また $\beta(z_i) < 0$ となるような交わりの点 z_j は -1 に数えるのである (図 A 13.15 をみよ)．$N(z)$ が有界なことは証明できる.*) ゆえに，(A 13.10) によって，つぎの式が T^n の上で一様に成り立つ：

(A 13.14) $$\left|\int_0^T \beta(\varphi_t \cdot z)\,\mathrm{d}t - \int_0^T N(\varphi_t \cdot z)\,\mathrm{d}t\right| < C$$

---

*) Lagrange の場合には $S = \partial\Sigma$ である．その上に $n = 3$ ならば，S は "円" で，Σ は初期部分多様体である：よって $N(z)$ は有界である．

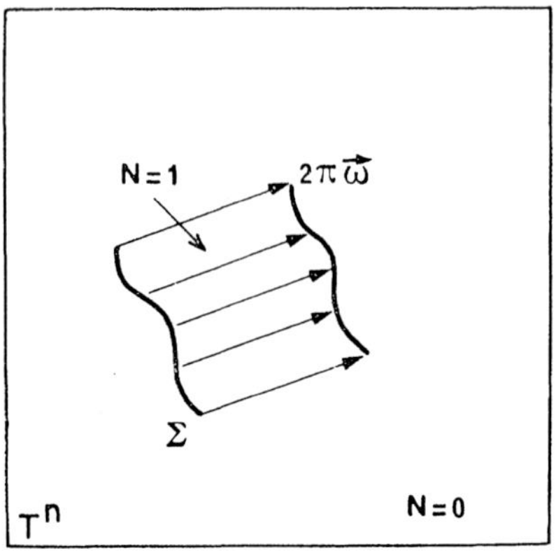

図 A 13.15

函数 N が断片的に連続であって，とくに Riemann 積分可能であるから，時間平均 N^* はいたるところ存在して $\bar{N}$ に等しい (付録 9). また (A 13.14) から，$\beta^* = N^* = \bar{N}$ がいたるところ成り立つことがわかるので，これらの値は定数でなければならない.

付　　録 14

自己準同型な混合の例

ドーナツ形 $M=\{1$ を法とした $(x,y)\}$ に $\mathrm{d}x\mathrm{d}y$ で与えられる通常の測度 μ を付与したものの変換*)：

$$\varphi:(x,y)\to(2x,2y)\quad(1\text{ を法として})$$

を考える．

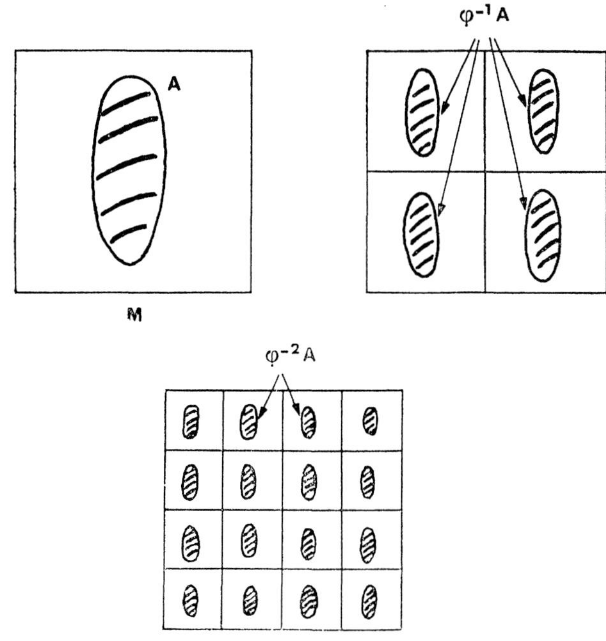

図 A 14.1

*) これは"パンの倍加"とよばれる．図A 14.1が，よく知られた歴史的問題の解を与えるからである．

もっとくわしくかくと：

$$\varphi(x,y)=\begin{cases}(2x,2y), & 0\leqq x,y<1/2 \quad \text{のとき}\\(2x,2y-1), & 0\leqq x<1/2,\ 1/2\leqq y<1 \quad \text{のとき}\\(2x-1,2y), & 1/2\leqq x<1,\ 0\leqq y<1/2 \quad \text{のとき}\\(2x-1,2y-1), & 1/2\leqq x,y<1 \quad \text{のとき}\end{cases}$$

写像 φ は1対1ではない．実際 φ はいたるところ4対1である．E をその頂点の座標が2進有理数である正方形とすると，$\varphi^{-1}E$ はこれと相似な正方形の4つからなる(図をみよ)．このような場合には $\mu(\varphi^{-1}E)=\mu(E)$ で，これから μ が保測変換であることがわかる．このようにして一意的逆写像をもたないような保測変換の一つの例が得られた．

この写像 φ は混合的である．すなわち，任意の可測集合 A, B に対して

(A 14. 2) $$\lim_{N\to\infty}\mu[\varphi^{-N}A\cap B]=\mu(A)\cdot\mu(B)$$

が成り立つ．これを証明するのに，B がつぎのような正方形であるときだけを考えれば十分である：

$$B=\left(\frac{l}{2^p},\frac{l+1}{2^p}\right)\times\left(\frac{m}{2^p},\frac{m+1}{2^p}\right),\quad (l,m\in\mathbf{Z}^+)$$

もし $N\geqq p$ ならば，B は φ^{-N} による A の逆像 4^{N-p} 個をもつ．このような逆像の測度は $4^{-N}\cdot\mu(A)$ である．よって

$$\mu[\varphi^{-N}A\cap B]=4^{N-p}\cdot(4^{-N}\mu(A))=\mu(A)\cdot\mu(B)$$

ゆえに，p が任意であることから，(A14. 2) が正しいことがわかる．

同じような論法で，写像

$$\varphi_k:(x,y)\to(kx,ky)\quad (1\text{を法として}),\ k\in\mathbf{Z}^+$$

が保測的でかつ混合的であることがわかる．そして，写像積に対して

$$\varphi_k\cdot\varphi_r=\varphi_{kr}\quad (k,r\in\mathbf{Z}^+)$$

が成り立ち，

$$\{\varphi_k;\ k\in\mathbf{Z}^+\}$$

が混合的写像の作る半群 (semi-group) であることがわかる*)．

---

*) この半群の意味を Tchebyschev 多項式の言葉でいい表わすことができる (R. Adler と T. Rivlin [1]).

付　　録 15

歪積 (skew products)

（定義 9.5 をみよ）

(M, μ) と (M', μ') を二つの測度空間とする．これら二つの直積を $(M\times M', \mu\times\mu')$ とする：$M\times M'$ の測度代数 $\hat{1}_{M\times M'}$ は，$\hat{1}_M$ の A と $\hat{1}_{M'}$ の A' から作った直積 $A\times A'$ から生成され，$(\mu\times\mu')(A\times A') = \mu(A)\cdot\mu'(A')$ とするのである．

(M, μ, φ) を力学系とし，各 $m\in M$ に対して M' の M' への自己同型写像 ϕ_m を対応させ，$(m, m')\to\phi_m(m')$ が $m\in M, m'\in M'$ に関して可測とする．そうすると

$$(\varphi\times\{\phi\})(m, m') = (\varphi(m), \phi_m(m'))$$

で定義される写像

$$(\varphi\times\{\phi\}) : M\times M' \to M\times M'$$

は可測でありかつ保測的である．

実際，$\hat{1}_{M\times M'}$ の各可測集合 F に対して（F の定義函数を $\mathcal{X}_F$ と書くことにして）

$$(\mu\times\mu')((\varphi\times\{\phi\})^{-1}F) = \int_{M\times M'} \mathcal{X}_F[(\varphi\times\{\phi\})(m, m')]\,\mathrm{d}(\mu\times\mu')$$

$$= \int_M \left[\int_{M'} \mathcal{X}_F(\varphi(m), \phi_m(m'))\,\mathrm{d}\mu'\right]\mathrm{d}\mu.$$

そして ϕ_m が μ'-測度を保存するから，上式は

$$(\mu\times\mu')((\varphi\times\{\phi\}^{-1})F) = \int_M \left[\int_{M'} \mathcal{X}_F(\varphi(m), m')\,\mathrm{d}\mu'\right]\mathrm{d}\mu$$

となる．ここで Fubini の定理と，φ が μ-測度を保存することとを用い

$$(\mu\times\mu')((\varphi\times\{\phi\})^{-1}F) = \int_{M'} \left[\int_M \mathcal{X}_F(\varphi(m), m')\,\mathrm{d}\mu\right]\mathrm{d}\mu'$$

$$= \int_{M'} \left[\int_M \mathcal{X}_F(m, m')\,\mathrm{d}\mu\right]\mathrm{d}\mu'$$

$$= (\mu\times\mu')F$$

が得られて，$\varphi\times\{\phi\}$ が保測的なことがわかった．

力学系 $(M\times M', \mu\times\mu', \varphi\times\{\phi\})$ を，力学系 (M, μ, φ) と力学系 (M', μ', ϕ_m) の歪積 (skew product) とよぶ．

例 45.1

もしも ϕ_m が m に依存しないで φ' の形ならば

$$(\varphi\times\{\phi\})(m, m') = (\varphi\times\varphi')(m, m') = (\varphi(m), \varphi'(m'))$$

となって，歪積 $\varphi\times\{\phi\}$ は直積 $\varphi\times\varphi'$ になる．

例 45.2

円周 $M = S^1 = \{x(\mathrm{mod}\,1)\}$ に通常の測度 $\mathrm{d}x$ を付与し，エルゴード的変換 φ を考える：

$$\varphi(x) = x+\omega \quad (\mathrm{mod}\,1),\ \text{ただし}\,\omega\,\text{は無理数}$$

ここで n を整数とする．そして $M' = S' = \{y(\mathrm{mod}\,1)\}$ に通常の測度 $\mathrm{d}y$ を付与し，各 $x\in M$ に対して $M'\to M'$ なる移動 $\phi_{x,n}$ を

$$\phi_{x,n}(y) = x+ny \quad (\mathrm{mod}\,1)$$

で定義する． このようにして， 各整数 n に対して歪積 $(S^1\times S^1, \mathrm{d}x\times\mathrm{d}y, \varphi\times\{\phi_{x,n}\})$ が対応する．

Anzai (安西廣忠) [1] は，ω を無理数としたとき，二つのエルゴード的保測変換 $\varphi\times\{\phi_{x,n}\}$ と $\varphi\times\{\phi_{x,p}\}$ とは，$|n|\neq|p|$ なるとき，互いに同型ではないことを示した；これらが同じスペクトル型をもちかつともにエントロピーが 0 となるにもかかわらず．

付　　録　16

古典力学系の離散的スペクトル

(9.13をみよ)

(M, μ, φ_t) を古典力学の流れとし，U_t を φ_t によって誘導されたユニタリ作用素の1パラメータ群とする．U_t のスペクトルの離散的部分を離散的スペクトルという．第2章の9.13の離散的スペクトルの定理における第2の部分に作られた力学系は，U_t の固有値のなす可換群の階数*) が有限ならば古典力学系である．

いままでに知られているエルゴード的古典力学系は，離散的スペクトルをもちその階数は有限でしかもこの階数は空間の次元数で上からおさえられている．ゆえに離散的スペクトルの階数が有限ということを予想するのは自然なことである**)．

古典力学系でその固有函数がいたるところ不連続なことがある (Kolmogorov [1] の与える1つの例をみよ)．しかしもしも固有函数がすべて連続ならば，離散スペクトルの階数は，1次元 Betti 数 $b_1 = \dim H_1(M, \mathbf{R})$ で上からおさえられている．すなわち

定理 A 16.1.

エルゴード的古典力学系 (M, μ, φ_t) から誘導されたユニタリ群 U_t の固有函数がすべて連続ならば，

$$\text{離散的固有値系の階数} \leqq b_1.$$

この定理はつぎの定理の系になっている：

定理 A 16.2.

(M, μ, φ_t) をエルゴード的古典力学系とせよ．この系の離散スペクトルの作

---

*) すなわちこの群の，独立生成元の最大個数

**) この予想は，固有函数がすべて連続であるような力学系に対しては一般に成り立つ (Avez [2])．

る可換群の部分群 C で，C に属する固有値に対応する固有函数がすべて連続とするとき，

$$C\text{の階数} \leqq b_1$$

が成り立つ.

この定理を証明するまえに，回転指数 (rotation number) の概念を導入しよう.

回転指数 A 16.3.

(M, μ, φ_t) をエルゴード的古典力学系とする．1次元ホモロジー群 $H_1(M, R)$ は有限個の，整数係数での基底 (integral base) $\gamma_1, \ldots, \gamma_{b_1}$ をもつ．各 γ_k は閉曲線で，可微分曲線と考えてよい．$\alpha = \{\varphi_t x; x \in M, 0 \leqq t \leqq T\}$ を φ_t の軌道の1つの弧とする．この軌道の端点 $\varphi_T x$ を端点 x に測地線の弧 β で結ぶ (ある Riemann 計量の意味での測地線)．ゆえに $\gamma(T) = \alpha\beta$ は，区分的に可微分な閉曲線で (図 A 16.3′ をみよ) あり，

$$\gamma(T) = n_1(T)\cdot\gamma_1 + \cdots + n_{b_1}(T)\cdot\gamma_{b_1}$$

となる整数 $n_1(T), \ldots, n_{b_1}(T)$ が存在する.

(ω_k) を (γ_k) の，1次元コホモロジー群 (cohomology group) $H^1(M, Z)$ における，双対基底とする．すなわち，つぎの条件を満足する1次元の閉微分形式 (closed one-form) であるとする：

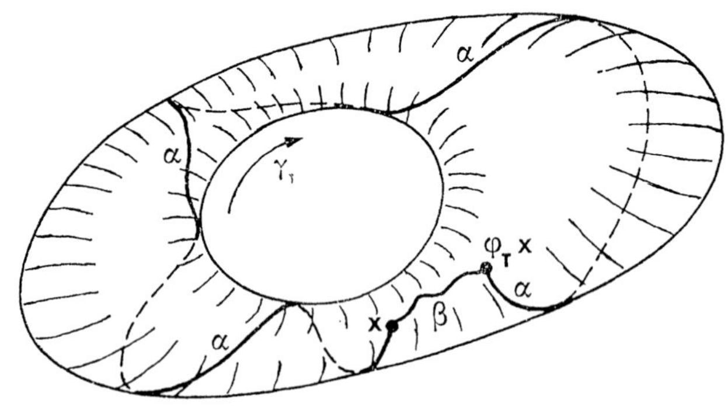

図 A 16.3′

$$\int_{\gamma_k} \omega_i = \begin{cases} 1, & i = k \text{ のとき} \\ 0, & i \neq k \text{ のとき} \end{cases}$$

そうすると

$$\int_{\gamma(T)} \omega_k = n_k(T)$$

が得られるが．これはつぎのように書きかえられる：

(A 16.4)
$$\int_0^T (\dot{\gamma}, \omega_k)\,\mathrm{d}t + \int_\beta \omega_k = n_k(T).$$

ここに $(\dot{\gamma}, \omega_k)$ は，φ_t の点 $\varphi_t x$ における無限小生成元 (infinitesimal generator) $\dot{\gamma}$ に対する1次元微分形式 ω_k の値である．β の長さは多様体 M の直径より大きくないから，

(A 16.5)
$$\lim_{T\to\infty} \frac{1}{T} \int_\beta \omega_k = 0$$

である．一方において，エルゴード性から (7.1をみよ)：

(A 16.6)
$$\lim_{T\to\infty} \frac{1}{T} \int_0^T (\dot{\gamma}, \omega_k)\,\mathrm{d}t = \int_M (\dot{\gamma}, \omega_k)\,\mathrm{d}\mu$$

が，ほとんどすべての出発点 x に対して成り立ち，かつ左辺の極限値は x に依存しない．このようにして (A 16.4), (A 16.5) および (A 16.6) から，ほとんどすべての出発点 x に対して

(A 16.7)
$$\lim_{T\to\infty} \frac{n_k(T)}{T} = \int_M (\dot{\gamma}, \omega_k)\,\mathrm{d}\mu \overset{\mathrm{def}}{=} \mu_k$$

が存在して，その値は x に関係しないことがわかった．

数の系 $\sigma_k = e^{2\pi i \mu_k}$ $(k = 1, 2, \dots, b_1)$ は，単位円周上の点の作る (乗法) 群の部分群 $\mathcal{R}$ を生成する；この群 $\mathcal{R}$ を回転指数の群とよぶ．容易にわかるように，群 $\mathcal{R}$ は基底 (γ_k) のとり方に依存しない，ゆえに φ_t は，実係数のホモロジー類を定義する：すなわち

$$\gamma = \mu_1 \cdot \gamma_1 + \cdots + \mu_{b_1} \cdot \gamma_{b_1}$$

の示すように μ_k は，一般の軌道 γ の "ホモロジー的位置 (homological position)" を定義する．いいかえると，これらの μ_k は，軌道が "(時間) 平均の意味で" Mのまわりをどのように彷徨 (wander) するかを示すのである．

この概念は，ドーナツ形 T^2 の上の流れに対して，H. Poincaré [1] が始めて導入したものである．ドーナツ形 T^2 の上の力学系

$$\dot{x} = F(x, y), \qquad \dot{y} = G(x, y)$$

のさらに立入った研究は，A. Denjoy [1] や C. L. Siegel によってなされた．

定理 A 16.2. の証明

上の作り方からわかるように，回転指数の群の階数は b_1 で上から押えられている．ゆえに，定理 A 16.2 はつぎの補題の系になっている．

補題 A 16.8

離散スペクトルのうち，対応する固有函数が連続函数であるような固有値の作る部分群 C は，回転指数の群の部分群である．

証明*)：

$f(x)$ を，φ_t の連続な固有函数で，どこにおいても 0 にならないものとする：

$$f(\varphi_t x) = e^{2\pi i\lambda t}\cdot f(x)$$

このとき f は，$\dot{\gamma}(t)$ 方向に関して連続微分可能である．すなわち

$$(\dot{\gamma}(t), \mathrm{d}f(\varphi_t x)) = 2\pi i\lambda\cdot e^{2\pi i\lambda t}\cdot f(x)$$

となり，$t = 0$ では

(A 16.9) $$(\dot{\gamma}, \mathrm{d}f(x)) = 2\pi i\lambda\cdot f(x)$$

が成り立つ．エルゴード性により（定理 9.12 をみよ）

$$|f(x)| = \text{定数}\quad\text{（ほとんどいたるところ）}$$

となるから，f が連続であるという仮定から

$$\text{いたるところ}\quad |f(x)| = \text{定数} \neq 0.$$

ゆえに，零ならざる定数で除して，

$$f(x) = e^{2\pi i\phi(x)}$$

となるような，M から実数 (mod 1) えの連続写像 ϕ が存在する．ゆえに (A 16.9) は

(A 16.10) $$(\dot{\gamma}, \mathrm{d}\phi) = \lambda$$

---

*) また I. M. Gelfand と Shapiro-Piatetski [1] や S. Schwartzman [1] をみよ．

となる．

このようにして，$\mathrm{d}\psi$ は G. de Rham*) の意味で閉カレント (closed current) であり，滑らかな1次元微分形式 $[\mathrm{d}\psi]$ にホモローグ (homologoue to) である：

$$\mathrm{d}\psi=[\mathrm{d}\psi]+\mathrm{d}h.$$

ゆえに，(φ_t が体積を保存するために) $\dot{\gamma}$ が双対閉 (co-closed) である ($\delta\dot{\gamma}=0$) ことと (A 16.10) とによって

$$\int_M(\dot{\gamma},[\mathrm{d}\psi])\mathrm{d}\mu=\int_M(\dot{\gamma},\mathrm{d}\psi)\mathrm{d}\mu=\lambda$$

を得る．かくして，(A 16.3) により $[\mathrm{d}\psi]$ の周期がすべて整数であることを証明すればよいことになった．ところが $[0,1]$ から M への滑かな写像 u によって閉じた道 $u(u(0)=u(1))$ を考えれば，$\mathrm{d}\psi$ と $[\mathrm{d}\psi]$ とがホモローグであるから

$$\int_u[\mathrm{d}\psi]=\int_u\mathrm{d}\psi=u \quad \text{を1周したときの}\ \psi\ \text{の変化} \in \mathbf{Z}$$

となって，ψ の周期が整数になることがわかる．

系 A 16.11 (Arnold [2], [3])

V を，ドーナツ形ではない，コンパクトで可符号的な Riemann 多様体でその次元が1より大きいものとする．もしも，V の単位長の接線の作る接線バンドル $M=T_1V$ に沿う測地的流れがエルゴード的ならば，この流れの連続函数であるような固有函数は定数以外にない．

証明‥

補題 A 16.8 によって，回転指数がいずれも 0 であることをいうとよい．ところが上のような位相的仮定のもとでは Gysin [1] がつぎのことを証明した：0 にホモローグでないような T_1V の1次元の閉微分形式 ω は，0 にホモローグでないような V の1次元の閉微分形式，それを同じく ω と書くことにするが，の持上げ (lift) である．一方において，流れの回転指数はつぎの形をもつ (A 16.7 をみよ)：

$$\mu=\int_{T_1V}(\dot{\gamma},\omega)\eta\wedge\sigma,$$

*) G. de Rham : Variétés Differentiables, Hermann (Paris) をみよ．

ここにηおよびσは，それぞれVおよびファイバーS^{n-1}の微小体積要素である．そして

$$\int_{S^{n-1}} \dot{\gamma} \cdot \sigma = 0$$

であるから

$$\mu = \int_V \left(\int_{S^{n-1}} (\dot{\gamma}, \omega) \sigma \right) \eta = \int_V \left(\int_{S^{n-1}} (\dot{\gamma} \sigma, \omega) \right) \eta = 0$$

付　　録 17

K–力学系のスペクトル

(定理 11.5 をみよ)

§ A. 可測集合の全体の作る集合代数の部分代数

(M, μ) を測度空間とし，M の可測集合の全体の作る集合代数を $\hat{1}$ で，また M の部分集合でその測度 0 または 1 なるもの全体の作る集合代数を $\hat{0}$ で表わす．

定義 A 17.1.

$\hat{1}$ に属する可測集合 A の作る部分集合代数 $\mathscr{A}$ とは，A のような集合の系 $\mathscr{A}$ で補集合をとることおよび可算個までの和集合をとることに関して閉じており，かつ M 自身をこの系 $\mathscr{A}$ の要素として含むような $\mathscr{A}$ のことをいう．

包含関係 A 17.2.

$\mathscr{A}_0$ と $\mathscr{A}_1$ とを $\hat{1}$ の部分集合代数とするとき，$\mathscr{A}_0$ が $\mathscr{A}_1$ の部分集合代数であるといい $\mathscr{A}_0 \subset \mathscr{A}_1$ と書くのは，$\mathscr{A}_0$ の各要素がいずれも $\mathscr{A}_1$ の要素になっていることをいう．よって包含関係 $\subset$ は $\hat{1}$ の部分集合代数の族のなかでの反射的 (reflexive) な半順序 (partial ordering) である．

共通部分関係 17.3.

$\hat{1}$ の部分集合代数の族 $(\mathscr{A}_i)_{i \in I}$ に対して，$\mathscr{A}_i$ のいずれにも包含されている (含まれている) ような $\hat{1}$ の部分集合代数のうちで最大なものを

$$\bigcap_{i \in I} \mathscr{A}_i$$

で表わし $(\mathscr{A}_i)_{i \in I}$ の共通部分 (または交わり) という．

合併関係 A 17.4.

同じく，

$$\overline{\bigcup_{i\in I}\mathscr{A}_i}$$

をもって，部分集合代数 $\mathscr{A}_i$ の和（または合併）を表わす．すなわち $\hat{1}$ の部分集合代数で各 $\mathscr{A}_i$ をすべて包含するもののうち最小のものを，$\mathscr{A}_i$ の和とよぶ．

函数空間 $L_2(\mathscr{A})$. A 17.5.

$\mathscr{A}$ を $\hat{1}$ の部分集合代数とする．$\mathscr{A}$ に属する（可測集合）の定義函数で函数空間 $L_2(M,\mu)$ に属するようなものの全体から生成されるところの，$L_2(M,\mu)$ の部分函数空間を $L_2(\mathscr{A})$ で表わす．このときつぎの性質は容易に検証できる：

$$\mathscr{A}\subset\mathscr{B}\quad\text{ならば}\quad L_2(\mathscr{A})\subset L_2(\mathscr{B}),$$

$$L_2\Bigl(\bigcap_{i\in I}\mathscr{A}_i\Bigr)=\bigcap_{i\in I}L_2(\mathscr{A}_i),$$

$$L_2\Bigl(\overline{\bigcup_{i\in I}\mathscr{A}_i}\Bigr)=\overline{\bigcup_{i\in I}L_2(\mathscr{A}_i)}$$

そして $L_2(\hat{0})=H_0$ は定数函数のみから成る 1 次元の函数空間である．

§ B. *K*-力学系のスペクトル

つぎの定理を証明する（定理 11.5 をみよ）．

定理 A 17.6.

K-力学系 (M,μ,φ) は可算多重度の Lebesgue 式スペクトルをもつ．

（定義 11.1 により）$\hat{1}$ の部分集合代数 $\mathscr{A}$ で，

$$\hat{0}=\bigcap_{n=-\infty}^{\infty}\varphi^n\mathscr{A}\subset\cdots\subset\varphi^{-1}\mathscr{A}\subset\mathscr{A}\subset\varphi\mathscr{A}\subset\cdots \tag{A 17.7}$$

$$\subset\overline{\bigcup_{n=-\infty}^{\infty}\varphi^n\mathscr{A}}=\hat{1}$$

となるものが存在することを思いおこそう．定理の証明は，いくつかの補題の証明に分解される．

補題 A 17.8.

写像 φ によって誘導されるユニタリ作用素を U とする．$H=L_2(\mathscr{A})$ とおくと

$$H_0=\bigcap_{n=-\infty}^{\infty}U^nH\subset\cdots\subset UH\subset H\subset\cdots\subset\overline{\bigcup_{n=-\infty}^{\infty}U^nH}=L_2(M,\mu).$$

ここで $H\ominus H_0=H'$ によって，H における H_0 の直交補空間を表わすと，上式は

$$\{0\}=\bigcap_{n=-\infty}^{\infty}U^nH'\subset\cdots\subset UH'\subset H'\subset U^{-1}H'\subset\cdots\subset\overline{\bigcup_{n=-\infty}^{\infty}U^nH'}$$
$$=L_2'=L_2(M,\mu)\ominus H_0$$

とも書ける．

証明：

A を $\mathscr{A}$ の要素とし，A の定義函数 $\mathscr{X}_A$ と書く．このとき：

$$U\mathscr{X}_A(x)=\mathscr{X}_A(\varphi(x))=\begin{cases}0, & \varphi(x)\bar{\in}A \quad のとき\\ 1, & \varphi(x)\in A \quad のとき\end{cases}$$

すなわち

$$U\mathscr{X}_A(x)=\begin{cases}0, & x\bar{\in}\varphi^{-1}A \quad のとき\\ 1, & x\in\varphi^{-1}A \quad のとき\end{cases}$$

となる．よって $U\mathscr{X}_A=\mathscr{X}_{\varphi^{-1}A}$ となり，$L_2(\mathscr{A})$ の定義によって

$$UL_2(\mathscr{A})=L_2(\varphi^{-1}\mathscr{A}).$$

ゆえに補題は，A 17.5 の系として得られる．

補題 A 17.9.

U は，その多重度が

$$\dim(H\ominus UH)$$

で与えられるような Lebesgue 式スペクトルをもつ．

証明：

$H'\ominus UH'$ の完全正規直交系 $\{h_i\}$ をとる．$h_i, Uh_i, \ldots$ によって張られる閉部分空間を $\mathscr{H}_i$ とする．作り方からわかるように U^jh_i は互いに直交するから $\mathscr{H}_i$ は互いに直交する．補題 (A 17.8) から $\bigcap_{n=-\infty}^{\infty}U^nH'=\{0\}$ となり，したがって

$\{U^j h_i\}$ は H' の完全系になっている：

(A 17. 10) $$H' = \oplus \sum_i \mathscr{H}_i$$

一方において前の補題の

$$\overline{\bigcup_{n=-\infty}^{\infty} U^n H'} = L_2'$$

は

$$\overline{\bigcup_{n=0}^{\infty} U^{-n} H'} = L_2'$$

と書ける．よって (A 17. 10) を用い

$$L_2' = \overline{\bigcup_{n=0}^{\infty} U^{-n}\left(\oplus \sum_i \mathscr{H}_i\right)} = \oplus \sum_i \left(\overline{\bigcup_{n=0}^{\infty} U^{-n} \mathscr{H}_i}\right)$$

を得るから，

(A 17. 11) $$H_i = \overline{\bigcup_{n=0}^{\infty} U^{-n} \mathscr{H}_i}$$

とおいて

(A 17. 12) $$L_2' = \oplus \sum_i H_i$$

が得られる．この (A 17. 11) により，$\mathscr{H}_i$ の基底 $\{h_i, Uh_i, \ldots\}$ を用い，H_i の完全正規直交基底

$$\{e_{ij} \overset{\text{def}}{=} U^j h_i | j \in \mathbf{Z}\}$$

が得られ，各 i, j に対してつねに

$$Ue_{ij} = U(U^j h_i) = U^{j+1} h_i = h_{i,j+1}$$

が成り立つことがわかった．

ゆえに (A 17. 12) と結び合せて，U が Lebesgue 式スペクトルをもち，その多重度は部分空間 H_i の個数 (cardinality) に等しいこと，すなわち

$$\dim(H' \ominus UH') = \dim(H \ominus UH)$$

に等しいことがわかった．

補題 A 17. 13.

$$\dim(H \ominus UH) = \infty$$

証明：

補題 (A 17.8) から

$$\cdots \leqq \dim UH \leqq \dim H \leqq \dim U^{-1}H \leqq \cdots.$$

これから $\dim H = \infty$ で $UH \neq H$ であることがわかる．もし $\dim H < \infty$ すると，ある $n>0$ から先きでは $\dim U^n H = \dim U^{n+1}H = \dim\{0\}$ となるわけで $H=0$ を得るからである．同じく $\dim UH = \infty$ も得られる．

$UH \neq H$ であるから $0 \neq f \in H \ominus UH$ なる f が存在する．函数 f の台 (support) を F とする．すなわち

$$F = \{m | m \in M, f(m) \neq 0\} \quad \text{の閉苞}$$

とおくと，$f \in L_2(\mathscr{A})$ なるとき $F \in \mathscr{A}$ で $\mu(F) > 0$ となる．したがって函数空間

$$L = \{g \cdot \mathscr{X}_F | g \in H\} \quad (\mathscr{X}_F \text{ は } F \text{ の定義函数})$$

は，$\dim H = \infty$ ならば $\dim L = \infty$ を満たす．同じく，$\mu(F) > 0$ かつ $\dim UH = \infty$ であるから函数空間 $L_1 = \{g \cdot \mathscr{X}_F | g \in UH\}$ も無限次元である．ここで $L_0 = L \ominus L_1$ とおき，$g \cdot \mathscr{X}_F \in L_0$ および $h \in UH$ をとると

$$< g \cdot \mathscr{X}_F, h > = < g \cdot \mathscr{X}_F, h\mathscr{X}_F > = 0$$

となり，$L_0 \subset H \ominus UH$ となる．ゆえに $\dim L_0 = \infty$ を証明すればよい．

L_1 が無限次元でかつ $\mu(F) > 0$ であるから，UH に属する有界な実数値函数の列 $h_1, h_2, \ldots$ を，$\mathscr{X}_F \cdot h_1, \mathscr{X}_F \cdot h_2, \ldots \in L_1$ が互いに一次独立になるようにとれる．

f は F の内部で 0 にならないから，$fh_1, fh_2, \ldots \in L$ は一次独立になる．これらの函数は L_0 に属することがわかる．それは $h \in UH$ により，$h_k \cdot h \in UH$ が f に直交することを用い，

$$< fh_k, h\mathscr{X}_F > = < f, h_k h > = 0 \quad (\text{すべての } k \text{ に対し})$$

を得ることからわかる．このようにして，L_0 のなかに可算無限個の一次独立な函数の存在することがわかった．(Q.E.D.)

以上 3 つの補題によって定理 (A 17.6) が証明された．

付　　録 18

分割αの分割βに関する条件つきエントロピー

（第2章第12節をみよ）

§ A. 可測な分割

定義 A 18.1.

(M, μ) を測度空間とする．M の分割 $\alpha = \{A_i\}_{i \in I}$ というのは，M の空ならざる可測集合 A_i で互いに共通点のないもので M を被うことをいう．すなわち

$$\mu(A_i \cap A_j) = 0 \quad (i \neq j \text{のとき}) \quad \text{かつ} \quad \mu\Bigl(M - \bigcup_{j \in I} A_i\Bigr) = 0.$$

分割 α が可測であるというのは，可算個の可測集合の系 $\{B_j\}_{j \in J}$ でつぎの条件を満足するものが存在することをいう：

(1)　各 B_j は α の集合の和集合になっている；

(2)　任意に A_i, A_k をとると，つぎのような B_j が存在する：

$$A_i \subset B_j, \ A_k \not\subset B_j \quad \text{または} \quad A_i \not\subset B_j, \ A_k \subset B_j,$$

分割 $\alpha = \{A_i\}_{i \in I}$ を構成する集合の個数（I の濃度）が有限または可算ならば，α は可測分割である．

定義 A 18.2.

分割の定義から，分割を構成する集合のうちから測度0の集合をとり除いても，分割になっていることがわかる．もっと一般に，二つの分割 α と β とが，与えられたとき，α を構成するどの集合も β を構成するある集合と測度0でしか異ならないならば，$\alpha = \beta (\mathrm{mod}\, 0)$ と書いて α と β とは分割として同一であると考える．そして以下には $(\mathrm{mod}\, 0)$ を省くことにする．

定義 A 18.3.

分割 β が分割 α の細分であるといって $\alpha \leqq \beta$ と書くのは，β を構成する各集

合Bがαを構成するある集合Aの部分集合になっていること，すなわち測度0の集合を無視するのだから$\mu(B-B\cap A)=0$の成り立つことをいう．

定義 A 18.4.

$\{\alpha_i\}_{i\in I}$を可測な分割α_iの系とする．これらの和

$$\alpha=\bigvee_{i\in I}\alpha_i$$

を，各α_iをすべて含むような分割のうちで最小なものとする．すなわち

$$\alpha=\left\{\bigcap_{j\in I}A_j\,\middle|\;\text{すべての } j\in I \text{ に対して } A_j\in\alpha_j\right\}$$

この操作Vは可換でかつ結合的 (associative) であるのみならず

$$\alpha\leqq\alpha',\ \beta\leqq\beta' \quad \text{ならば} \quad \alpha\vee\beta\leqq\alpha'\vee\beta'$$

を満足する．

定義 A 18.5.

任意の可測分割αが与えられたとする．集合代数$\hat{1}$の部分集合代数で，αを構成する集合の和集合になっているような可測集合をその元とするものを$\mathscr{M}(\alpha)$と書いて，αから生成された部分集合代数という．

そうすると，$\hat{1}$の任意の部分集合代数$\mathscr{A}$に対して，

$$\mathscr{A}=\mathscr{M}(\alpha)$$

となるような可測な分割αの存在することがわかる．容易にわかるように，

$$\alpha=\beta\Leftrightarrow\mathscr{M}(\alpha)=\mathscr{M}(\beta)$$

$$\alpha\leqq\beta\Leftrightarrow\mathscr{M}(\alpha)\subseteqq\mathscr{M}(\beta)$$

$$\mathscr{M}\left(\bigvee_{i\in I}\alpha_i\right)=\bigvee_{i\in I}\mathscr{M}(\alpha_i)$$

が成り立つ (A.N.Kolmogorov [3] および V.Rohlin [3] をみよ).

§ B. βが与えられたときのαの条件つきエントロピー

$\alpha=\{A_i|i=1,2,\ldots,r\}$と$\beta=\{B_j|j=1,2,\ldots,s\}$を二つの可測分割で，$r$も

s もともに有限であるとする．一般性を失わないで，どの A_i もまたどの B_j も正の測度をもつとしてよい (A 18.2 をみよ).

定義 A 18.6.

[0, 1] で定義された函数 $z(t)$ を考える：

$$z(t)=\begin{cases}-t\log t, & 0<t\leqq 1 \quad なるとき\\ 0, & t=0 \quad なるとき,\end{cases}$$

そして β に関する α の条件付きエントロピーを，つぎの式で定義する：

$$h(\alpha/\beta)=\sum_j \mu(B_j)\sum_j z(\mu(A_i/B_j))$$

ここに

$$\mu(A_i/B_j)=\frac{\mu(A_i\cap B_j)}{\mu(B_j)}$$

は，B_j に関する A_i の条件付き測度である．

ここで，定理 12.5 をもう一度述べて証明しよう．

定理 12.5.

$\alpha=\{A_i\}$, $\beta=\{B_j\}$, $\gamma=\{C_k\}$ を，それぞれ有限個の可測集合の系への分割とする．このときつぎの諸命題が成り立つ：

(12.6) $h(\alpha/\beta)\geqq 0$, ここに等号の成り立つのは $\alpha\leqq\beta$ のときかつこのときに限る；

(12.7) $$h(\alpha\vee\beta/\gamma)=h(\alpha/\gamma)+h(\beta/\alpha\vee\gamma);$$

(12.8) $$\alpha\leqq\beta\Rightarrow h(\alpha/\gamma)\leqq h(\beta/\gamma);$$

(12.9) $$\beta\leqq\gamma\Rightarrow h(\alpha/\gamma)\leqq h(\alpha/\beta)$$

(12.10) $$h(\alpha\vee\beta/\gamma)\leqq h(\alpha/\gamma)+h(\beta/\gamma)$$

証明：

(12.6) の証明は，読者のためのやさしい演習として残しておく．

$\alpha\vee\beta$ および $\alpha\vee\gamma$ を構成する可測集合は，それぞれ $A_i\cap B_j$ および $A_i\cap C_k$ の形の集合である．よって

$$h(\alpha\vee\beta/\gamma)=-\sum_{i,j,k}\mu(A_i\cap B_j\cap C_k)\,\mathrm{Log}\,\mu(A_i\cap B_j/C_k)$$

である．ところが

$$\mu(A_i \cap B_j/C_k) = \frac{\mu(A_i \cap B_j \cap C_k)}{\mu(C_k)} = \frac{\mu(A_i \cap C_k)}{\mu(C_k)} \frac{\mu(A_i \cap B_j \cap C_k)}{\mu(A_i \cap C_k)}$$
$$= \mu(A_i/C_k)\cdot\mu(B_j/A_i \cap C_k)$$

であるから，次のようにし (12.7) が得られる：

$$\begin{aligned} h(\alpha \vee \beta/\gamma) &= -\sum_{i,j,k} \mu(A_i \cap B_j \cap C_k) \operatorname{Log} \mu(A_i/C_k) \\ &\quad -\sum_{i,j,k} \mu(A_i \cap B_j \cap C_k) \operatorname{Log} \mu(B_j/A_i \cap C_k) \\ &= -\sum_{i,k} \mu(A_i \cap C_k) \operatorname{Log} \mu(A_i/C_k) \\ &\quad -\sum_{i,j,k} \mu(B_j \cap (A_i \cap C_k)) \operatorname{Log} \mu(B_j/A_i \cap C_k) \\ &= h(\alpha/\gamma)+h(\beta/\alpha \vee \gamma). \end{aligned}$$

次に (12.8) を証明しよう：もし$\alpha \leqq \beta$ならば，$\alpha \vee \beta = \beta$で (12.6) と (12.7) から

$$h(\beta/\gamma) = h(\alpha/\gamma)+h(\beta/\alpha \vee \gamma) \geqq h(\alpha/\gamma)$$

が得られる．

こんどは (12.9) を証明しよう：$\sum_k \mu(C_k/B_j) = 1$ かつ $\mu(C_k/B_j) \geqq 0$ であるから，$z(t)$ が凸函数であることにより

$$\sum_k z(\mu(A_i/C_k))\cdot\mu(C_k/B_j) \leqq z\left[\sum_k \mu(A_i/C_k)\cdot\mu(C_k/B_j)\right].$$

そのうえ$\beta \leqq \gamma$から，各B_jはいくつかのC_kの互いに共通点のない和として表わされ，したがって

$$\sum_k \mu(A_i/C_k)\cdot\mu(C_k/B_j) = \sum_{k'} \frac{\mu(A_i \cap C_{k'})}{\mu(C_{k'})}\cdot\frac{\mu(C_{k'})}{\mu(B_j)} = \mu(A_i/B_j)$$

を得る．ここに$\sum_{k'}$はB_jに含まれる$C_{k'}$についての和を意味する．よって

$$\sum_k z(\mu(A_i/C_k))\cdot\mu(C_k/B_j) \leqq z(\mu(A_i/B_j))$$

この両辺に$\mu(B_j)$を乗じて，iおよびjについて総和すれば (12.9) が得られる．

最後に，(12.10) は (12.7) と (12.9) から導かれる：実際，$\alpha \vee \gamma \geqq \gamma$から

$$h(\beta/\alpha \vee \gamma) \leqq h(\beta/\gamma)$$

が導かれ，したがって

$$h(\alpha \vee \beta/\gamma) = h(\alpha/\gamma) + h(\beta/\alpha \vee \gamma) \leqq h(\alpha/\gamma) + h(\beta/\gamma)$$

が得られるのである．

以上に述べた定義や性質は，可算個の可測集合から構成される分割の場合へも拡張される (Rohlin と Sinai [5] をみよ)．

付　　録 19

自己同型写像のエントロピー

（定理 12.26 をみよ）

この付録の目的は，Kolmogorov によるつぎの定理*) を証明することである．

定理 A 19.1.

（力学系）M の有限個の可測集合への可測分割 α が，自己同型写像 φ に関する生成元になっているとき：すなわち α によって生成される集合代数を $\mathscr{M}(\alpha)$ とするとき

$$\overline{\bigcup_{n=-\infty}^{\infty} \varphi^n \cdot \mathscr{M}(\alpha)} = \hat{1}$$

なるとき，$h(\varphi) = h(\alpha, \varphi)$ である．

証明はいくつもの補題を通して得られる．M の有限個の可測集合への可測分割の全体を F と書く，$\alpha, \beta \in F$ なるとき

$$h(\alpha|\beta) + h(\beta|\alpha) = |\alpha, \beta|$$

とおく．

補題 A 19.2.

$|\alpha, \beta|$ は F の上の距離になっている．

証明：

$|\alpha, \beta| \geqq 0$ であることは明らかである．第 2 章の (12.6) からつぎのことが導かれる：

$$|\alpha, \beta| = 0 \Rightarrow h(\alpha|\beta) = h(\beta|\alpha) = 0 \Rightarrow \alpha \leqq \beta \quad \text{かつ} \quad \beta \leqq \alpha \Rightarrow \alpha = \beta.$$

また $|\alpha, \beta| = |\beta, \alpha|$ は明らかである．次に (12.11), (12.12) および (12.9) から

$$\begin{aligned} h(\alpha/\gamma) &= h(\alpha \vee \gamma) - h(\gamma) \leqq h(\alpha \vee \gamma \vee \beta) - h(\beta \vee \gamma) + h(\beta \vee \gamma) - h(\gamma) \\ &= h(\alpha/\beta \vee \gamma) + h(\beta/\gamma) \leqq h(\alpha/\beta) + h(\beta/\gamma) \end{aligned}$$

---

*) 証明は Rohlin [4] に従った．

が導かれ，またこれと対称的に

$$h(\gamma/\alpha) \leqq h(\beta/\alpha)+h(\gamma/\beta)$$

も導かれるから和をとって．三角不等式

$$|\alpha, \gamma| \leqq |\alpha, \beta|+|\beta, \gamma|$$

が得られる．

補題 A 19. 3.

φが与えられたとき，$h(\alpha, \varphi)$ は F の上で α の連続函数である．もっと精密に

$$|h(\alpha, \varphi)-h(\beta, \varphi)| \leqq |\alpha, \beta|$$

が成り立つ．

証明：

$\alpha, \beta \in F$ が与えられたとき

$$\alpha_n = \alpha \vee \varphi\alpha \vee \cdots \vee \varphi^{n-1}\alpha\ ;\ \beta_n = \beta \vee \varphi\beta \vee \cdots \vee \varphi^{n-1}\beta$$

とおく．第 2 章の (12. 11) から

$$h(\beta_n/\alpha_n)-h(\alpha_n/\beta_n) = [h(\alpha_n \vee \beta_n)-h(\alpha_n)]-[h(\alpha_n \vee \beta_n)-h(\beta_n)]$$
$$= h(\beta_n)-h(\alpha_n)$$

を得る．$h(\ /\ ) \geqq 0$ であるから

$$|h(\beta_n)-h(\alpha_n)| \leqq h(\beta_n/\alpha_n)+h(\alpha_n/\beta_n)$$

が成り立つ．一方において第 2 章 (12. 10) から

$$h(\alpha_n/\beta_n) = h(\alpha \vee \cdots \vee \varphi^{n-1}\alpha/\beta_n) \leqq h(\alpha/\beta_n)+ \cdots +h(\varphi^{n-1}\alpha/\beta_n)$$

が得られる．同じく (12. 9) から，$\beta, \ldots, \varphi^{n-1}\beta \leqq \beta_n$ を用い

$$h(\alpha_n/\beta_n) \leqq h(\alpha/\beta)+h(\varphi\alpha/\varphi\beta)+ \cdots +h(\varphi^{n-1}\alpha/\varphi^{n-1}\beta) = nh(\alpha/\beta)$$

が導かれ，これと対称的に

$$h(\beta_n/\alpha_n) \leqq nh(\beta/\alpha)$$

も得られるから和をとって

$$|h(\beta_n)-h(\alpha_n)| \leqq n[h(\alpha/\beta)+h(\beta/\alpha)] = n\cdot|\alpha, \beta|.$$

この両辺を n で除して $n \to \infty$ ならしめて，補題 A 19. 3 が導かれる．

補題 A 19. 4.

$\alpha_1, \alpha_2, \ldots$ を有限個の可測集合への分割とし

$$\alpha_1 \leqq \alpha_2 \leqq \cdots \leqq \alpha_n \leqq \alpha_{n+1} \leqq \cdots,$$

$$\overline{\bigcup_{n=1}^{\infty} \mathcal{M}(\alpha_n)} = \hat{1}$$

が成り立つものとする．そうすると，少なくとも一つの n に対して $\beta \leqq \alpha_n$ となるような $\beta \in F$ の全体 B は F のなかで稠密である．

証明：

有限個の可測集合への任意の分割 α と，任意の正数 δ とに対して，正の整数 n と $\beta \in B$ とを

$$\beta \leqq \alpha_n, \qquad |\alpha, \beta| < \delta$$

が成り立つように選べることを証明するとよい．

そこで分割 α の元を $A_1, \ldots, A_m$ とすると

$$\bigcup_{n=1}^{\infty} \mathcal{M}(\alpha_n)$$

が $\hat{1}$ で稠密であるから，任意の $\delta > 0$ に対して，n と $\mathcal{M}(\alpha_n)$ に属する部分集合 $A_1', \ldots, A_{m-1}'$ とを，

$$\mu(A_i \cup A_i' - A_i \cap A_i') < \delta' \quad (i = 1, 2, \ldots, m-1)$$

が成り立つように選べる．ここで M の $B_1, B_2, \ldots, B_m$ への有限分割 β を

$$B_1 = A_1', \ B_i = A_i' - A_i' \cap (A_1' \cup A_2' \cup \cdots \cup A_{i-1}') \quad (i = 2, \ldots, m-1),$$

$$B_m = \mathrm{M} - (A_1' \cup \cdots \cup A_{m-1}')$$

によって定義する．そうすると $\beta \leqq \alpha_n$ であることは明らかである．一方において

$$\begin{aligned}
|\alpha, \beta| &= h(\alpha/\beta) + h(\beta/\alpha) \\
&= -\sum_i \mu(A_i) \sum_k \frac{\mu(A_i \cap B_k)}{\mu(A_i)} \operatorname{Log}\left[\frac{\mu(A_i \cap B_k)}{\mu(A_i)}\right] \\
&\quad -\sum_k \mu(B_k) \sum_i \frac{\mu(B_k \cap A_i)}{\mu(B_k)} \operatorname{Log}\left[\frac{\mu(B_k \cap A_i)}{\mu(B_k)}\right] \\
&= -2\sum_{i,k} \mu(A_i \cap B_k) \operatorname{Log} \mu(A_i \cap B_k) + \sum_i \mu(A_i) \operatorname{Log} \mu(A_i) \\
&\qquad + \sum_k \mu(B_k) \operatorname{Log} \mu(B_k)
\end{aligned}$$

である．これから，$|\alpha,\beta|$ が $A_1',\dots,A'_{m-1}$ に連続的に依存し，かつ $|\alpha,\beta|$ が$A_1'=A_1,\dots,A'_{m-1}=A_{m-1}$ なるときに 0 となることがわかる．ゆえに δ' が十分小さいと $|\alpha,\beta|<\delta$ が成り立つことがいえる．

Kolmogorov の定理の証明：

α が φ の生成元になっていると仮定しよう．ここで $\lambda\in F$ と $q=0,1,\dots$ に対して

$$\tilde{\lambda}_q=\varphi^{-q+1}\lambda\vee\cdots\vee\lambda\vee\varphi\lambda\vee\cdots\vee\varphi^{q-1}\lambda$$

とおく．そうすると

$$\tilde{\alpha}_1\leqq\tilde{\alpha}_2\leqq\cdots\leqq\tilde{\alpha}_n\leqq\tilde{\alpha}_{n+1}\leqq\cdots,$$

$$\overline{\bigcup_{n=1}^{\infty}\mathcal{M}(\tilde{\alpha}_n)}=\hat{1}$$

が成り立つ．補題 A 19.4 により，少なくとも一つの n に対して $\beta\leqq\alpha_n$ となるような $\beta\in F$ の全体 B' は F において稠密である．B' の一つの元 β をとると，明らかに

$$\tilde{\beta}_m\leqq(\tilde{\tilde{\alpha}}_n)_m=\tilde{\alpha}_{n+m-1}$$

である．ゆえに第 2 章の (12.12) から

$$h(\tilde{\beta}_m)\leqq h(\tilde{\alpha}_{n+m-1})$$

を得て

$$\frac{h(\tilde{\beta}_m)}{m}\leqq\frac{h(\tilde{\alpha}_{n+m-1})}{n+m-1}\cdot\frac{n+m-1}{m}.$$

ここで $q\to\infty$ なるとき

$$\frac{h(\tilde{\lambda}_q)}{q}=\frac{h(\varphi^{-q+1}\lambda\vee\cdots\vee\varphi^{q-1}\lambda)}{q}$$

$$=\frac{h(\lambda\vee\cdots\vee\varphi^{2q-1}\lambda)}{2q-1}\cdot\frac{2q-1}{q}\to 2h(\lambda,\varphi)$$

なることに注意すると，$m\to\infty$ なる極限を考えて

$$h(\beta,\varphi)\leqq h(\alpha,\varphi)$$

を得る．ゆえに，B' が F において稠密なことと $h(\beta,\varphi)$ が β に関して連続なこと (補題 A 19.3) とを用い

$$h(\alpha, \varphi) \geqq \sup_{\beta \in B'} h(\beta, \varphi) = \sup_{\beta \in F} h(\beta, \varphi) = h(\varphi)$$

が得られるから,

$$h(\alpha, \varphi) = h(\varphi)$$

でなければならない.

付　　録 20

負曲率の Riemann 多様体の例

（第3章14.1をみよ）

直線 $\{t|t\in\mathbf{R}\}$ の上の本義的な (proper) アフィン変換の群 G を考える．すなわち G の元 g は次の形に与えられる．

$$g: t\to yt+x \quad (x, y\in\mathbf{R}\text{ で } y>0).$$

ゆえに g を (x, y) と書くことができる．

$g=(x, y)$ の他に $g'=(x', y')$ も与えられると

$$g'(g(t))=y'(yt+x)+x'=y'yt+y'x+x'$$

となる．よって G の群乗法の操作を $\perp$ と書くことにすると

$$(x', y')\perp(x, y)=(y'x+x', y'y).$$

この群の単位元 e は $(0, 1)$ で，また (x, y) の逆元は $(-xy^{-1}, y^{-1})$ で与えられる．そして G は Lie 群で，上半平面 $\{(x, y)|y>0\}$ に微分同相である．これから G を Riemann 多様体に転化しよう．

定理 A 20.1. **G の Riemann 計量 (metric)**

G の左不変な計量で，単位元 $e=(0, 1)$ のところでは

$$\mathrm{d}s^2=\mathrm{d}x^2+\mathrm{d}y^2$$

となるものは

$$\mathrm{d}s^2=\frac{\mathrm{d}x^2+\mathrm{d}y^2}{y^2}$$

で与えられる．

証明：

G の任意の元 $X=(x, y)$ には，$U=(u, v)\in G$ として

$$L_X(U)=X\perp U$$

で与えられる左変位 (left translation) L_X が対応する．そして

$$L_{X^{-1}}(U)=\left(\frac{u-x}{y},\frac{v}{y}\right)$$

であり，$L_{X^{-1}}$ の接線写像 (tangent mapping) $L^*_{X^{-1}}$ は次式で与えられる：

(A 20. 2)
$$L^*_{X^{-1}}\xi=\begin{pmatrix}y^{-1}\xi_1\\ y^{-1}\xi_2\end{pmatrix},\quad \text{ここに}\quad \xi=\begin{pmatrix}\xi_1\\ \xi_2\end{pmatrix}\in TG_X$$

である．

Lie 環 TG_e の上の計量を次の式で定義する：

$$<\varphi|\varphi>_e=(\varphi_1)^2+(\varphi_2)^2,\qquad \varphi=\begin{pmatrix}\varphi_1\\ \varphi_2\end{pmatrix}\in TG_e.$$

これは，各点 X において左不変な計量を定義する：

$$<\xi|\xi>_X=<L^*_{X^{-1}}\xi|L^*_{X^{-1}}\xi>_e.$$

ゆえに $X=(x,y)$ に対して (A 20. 2) から

$$<\xi|\xi>_X=\frac{(\xi_1)^2+(\xi_2)^2}{y^2}$$

が導かれるから，求める計量は

(A 20. 3)
$$\mathrm{d}s^2=\frac{\mathrm{d}x^2+\mathrm{d}y^2}{y^2}$$

で与えられる．

定義 A 20. 4

上半平面 G に計量 (A 20. 3) を付与したものを Lobatchewsky-Poincaré 平面とよぶ.

G の点 (x,y) を複素数 $z=x+iy$ で表わすことは有用であることが (あとから) わかる．

定理 A 20. 5. G の等距離変換 (isometry)

対称変換 $(x,y)\to(-x,y)$ および z の一次分数変換：

$$z\to z'=\frac{az+b}{cz+d}\quad (a,b,c,d\in\mathbf{R} \text{ で } ad-bc=1)$$

は計量 (A 20. 3) を保存する.

証明：

次の式に注意すれば容易な計算で証明される：

$$ds^2 = \frac{-4dz \cdot d\bar{z}}{(z-\bar{z})^2} \quad (\bar{z} = x - iy).$$

定理 A 20.7. 角

計量(A 20.3)での角は，ユークリッド平面での角に一致する．

証明：

$\dfrac{dx^2+dy^2}{y^2}$ が dx^2+dy^2 に比例することから明らか．

定理 A 20.8. 測地線

(A 20.3)による測地線は，$x=$ 定数, $y>0$ なる半直線および，ox 上に中心をもつ上半平面の半円から成っている．よって特に，二つの相異なる点を通る測地線は，一つありしかも唯一つに限る．

証明：

半直線 $x=0, y>0$ の上の線分 ab をとる．そうすると a と b とを結ぶ任意の弧 γ に対して

$$\int_\gamma ds^2 = \int_a^b \frac{dx^2+dy^2}{y^2} \geqq \int_a^b \frac{dy^2}{y^2} = \int_{ab} ds^2$$

である．ゆえに半直線 $x=0, y>0$ は測地線である．

この測地線の，等距離変換(A 20.6)による像はまた測地線である．このようにして，ox 上に中心をもつ上半平面の半円のすべておよび半直線 $x=$ 定数, $y>0$ のすべてが測地線として求められた．これで測地線がすべて得られたことは，上半平面の任意のベクトルに対し，このベクトルに接するような，ox 上に中心をもつ上半平面の半円（または oy に平行する半直線）が存在することからわかる．

定理 A 20.9. 曲率

計量(A 20.3)の Gauss 曲率は定数 -1 に等しい．

証明：

計量(A 20.3)が変換(A 20.6)によって不変なことから，曲率 K が定数であることがわかる．測地線を辺とする三角形 $\varDelta = ABC$ に Gauss–Bonnet の公式を適用して

$$\widehat{A}+\widehat{B}+\widehat{C}=\pi+\iint_{\varDelta} K\cdot d\sigma=\pi+K\cdot(\varDelta\text{ の面積})$$

を得る．図(A 20.10)で与えられるような特別な場合には $\widehat{A}=\widehat{B}=\widehat{C}=0$ である．面積要素 dσ は $(\mathrm{d}x\mathrm{d}y)/y^2$ に等しいから

$$(\varDelta\text{ の面積})=2\int_0^r \mathrm{d}x\int_{r\sin\theta}^{\infty}\frac{\mathrm{d}y}{y^2}=\pi$$

したがって $K=-1$ であることがわかる，

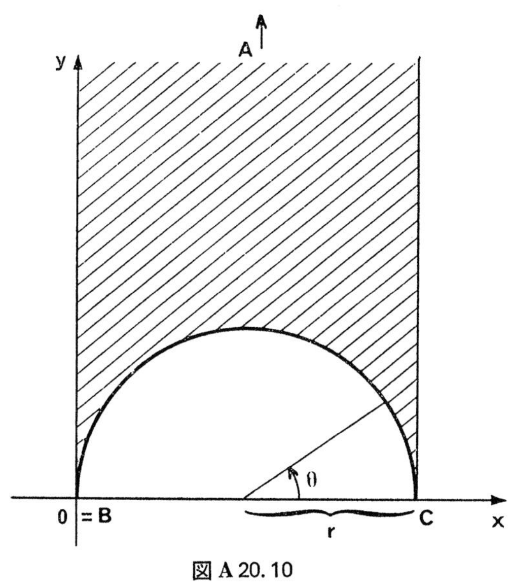

図 A 20. 10

定理 A 20. 11. 漸近的測地線

$\gamma(u,t)=\gamma(t)$ を測地線で弧長 t をパラメターとして表示したものとし，上半平面 G の一点を g とする．このとき g と $\gamma(t_1)$ を結ぶ測地線は，$t_1\to+\infty$ (または $t_1\to-\infty$) なるとき極限位置をもつ．この極限測地線は，g と (γ と ox との交わりである) $\gamma(+\infty)$ とを結ぶ (または g と $\gamma(-\infty)$ とを結ぶ) ものである．

$\gamma(+\infty)$ から出る (または $\gamma(-\infty)$ から出る) 測地線は γ への正の漸近測地線 (または負の漸近測地線) とよばれる．

証明：

$\gamma(t_1)$ を γ の一点とする．g と $\gamma(t_1)$ とを結ぶ測地線は，ox 上に中心をもつ唯

一つの円 (ox に直交する直線になることもある) である ——(A 20.8) を見よ．

計量 (A 20.3) の定義そのものからわかるように，t_1 が $\to +\infty$ (または $\to -\infty$) なるときに $\gamma(t_1)$ は ox に限りなく近づく．すなわち $\gamma(t_1)$ は γ と ox との交わり $\gamma(+\infty)$ (または $\gamma(-\infty)$) に収束する (図 A 20.12 をみよ)．よって g と $\gamma(t_1)$ を結ぶ測地線は，ox の上に中心をもち g と $\gamma(+\infty)$ (または $\gamma(-\infty)$) とを結ぶ極限位置に近づく．したがってこの極限位置は測地線である．

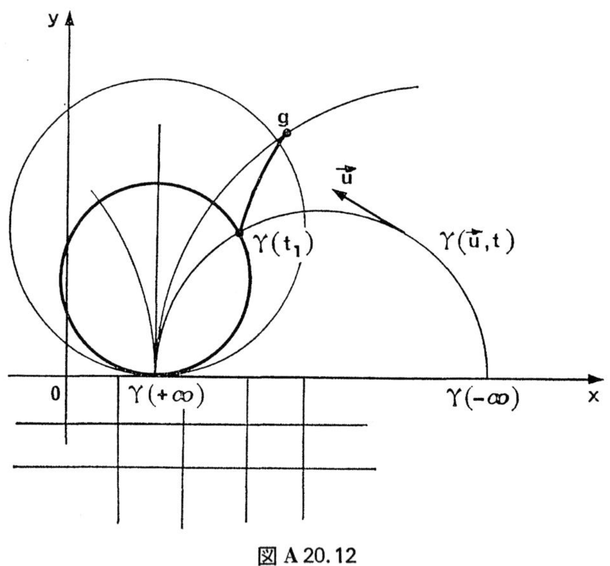

図 A 20.12

定義 A 20.13. ホロ球 (horocycle)[*)]

γ への正の (または負の) 漸近線のすべてに直交する図形は，γ の正のホロ球 (または負のホロ球) とよばれる．

定理 A 20.14.

γ の正の (または負の) ホロ球は，G のユークリッド的円で $\gamma(+\infty)$ (または $\gamma(-\infty)$) において $y=0$ に接する．とくに，直線 $y=C>0$ はホロ球である．これらは ($y\to\infty$ なる) 軸 oy の正のホロ球である．

証明：γ の正の (または負の) 漸近測地線の全体は，$\gamma(+\infty)$ において (または

*) Lobatchewsky による概念である (ギリシヤ語で horos は地平線を意味する)．

$\gamma(-\infty)$ において) $y=0$ に直交する円の束 (pencil of circles) をなす．よって定理 A 20. 14 は円の共役束 (conjugate pencils of circles) の初等的性質からただちに導かれる．

G に属さない点 $\gamma(+\infty)$ や $\gamma(-\infty)$ は除外しなければならない．

定理 A 20. 15. Riemann 計量による円．

A 20. 1 に与えた Riemann 計量による円で点 m を中心とするものはすべて，その根軸 (radical axis) が ox でありかつその Poncelet 点が m および ox に関する m の対称点 m' から成るような円の束の上半平面にある部分に，直交する．

証明：m を中心とする (Riemann 計量での) 円の全体は，m から出る測地線の全体に直交する曲線系 (orthogonal trajectories) を作る．そして上の測地線の系は，m と m' とを通る (普通の) 円の束の上半平面にある部分に他ならないのである． (証明終り)

とくに，m を中心とする上の Riemann 計量円に関する，ox 上の任意の点 d の冪 (power) は

$$(\mathrm{d}m)^2=(\mathrm{d}I)^2+(Im)^2$$

で与えられる (図 A 20. 17) をみよ)．

定理 A 20. 16

ホロ球は，その半径が無限でその中心が無限遠 ($y=0$ の上の) にあるような Riemann 計量での円である．

証明：

測地線 γ の上の定点 n を通り，γ の点 m を中心とする Riemann 計量での円を考えよう (図 A 20. 17 をみよ)．もし m が γ に沿うて無限遠に行くとき，すなわち中心 m が ox に収束するときには mm' は 0 に収束する．ゆえにこのとき，ox 上の任意の点の，われわれの Riemann 計量円に関する冪は 0 に収束する．よってこの円の極限位置は，n を通り $\gamma(+\infty)$ で ox に接する円になる．定理 A 20. 16 の示すように，この極限の円はホロ球である．逆に，任意のホロ球は上に述べた作り方で得られるのである． (証明終り)

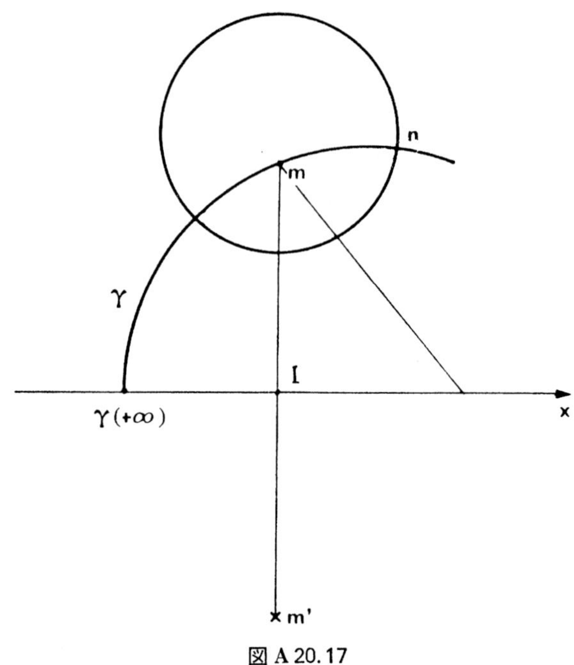

図 A 20.17

定理 A 20.18

$\gamma(\mathbf{u}, t)$ と $\gamma'(\mathbf{u}', t)$ とを，互いに正の向きに漸近的であるとする（正の向きだけにしたのは考え易いためである）．そしてそれらの弧の長さは，それぞれ $\mathbf{n}$ および $\mathbf{n}'$ を出発点として t で測ることにする．そうすると，$\mathbf{n}$ と $\mathbf{n}'$ とを適当に選べば

$$d(\gamma(t), \gamma'(t)) \leqq \mathbf{nn}'e^{-t} \quad (t \geqq 0)$$

が成り立つことがわかる．ここに d は Riemann 計量での距離で，$\mathbf{nn}'$ はホロ球の弧の長さである．

証明：

出発点 $\mathbf{n}$ と $\mathbf{n}'$ とを同じホロ球 1 の上に選ぶ（図 A 20.19 をみよ）そして γ および γ' と他のホロ球 2 との交わりをそれぞれ $\mathbf{m}$ および $\mathbf{m}'$ で表わす，そのとき弧 $\mathbf{nm}$ と $\mathbf{n}'\mathbf{m}'$ は長さが等しい．その理由は，ホロ球 1 と 2 とが平行であることからわかる：

$$\mathbf{nm} = \mathbf{n}'\mathbf{m}' = t.$$

ここでホロ球2に属する弧 $\mathbf{mm}'$ の長さを計算しよう．ホロ球2は方程式

$$x = r\sin u, \qquad y = r + r\cos u$$

で与えられるから，容易にわかる記号で書いて

$$\mathbf{mm}' = \int_m^{m'} \frac{\sqrt{\mathrm{d}x^2 + \mathrm{d}y^2}}{y} = \int_m^{m'} \frac{\mathrm{d}u}{1+\cos u} = tg\frac{u_{m'}}{2} - tg\frac{u_m}{2}$$

を得る．これと対称的に，ホロ球1の上では

$$\mathbf{nn}' = tg\frac{u_{n'}}{2} - tg\frac{u_n}{2}$$

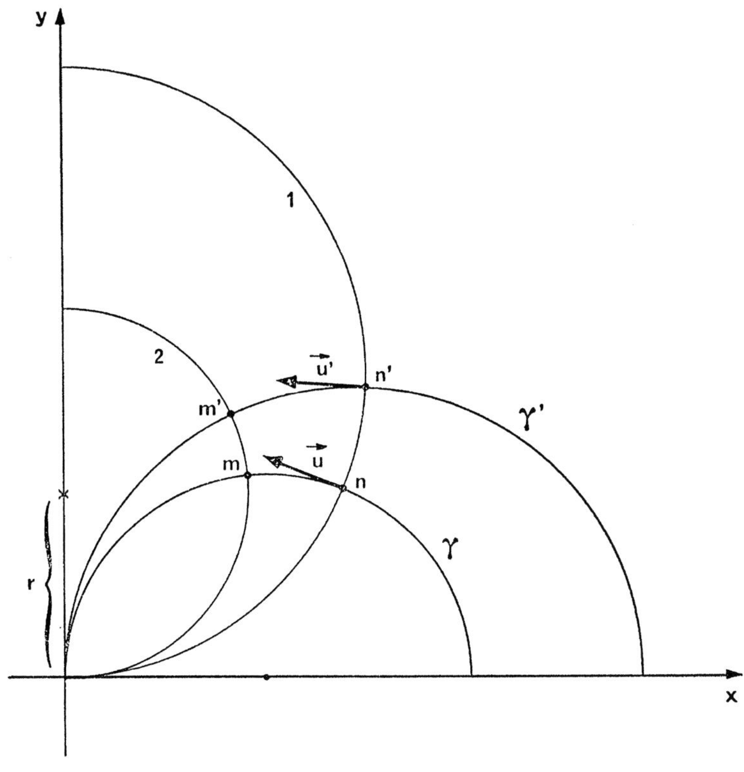

図 A 20.19

も得られる．

γ および γ' に関する簡単な計算によって

$$\mathrm{t}=\mathbf{nm}=\mathrm{Log}\left|tg\frac{u_n}{2}\right|-\mathrm{Log}\left|tg\frac{u_m}{2}\right|$$

$$\mathrm{t}=\mathbf{n'm'}=\mathrm{Log}\left|tg\frac{u_{n'}}{2}\right|-\mathrm{Log}\left|tg\frac{u_{m'}}{2}\right|$$

が得られる．

したがって

$$e^t=\frac{tg\dfrac{u_n}{2}}{tg\dfrac{u_m}{2}}=\frac{tg\dfrac{u_{n'}}{2}}{tg\dfrac{u_{m'}}{2}}=\frac{tg\dfrac{u_{n'}}{2}-tg\dfrac{u_n}{2}}{tg\dfrac{u_{m'}}{2}-tg\dfrac{u_m}{2}}=\frac{\mathbf{nn'}}{\mathbf{mm'}}$$

$$\mathbf{mm'}=\mathbf{nn'}\cdot e^{-t}$$

が得られて，定理 A 20.8 は $\mathrm{d}(\mathbf{m},\mathbf{m}')\leqq\mathbf{mm'}$ から導かれる．

一般化 A 20.20

多様体 V を，$\mathbf{R}^n$ の $x_n>0$ で与えられる上半空間に計量

$$\mathrm{ds}^2=\frac{(\mathrm{d}x_1)^2+\cdots+(\mathrm{d}x_n)^2}{(x_n)^2}$$

を付与したものとする．そうすると V は定曲率 -1 の Lobatchewsky 空間である．そこでのホロ球は $(n-1)$ 次元の多様体で超平面 $x_n=$ 定数と，超平面 $x_n=0$ に接する Euclid 計量での V の球とからなるのである．

付　　録 21

Lobatchewsky–Hadamard の定理の証明

(3 章の 14.3 をみよ)

§ A. 負曲率の多様体

まず，負曲率の Riemann 多様体に関するいくつかの古典的な性質をおもいおこすことにしよう．

定理 A 21.1.

V を完全 (complete) で，単連結な，負曲率の Riemann 多様体とする．このとき：

(1) V の相異なる二点に対して，この二点を通る測地線が一つ唯一つ存在する；

(2) V は Euclid 空間に可微分同相である；

(3) ABC を V の測地線でかこまれた三角形で，その角を A, B, C その辺を a, b, c とするとき：

$$a^2+b^2-2ab\cdot\cos C \leqq c^2$$

が成り立つ．

証明は S. Helgason [1] をみよ．

これから直ちにつぎの系が導かれる：

系 A 21.2

上と同じ仮定のもとに，V の Riemann 計量による球は凸である，すなわち，V の測地線はこの球 (の境界) とたかだか二つの点で交わる．

§ B. 与えられた測地線への漸近線

例の通り，$\gamma(v, \boldsymbol{u}, t) = \gamma(t) = \gamma$ を，v から初期速度ベクトル $\boldsymbol{u}$ で出発した弧の長さ t の測地線とする．γ の上で t に対応する点をもまた $\gamma(t)$ で示すことにする．二つの点 a, b の Riemann 計量による距離を $|a, b|$ で表わす．以下には V を完全で単連結な負曲率の Riemann 多様体とする．

定理 A 21.3

v' を V の一点とする．v' を γ の点 $\gamma(t)$ に結ぶ測地線は，$t \to \infty$ (および $t \to -\infty$) なるとき極限をもつ．この極限はまた一つの測地線である．

証明 (図 A 21.4 をみよ)：

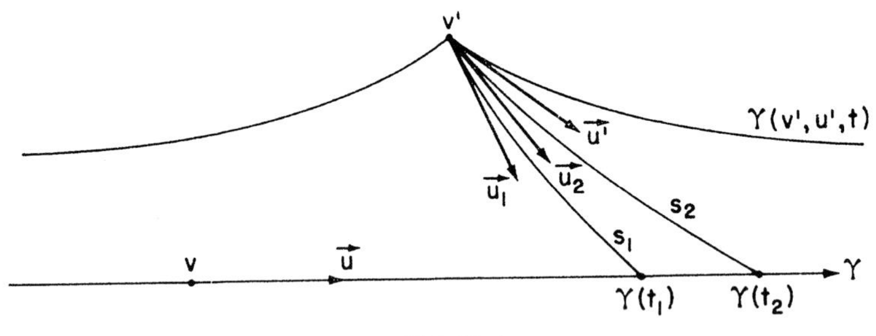

図 A 21.4

点 v' と点 $\gamma(t_1)$ とはこれらを結ぶ唯一つの測地線 $\gamma(v', \mathbf{u}_1, t)$ を定義する．$|v', \gamma(t_1)|$ を s_1 と書く．$t_2 > t_1$ を定めて，定理 A 21.1 の (3) を測地三角形 v', $\gamma(t_1)$, $\gamma(t_2)$ に用いてみる．そうすると，ほとんど明らかな記号で表わして，

$$(*) \qquad (s_2)^2 + (s_1)^2 - (t_2 - t_1)^2 \leqq 2s_1 \cdot s_2 \cdot \cos(\mathbf{u}_1, \mathbf{u}_2)$$

が成り立つことがわかる．一方において，$v, v', \gamma(t_1)$ に三角不等式を適用して

$$t_1 - |v, v'| \leqq s_1 \leqq t_1 + |v, v'|$$

したがって，$t_1 \to \infty$ なるとき

$$s_1 = t_1 + O(1)$$

を得る．同じく，$t_2 \to \infty$ なるとき

$$s_2 = t_2 + O(1)$$

をも得るから，さきの不等式 (*) により

$$\lim_{t_1, t_2 \to \infty} \cos(\mathbf{u}_1, \mathbf{u}_2) = 1,$$

すなわち

$$\lim_{t_1, t_2 \to \infty} (\widehat{\mathbf{u}_1, \mathbf{u}_2}) = 0.$$

よって $t_1 \to \infty$ なるとき $\mathbf{u}_1$ は極限をもつ，これを $\mathbf{u}_1'$ と書く．

測地線 $\gamma(v', \mathbf{u}', t)$ は測地線 $\gamma(v', \mathbf{u}_1, t)$ の極限である．指数写像 $\mathrm{Exp}_{v'}$ が連続であるからである．$\gamma(v', \mathbf{u}', t)$ を γ への正の漸近（測地）線とよぶ．同様にして $t \to -\infty$ に対する負の漸近（測地）線も定義される．

注意 A 21.5.

正の漸近（測地）線 $\gamma(v', \mathbf{u}', t)$ の上の定められた一点から出発する γ への正の漸近測地線は（幾何学的には）$\gamma(v', \mathbf{u}', t)$ に他ならない，ゆえに，特定の点 v' に依らないで γ への正の漸近測地線と名づけることができる．さらに，γ への正の漸近測地線の全体は $(\dim V-1)$ 個のパラメターを含む測地線の集合であることを述べておこう．

§ C.　V のホロ球 (horospheres) *)

Riemann 多様体 V は，上と同じように完全で，単連結かつ負曲率であるとする．$\gamma(v, \mathbf{u}, t) = \gamma(t)$ を V の測地線で v' を V の任意の点とする．

補題 A 21.6.

$$|v', \gamma(t)| - |v, \gamma(t)| = \phi(t)$$

は，$t \to +\infty$ なるとき有限な極限値 $L(v', \gamma, v)$ をもつ，そしてこの極限値は v' および v に関して一回連続微分可能である．

証明：

$t_2 > t_1$ をとる．$v', \gamma(t_1), \gamma(t_2)$ に三角不等式を適用して

*) A. Grant [1] をみよ．

$$\phi(t_2)=|v',\gamma(t_2)|-|v,\gamma(t_2)|\leqq|v',\gamma(t_1)|+|\gamma(t_1),\gamma(t_2)|-|v,\gamma(t_2)|$$
$$=|v',\gamma(t_1)|-|v,\gamma(t_1)|=\phi(t_1)$$

を得るから，$\phi(t)$ は単調に減少する．一方において $\phi(t)$ は有界である．それは，$v, v', \gamma(t)$ に三角不等式を適用して

$$|\phi(t)|=\big||v',\gamma(t)|-|v,\gamma(t)|\big|\leqq|v,v'|$$

を得ることからわかる．ゆえに有限な

$$\lim_{t\to+\infty}\phi(t)=L(v',\gamma,v)$$

の存在することが証明された．可微分性の方の証明は不等式

$$|[|v_1',\gamma(t)|-|v_1,\gamma(t)|]-[|v',\gamma(t)|-|v,\gamma(t)|]|\leqq|v',v'_1|+|v,v_1|$$

すなわち

$$|L(v_1';\gamma,v_1)-L(v';\gamma,v)|\leqq|v',v_1'|+|v,v_1|$$

からわかる．

向きをつけられた測地線 γ の上で代数的符号を付した vv_1 を $\overline{vv_1}$ で表わすことにすると，

(A 21. 7)　　$$L(v';\gamma,v)-L(v';\gamma,v_1)=\overline{vv_1}$$

が成り立つことは明らかである．

定義 A 21. 8.

γ と O とを定めたときに，$L(x;\gamma,O)=0$ となるような点 x の，軌跡を γ の点 O を通る正のホロ球とよび $H^+(\gamma,O)$ で表わす．

補題 A 21. 7 によれば，$H^+(\gamma,O)$ は次元数 $(\dim V-1)$ の一回連続可微分な V の部分多様体である．v_1 を γ の任意の点とすると，(A 21. 7) 式によって $H^+(\gamma,O)$ は方程式

$$L(x;\gamma,v_1)=\overline{Ov_1}$$

で定義されることがわかる．

こうしてホロ球を，中心が無限遠点で半径が無限大の球として求めることができた．中心を a とし b を通るような，Riemann 計量による球を $\sum(a,b)$ で表わそう．

補題 A 21. 9.

$t \to \infty$ なるとき $\sum(\gamma(t), O)$ は $H^+(\gamma, O)$ に収束する.

証明：

x を $H^+(\gamma, O)$ の点とすると

$$\phi(t) = |x, \gamma(t)| - |O, \gamma(t)| \to 0 \quad (t \to +\infty \text{ なるとき}).$$

一方において $\phi(t) \geqq 0$ である．したがって $\sum(\gamma(t), O)$ は，測地線からなる線分 $x\gamma(t)$ と点 $b(t)$ で交わる（図 A 21. 10 をみよ）.

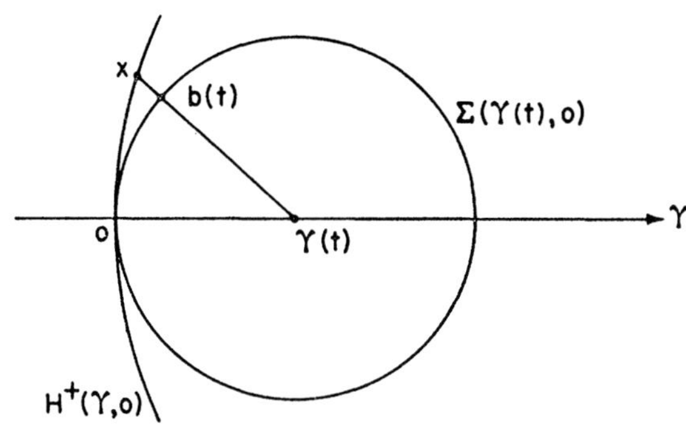

図 A 21.10

$t \to +\infty$ なるとき

$$|x, b(t)| = |x, \gamma(t)| - |\gamma(t), b(t)| = |x, \gamma(t)| - |O, \gamma(t)| \to O$$

である．これは $H^+(\gamma, O)$ の各点が，球面 $\sum(\gamma(t), O)$ 上の点の $t \to +\infty$ における極限点であることを意味する．逆に，このような極限点は $H^+(\gamma, O)$ に属することを証明することができる．$b(t)$ を $\sum(\gamma(t), O)$ の点とし，$x = \lim_{t \to +\infty} b(t)$ とおく．三角不等式から

$$||x, \gamma(t)| - |O, \gamma(t)|| \leqq ||x, b(t)| - |b(t), \gamma(t)|| + ||b(t), \gamma(t)| - |O, \gamma(t)||$$
$$= |x, \gamma(t)| \to O \quad (t \to +\infty)$$

を得る．ゆえに $L(x; \gamma, O) = O$ となり，次式が成り立つ：

$$x \in H^+(\gamma, O).$$

系 A 21. 11.

ホロ球は凸であり，しかも V の曲率が負の定数で上から押えられていると

きには狭義に (strictly) 凸である.

証明：$H^+(\gamma, O)$ は O と中心を通る球の極限であり，かつこの中心は γ に沿って無限遠点に遠ざかるが，これらの球はいずれも凸である (A 21. 2 をみよ).

補題 A 21. 12.

$H^+(\gamma, O)$ と $H^+(\gamma, O')$ とをいずれも γ のホロ球とする．このとき $a \in H^+(\gamma, O)$，$a' \in H^+(\gamma, O')$ とすると，$|a, a'| \geqq |O, O'|$ である.

証明：

$|a, a'| < |O, O'|$ と仮定してみる．(A 21. 9) から，各 t に対して $\sum(\gamma(t), O)$ の点 $a(t)$ で

$$\lim_{t \to +\infty} a(t) = a$$

となるものと，$\sum(\gamma(t), O')$ の点 $a'(t)$ で

$$\lim_{t \to +\infty} a'(t) = a'$$

となるものが存在する．ゆえに十分大きい t に対して

$$|a(t), a'(t)| < |O, O'|$$

が成り立つはずである．点 O' は点 O と $\gamma(t)$ との間にあるものと考えても一般性を失わない．そうすると

$$\begin{aligned}|a(t), \gamma(t)| &\leqq |a(t), a'(t)| + |a'(t), \gamma(t)| < |O, O'| + |a'(t), \gamma(t)| \\ &= |O, \gamma(t)| = |a(t), \gamma(t)|\end{aligned}$$

なる矛盾に導かれる.　　　　(証明終り)

補題 A 21. 13.

二つの正のホロ球 $H^+(\gamma, O)$ と $H^+(\gamma, O')$ は，γ の任意の漸近 (測地線) から長さ $|O, O'|$ の弧を切りとる.

証明：

$\gamma(a', \mathbf{u}, t)$ を γ の正の漸近測地線で，$H^+(\gamma, O')$ を a' で切るものとする．点 $\gamma(t)$ と a' とは一つの測地線で，その上に点 $a(t)$ を選んで

$$|a(t), a'| = -L(a'; \gamma, O) = |O, O'|$$

が満足されかつ a' は $a(t)$ と $\gamma(t)$ の間にあるようにできる (図 A 21. 14 をみよ).

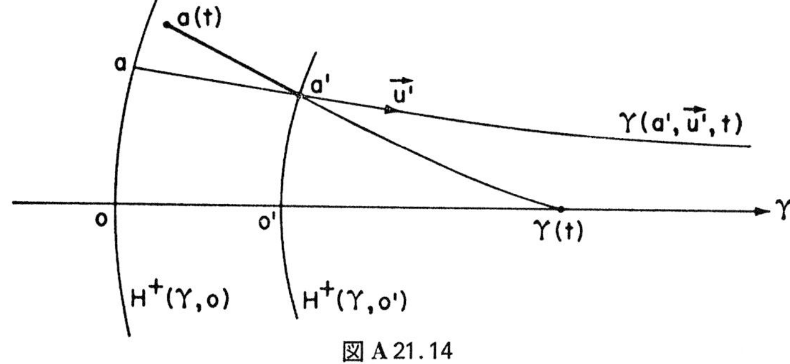

図 A 21.14

指数写像 $\mathrm{Exp}_{a'}$ は連続であるから

$$\lim_{t\to+\infty} a(t)=a\in\gamma(a',\mathbf{u}',t) \quad \text{および} \quad |a,a'|=-L(a';\gamma,O)$$

が得られる．これから $t\to+\infty$ なるとき

$$\begin{aligned}||a,\gamma(t)|-|O,\gamma(t)||&\leqq||a,a(t)|+|a(t),\gamma(t)|-|O,\gamma(t)||\\&=||a,a(t)|+|a',\gamma(t)|-|O,\gamma(t)||\to O\end{aligned}$$

となることがわかる．ゆえに $a\in H^+(\gamma,O)$ である．

定理 A 21.15.

γ への正の漸近測地線の系は，γ の正のホロ球の直交軌道系 (orthogonal trajectories) である．

証明：

(A 21.12) および (A 21.13) から直ちに導かれる．

最後に，負のホロ球 $H^-(\gamma,O)$ は負の漸近測地線から上のようにして定義されることを注意しよう．

§ D. T_1V のホロ球

V の単位長の接線ベクトルの作る接ベクトル束を T_1V と書き，標準射影 (canonical projection) $T_1V\to V$ を p で表わす．

$\mathbf{u}$ を T_1V のベクトルとすると，$\mathbf{u}$ は測地線 $\gamma(p\mathbf{u},\mathbf{u},t)=\gamma(\mathbf{u},t)=\gamma(t)$ を定義するが，この T_1V における持上げ (lift) を同じ $\gamma(t)$ で表わすことにする．

§Bにより，$p\mathbf{u}$ を通る二つのホロ球 $H^+(\gamma, p\mathbf{u}) = H^+(\mathbf{u})$ と $H^-(\gamma, p\mathbf{u}) = H^-(\mathbf{u})$ の存在することがわかっている．$H^+(\mathbf{u})$ に沿って（または $H^-(\mathbf{u})$ に沿って）$H^+(\mathbf{u})$ に（または $H^-(\mathbf{u})$ に）直交し $\mathbf{u}$ と向きを同じくする単位長さのベクトルの全体は，T_1V の $(\dim V-1)$ 次元の部分多様体 $\mathscr{H}^+(\mathbf{u})$（または $\mathscr{H}^-(\mathbf{u})$）を作る．この $\mathscr{H}$ を T_1V のホロ球とよぶのである．

定理 A 21.16

(1) $\gamma(\mathbf{u}, t)$ や $\mathscr{H}^+(\mathbf{u}), \mathscr{H}^-(\mathbf{u})$ などは T_1V の三つの葉層構造の葉 (feuilles) である．

(2) T_1V の各点 $\mathbf{u}$ において，これらの葉層は横断的 (transverse) である．すなわち，$X_\mathbf{u}{}^+$ を（または $X_\mathbf{u}{}^-, Z_\mathbf{u}$ を）$\mathscr{H}^+(\mathbf{u})$ の（または $\mathscr{H}_\mathbf{u}{}^-, \gamma(\mathbf{u}, t)$ の）$\mathbf{u}$ における接空間とするとき

$$T(T_1V)_\mathbf{u} = X_\mathbf{u}{}^+ \oplus X_\mathbf{u}{}^- \oplus Z_\mathbf{u}$$

が成り立つ．

(3) 上に述べた葉層は，測地線に沿う流 ϕ_t によって不変である．すなわち

$$\phi_t\mathscr{H}^\pm(\mathbf{u}) = \mathscr{H}^\pm(\phi_t\mathbf{u}),$$

$$\phi_t\gamma(\mathbf{u}, t') = (\phi_t\mathbf{u}, t').$$

証明：

(1) 葉の作り方からわかる．

(2) H^+ が（または H^- が）狭義に凸なことからわかる (A 21.11 をみよ)．

(3) 定理 A 21.15 からわかる．

葉層が ϕ_t によって不変なことから，微分 $\phi_t{}^*$ の研究はそれを $\mathscr{H}^+(\mathbf{u})$ へ（または $\mathscr{H}^-(\mathbf{u})$ や $\gamma(\mathbf{u})$ へ）制限したものの研究に帰着されることがわかる．さてこれからは，V は負曲率のコンパクト Riemann 多様体 W の普遍被覆 (universal covering) $\widetilde{W}$ であると仮定することにする．したがってとくに，V の曲率は負の定数 $-k^2$ によって上から押えられているわけである．

補題 A 21.17.

$r_s(t)$ を，二回連続微分可能な t の実数値函数で正のパラメター s に依存するものとする．そして任意の s と $t \geqq 0$ とに対して

$$\ddot{r}_s \geqq k^2 \cdot r_s \quad (k \text{は正定数}),\ r_s(0) > 0,\ r_s(s) = 0$$

が満足されているものと仮定する．そうすると

$$r_s(t) < r_s(0) \cdot \frac{\cosh[k(s-t)]}{\cosh[ks]} \quad (0 \leqq t \leqq s)$$

が成り立つ．もしさらに

$$\lim_{s \to +\infty} \dot{r}_s|_{t=s} = 0$$

を仮定すれば，十分大きな s に対して

$$|\dot{r}_s(t)| < k \cdot r_s(0) \cdot \frac{\sinh[k(s-t)]}{\cosh[ks]} \quad (0 \leqq t \leqq s)$$

も成り立つ．

証明：

函数

$$l_s(t) = r_s(t) - \frac{r_s(0)}{\cosh[ks]} \cdot \cosh[k(s-t)]$$

は

$$\ddot{l}_s(t) \geqq k^2 \cdot l_s(t),\ l_s(0) = l_s(s) = 0$$

を満足する．ゆえに l_s は 0 と s の間では凹函数で，$t = 0, s$ において 0 になる．したがって $0 \leqq t \leqq s$ において $l_s(t) \leqq 0$ である．これで補題の前半は証明された．よって $\dot{l}_s$ は 0 と s との間において増加函数である：$\dot{l}_s(t) \leqq l_s(s)$ $(0 \leqq s \leqq t)$．一方において

$$\dot{l}_s(t) = \dot{r}_s(t) + k \cdot r(0) \cdot \frac{\sinh[k(s-t)]}{\cosh(ks]}$$

であるから，とくに

$$\dot{l}_s(t) \leqq \dot{l}_s(s) = \dot{r}_s(s) \to 0 \quad (s \to +\infty \text{ なるとき})$$

が得られて補題の後半が証明された．

定理 A 21.18.

ϕ_t を T_1V の測地線に沿う流れとする．このとき，任意の正数 t に対して，

$$\|\phi_t{}^*\xi\| \leqq b \cdot e^{-kt} \cdot \|\xi\|,\ \|\phi_{-t}{}^*\| \geqq a \cdot e^{kt} \|\xi\| \quad (\xi \in X_u{}^+ \text{ のとき})$$

$$\|\phi_t{}^*\xi\| \geqq a\cdot e^{kt}\cdot\|\xi\|,\ \|\phi_{-t}{}^*\xi\| \leqq b\cdot e^{-kt}\|\xi\| \quad (\xi\in X_{\mathbf{u}}^- \text{ のとき})$$

が成り立つ．ここで正定数 a, b は t および ξ に依存しない．また $\|\ \|$ は T_1V のベクトルの，自然に T_1V に導入される Riemann 計量による，長さである．

証明：

まずはじめの不等式を証明する．あとの不等式も同じようにして証明される．

$\gamma(0, \mathbf{u}, t) = \gamma(t) = \gamma$ を V の測地線とし，x を $H^+(\gamma, O)$ の点で O に十分近いものとする．x と $\gamma(s)\in\gamma$ とを通る測地線 $\gamma_s(x, \mathbf{u}_s, t) = \gamma_s(t)$ が確定する．ここでまず，T_1V の元と考えられた $\dot{\gamma}(t)$ と $\dot{\gamma}_s(t)$ との Riemann 計量による距離を計算しよう．これらの V の上への射影 $\gamma(t)$ と $\gamma_s(t)$ の Riemann 計量による距離を $r_s(t)$ とする．$r_s(t)$ を計算するために，γ に沿う Jacobi 場 *) $\phi(t)$, すなわち γ に直交し $t = s$ で 0 になるベクトル場を考える．定義によって

$$<R(\dot{\gamma}, \phi)\dot{\gamma}, \phi> = -<\nabla^2\phi, \phi>$$

である．ここに $R(\ ,\ )$ は曲率テンソルで，∇ は γ に沿うての共変微分を示す．$\dot{\gamma}$ と ϕ との 2-平面 $(\dot{\gamma}, \phi)$ における断面曲率 (sectional curvature) は

$$\rho(\dot{\gamma}, \phi) = \frac{<R(\dot{\gamma}, \phi)\dot{\gamma}, \phi>}{\|\phi\|^2}$$

で与えられる．$\rho(\dot{\gamma}, \phi) \leqq -k^2$ であることはすでに知っているから：

$$<\nabla^2\phi, \phi> \geqq k^2\cdot\|\phi\|^2.$$

一方において

$$<\nabla^2\phi, \phi> = \nabla<\nabla\phi, \phi> - \|\nabla\phi\|^2,$$

$$\nabla<\nabla\phi, \phi> = \frac{1}{2}\nabla^2\|\phi\|^2 = \frac{1}{2}\frac{\mathrm{d}^2}{\mathrm{d}t^2}\|\phi\|^2,$$

$$\|\nabla\phi\|^2 \geqq \left(\frac{\mathrm{d}}{\mathrm{d}t}\|\phi\|\right)^2$$

である．したがって，$\phi(t)$ の長さ $l_s(t)$ は

$$\frac{1}{2}(l_s{}^2)'' - (l_s{}')^2 \geqq k^2\cdot l_s{}^2$$

を満足するから

*) J. Milnor [1] をみよ．

$$\ddot{l}_s \geqq k^2 \cdot l_s \quad かつ \quad l_s(0) > 0,\ l_s(s) = 0$$

が得られる.

補題 A 21.17 と, x が γ に十分近いときに Jacobi 場 $\phi(t)$ を

$$r_s(t) = l_s(t) + 0(1)$$

が成り立つようにとれるという古典的な結果とから

(A 21.19)　$$r_s(t) < r_s(0) \cdot \frac{\cosh[k(s-t)]}{\cosh[ks]} \quad (0 \leqq t \leqq s)$$

が得られる.

さて, γ と γ_s との $\gamma(s)$ において成す角が $s \to +\infty$ なるときに 0 に収束することは容易にわかる. ゆえに $s \to +\infty$ なるとき $\dot{r}(s) \to 0$ となり, 再び補題 A 21.17 を用い

(A 21.20)　$$|\dot{r}_s(t)| < k \cdot r_s(0) \frac{\sinh[k(s-t)]}{\sinh[ks]} \quad (0 \leqq t \leqq s)$$

が導かれる. $s \to +\infty$ なるとき $\gamma_s(t)$ は, γ への正の漸近測地線 $\gamma'(x, \mathbf{u}, t)$ の点 $\gamma'(t)$ に収束し, $\dot{\gamma}_s(t)$ は $\dot{\gamma}'(t)$ に収束する. よって $\gamma(t)$ と $\gamma'(t)$ との距離を $r(t)$ とおくと, 不等式 (A 21.19) と不等式 (A 21.20) によって $s \to +\infty$ なるとき

$$r(t) < r(0) \cdot e^{-kt},$$

$$|\dot{r}(t)| < kr(0) \cdot e^{-kt} \quad (t > 0 \text{ のとき})$$

を得る. よって T_1V に属する $\dot{\gamma}(t)$ と $\dot{\gamma}'(t)$ との Riemann 計量による距離は

$$\mathrm{d}(\dot{\gamma}(t), \dot{\gamma}'(t) \leqq r(0) \cdot \sqrt{1+k^2} \cdot e^{-kt} \quad (t \geqq 0 \text{ のとき})$$

を満足する. これから容易に定理 A 21.18 の始めの不等式を導くことができる.

この定理によって, 葉層 $\mathscr{H}^+(\mathbf{u})$ (および $\mathscr{H}^-(\mathbf{u})$) はそれぞれ T_1V の "縮小的" (および "伸長的") 葉層とよばれる.

§ E. Lobatchewsky-Hadamard の定理の証明 *)

定理 A 21. 21.

W を負曲率のコンパクトで連結な Riemann 多様体とする．このとき W の測地線に沿う流れは C-流れである．

証明：

$V=\tilde{W}$ を，W の普遍補覆 $\tilde{W}$ に標準射影 $\pi:\tilde{W}\to W$ による W の Riemann 計量の逆像を付与したものとする．この V は前節の仮定を満足する．ゆえに V の測地線に沿う流れは C-流れの諸条件を満たす：すなわち条件 (0) は明らかに満足され，条件 (1) は定理 A 21. 16 から導かれまた条件 (2) は定理 A 21. 18 から導かれる．この証明は，π が $V=\tilde{W}$ および $T_1\tilde{W}$ の 3 つの葉層構造に両立することを証明することによって完結する．W の第 1 ホモトピー群 (W の基本群) $\pi_1(W)$ は，$\tilde{W}$ の自己同型写像の群に同型である．W が連結であるからである．この群 $\pi_1(W)$ はまた $T_1\tilde{W}$ の自己同型写像の群としても働く：それは $T_1\tilde{W}$ の二つの元 u' と u'' とが $\pi_1(W)$ を法として同等 (congruent) ならば，$\mathscr{H}^{\pm}(\mathbf{u}')$ と $\mathscr{H}^{\pm}(\mathbf{u}'')$ とも $\pi_1(W)$ を法として同等 (congruent) である．

注意 A 21. 22.

コンパクトで n 次元の多様体 W のホロ球は $\mathbf{R}^{n-1}$ に可微分同相である．これを証明するために，ホロ球 $\mathscr{H}^+$ を考えよう．これはパラコンパクトな多様体である．S を $\mathscr{H}^+$ のコンパクトな部分集合とすると，$\phi_t S$ は $\phi_t\mathscr{H}^+$ の円板 (disk) D で被われる (t を十分大きくとれ)．これの逆像 $\phi_t^{-1}D$ は，$\mathscr{H}^+$ のなかの S を被う円板である．ゆえに，Brown と Stalling の 補題 (*Proc. Amer. Math. Soc.* 12 (1961), 812—814 ; *Proc. Cambridge philos. Soc.* 58 (1962), 481—488) によって $\mathscr{H}^+$ は $\mathbf{R}^{n-1}$ に可微分同相である．M をパラコンパクトな集合体で，

---

*) J. Hadamard [1] をみよ．§ B と § C の証明は主として H. Busemann : *Metric Methods in Finsler Spaces and Geometry*, Ann. Math. Study, No. 8, Princeton Uviversity Press によった．

そのコンパクト部分集合はいずれもユークリッド空間に可微分同相であるような開集合に含まれるものとする．このとき M 自身がユークリッド空間に可微分同相である．

上の結果は，コンパクトでない多様体には適用できない．たとえば Riemann 計量

$$ds^2 = \frac{dx^2 + dy^2}{y^2}$$

を付与した空間 $\{(x, y)\,;\, y > 0, x(\mathrm{mod.}\ 1)\}$ を考えよう，このとき Gauss 曲率は -1 で，また普遍被覆空間は Lobatchewsky 平面である（付録 20 をみよ）．そして曲線 $y = 1$ は S^1 に同相なホロ球である．

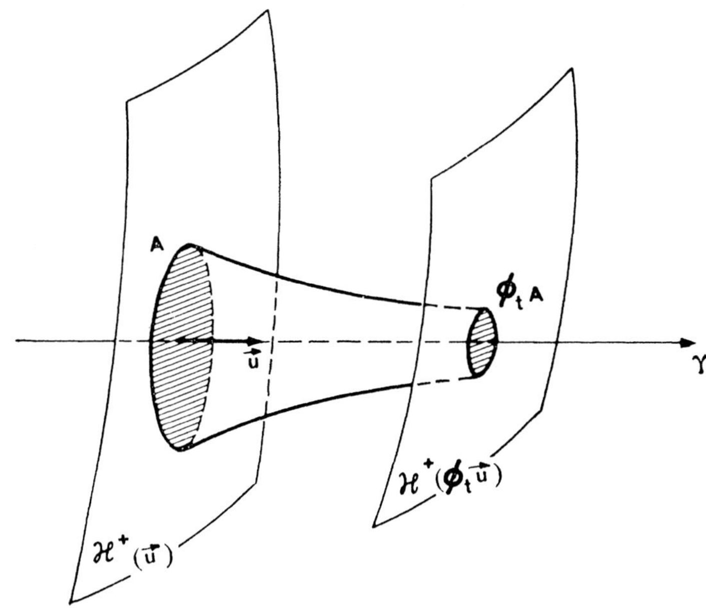

図 A 21.23

付　　録 22

Sinai の定理の証明

（第3章15節をみよ）

(M, ϕ) を C-可微分同相写像とし，X_m（および Y_m）をそれぞれ点 $m \in M$ における k-平面の伸長的（および l-平面の縮小的）場とする．M の上には一つの Riemann 計量を定めてあるものとする．したがって X_m と Y_m とは TM_m のユークリッド部分空間である．

接 k-平面の場の作る距離空間　A 22.1

接空間 TM_m は X_m と Y_m との直和 $(X_m \oplus Y_m)$ になっている．ゆえに TM_m に属して Y_m に横断的な (transverse) k-平面 U_m は方程式

$$y = P(U_m)x$$

で定義される．ここに $x \in X_m$, $y \in Y_m$ で，$P(U_m)$ は $X_m \to Y_m$ なる線形写像である．この線形写像 $P(U)$ のノルムに適合するような距離を定義しよう．すなわち U_m と U_m' を TM_m の k-平面とするとき，次のようにおく：

$$|U_m - U_m'| = \|P(U_m) - P(U_m')\| = \sup_{x \in X_m, |x| < 1} |P(U_m)x - P(U_m')x|$$

Y_m に横断的な k-平面の作る場Kを，つぎに与える距離によって距離空間にする：

$$|U - U'| = \sup_{m \in M} |U_m - U_m'|, \qquad (U, U' \in K)$$

15節における不等式 (15.3) における距離は上の意味に解すべきである．M がコンパクトであるから，K はコンパクトで完備な距離空間になる．

補題 A 22.2

R_1 と R_2 とを n 次元のユークリッド空間とする（n は M の次元），$R_i (i = 1, 2)$ は，二つの部分空間 X_i と Y_i との直和と仮定する：

$$R_i = X_i \oplus Y_i, \ \dim X_i = k, \ \dim Y_i = l.$$

R_1 から R_2 のなかへの線形写像 A が

$$AX_1 = X_2, \qquad AY_1 = Y_2,$$

(A 22. 3)
$$\begin{cases} |Ax| \geqq \mu|x| & (x \in X_1 \text{ のとき}) \\ |Ay| \leqq \sigma\,|y| & (y \in Y_1 \text{ のとき}) \end{cases}$$

を満足するとする．ここに μ, σ は定数である．

A から誘導され，R_1 の k-平面に R_2 の k-平面を対応させる作用素を $\mathscr{A}$ とする．もし U と U' とが Y_1 に横断的であるならば

$$|\mathscr{A}U - \mathscr{A}U'| \leqq \mu^{-1}\sigma|U-U'|$$

が成り立つ．

証明：

定義によって

$$|\mathscr{A}U - \mathscr{A}U'| = \sup_{\substack{|x|<1 \\ x \in X_2}} |P(\mathscr{A}U)x - P(\mathscr{A}U')x|$$

$$= \sup_{\substack{|x|<1 \\ x \in X_2}} |A[P(U)A^{-1}x] - A[P(U')A^{-1}x].$$

ところが (A 22. 3) によって，$x \in X_2$ ならば $A^{-1}x \in X_1$ かつ $|A^{-1}x| \leqq \mu^{-1}$ である．ゆえに

$$\sup_{\substack{|x|<1 \\ x \in X_2}} \leqq \sup_{\substack{|z|<\mu^{-1} \\ z \in X_1}}$$

となって

$$|\mathscr{A}U - \mathscr{A}U'| \leqq \mu^{-1} \cdot \sup_{\substack{|z|<1 \\ z \in X_1}} |A[P(U)-P(U')]z|.$$

ところが $[P(U)-P(U')]z \in Y_1$ であるから，(A 22. 3) によって

$$|A[P(U)-P(U')]z| \leqq \sigma|[P(U)-P(U')]z|$$

$$\leqq \sigma \sup_{\substack{|z|<1 \\ z \in X_1}} [P(U)-P(U')]z| = \sigma \cdot |U-U'|$$

このようにして

$$|AU - AU'| \leqq \mu^{-1}\sigma|U-U'|$$

が得られた．　　(証明終り)

15 節の不等式 (15. 3)．A 22. A

写像 [1] ϕ^{**} (またはその冪 ϕ^{**n}) は，伸長的な場 X の近傍においては縮小的で

[1] 実際，ϕ^{**} は写像 ϕ^{**} を k-平面にまで拡張したものとする．

ある：すなわち

Y に横断的な U_1, U_2 で

$$|X_1-U_1| < \delta, \quad |X_2-U_2| < \delta$$

なるものに対して

$$|\phi^{**}U_1-\phi^{**}U_2| \leqq \theta|U_1-U_2|, \qquad 0 < \theta < 1.$$

証明：

$$R_2 = TM_m, \ X_2 = X_m, \ Y_2 = Y_m,$$

$$R_1 = TM_{\phi^{-n}(m)}, \ X_1 = X_{\phi^{-n}(m)}, \ Y_1 = Y_{\phi^{-n}(m)}$$

とおいて，上の補題を用いる．線形写像 A は ϕ^n の微分 $(\phi^n)^*$ である．伸長的場 X および縮小的場 Y は ϕ で不変であるから，$AX_1 = X_2$ と $AY_1 = Y_2$ とは確かめられる．不等式 (A 22. 3) は C-力学系の公理から導かれる：

$$\mu = a \cdot e^{\lambda n}, \ \sigma = b \cdot e^{-\lambda n}..$$

よって十分大きい n に対して

$$\theta = a^{-1}b \cdot e^{-2\lambda n} < 1$$

が得られる．　　　　　　　　　　　　　　　　　　　（証明終り）

付　　録 23

C-可微分同相写像の Smale による作り方

(第 3 章の 13.5 節)

Smale [3] はドーナツ形でない (nontoral) 多様体の C-可微分同相写像の存在を示した．つぎに彼のその例の作り方を示そう．

空間 M

G を 6×6 行列の作る冪零 Lie 群とする：すなわち G の元 g は，x, y, z, X, Y, Z を $\in \mathbf{R}$ として

$$g = \begin{pmatrix} 1 & x & y & & & \\ & 1 & z & & 0 & \\ & & 1 & & & \\ & & & 1 & X & Y \\ & 0 & & & 1 & Z \\ & & & & & 1 \end{pmatrix}$$

で与えられるものとする．よって G は $\mathbf{R}^6$ と可微分同相である．

有理数体に $\sqrt{3}$ を添加した数体を $Q(\sqrt{3}) = \{p+q\sqrt{3} \mid p, q \in \mathbf{Z}\}$ とし，$x = p+q\sqrt{3} \to \bar{x} = p-q\sqrt{3}$ をその自明でない (non-trivial) 自己同型写像とする．G の部分群 Γ を考える．Γ の元は

$$x, y, z \in Q(\sqrt{3}),$$
$$X = \bar{x}, Y = \bar{y}, Z = \bar{z}$$

なる条件で定義されるものとする．容易にわかるように Γ は離散的で右剰余空間 (right coset space) $M = \{g\Gamma\} = G/\Gamma$ はコンパクトである．

勿論，M の 1 次元ホモトピー群は Γ と同型であり，したがってそれは非可換な冪零群である．よって M はドーナツ形でない (nontoral)．

可微分同相写像 $\phi : M \to M$.

G の元 g を (x, y, z, X, Y, Z) と同一視することにし，$G \to G$ なる写像 $\tilde{\phi}$ を

$$\tilde{\phi}(x, y, z, X, Y, Z) = (\lambda x, \mu y, \nu z, \bar{\lambda}X, \bar{\mu}Y, \bar{\nu}Z)$$

で定義する．ここに

$$\lambda = 2 + \sqrt{3}, \quad \nu = (2-\sqrt{3})^2, \quad \mu = \lambda\nu = 2-\sqrt{3}$$

である．$\mu = \lambda\nu$ であることから $\tilde{\phi}$ が G の同型写像であることがわかる．よって $\tilde{\phi}\Gamma = \Gamma$ であり，$\tilde{\phi}$ は M の可微分同相写像 ϕ を

$$\phi : g\Gamma \to \tilde{\phi}(g)\Gamma$$

によって定義する．

(M, ϕ) は C-可微分同相写像である．

G の Lie 代数 TG_e の元は

$$\begin{pmatrix} 0 & a & b & & & \\ & 0 & c & & 0 & \\ & & 0 & & & \\ & & & 0 & A & B \\ & 0 & & & 0 & C \\ & & & & & 0 \end{pmatrix}$$

の形である．TG_e の距離計量

$$ds^2 = da^2 + db^2 + dc^2 + dA^2 + dB^2 + dC^2$$

は G の上に右不変な計量を定義し，したがって，$M = G/\Gamma$ の上に Riemann 計量を定義する．Lie 代数 TG_e は $X+Y$ のごとく直和に分解される．ここに X (および Y) はそれぞれつぎの行列で与えられる：

$$\begin{pmatrix} 0 & a & 0 & & & \\ & 0 & 0 & & & \\ & & 0 & & & \\ & & & 0 & 0 & B \\ & & & & 0 & C \\ & & & & & 0 \end{pmatrix} \quad \text{および} \quad \begin{pmatrix} 0 & 0 & b & & & \\ & 0 & c & & & \\ & & 0 & & & \\ & & & 0 & A & 0 \\ & & & & 0 & 0 \\ & & & & & 0 \end{pmatrix}.$$

つぎに，右変移 (right translation) によって，G の各元 g の接空間 TG_g の上に直和分解が課せられる：

$$TG_g = \tilde{X}_g + \tilde{Y}_g.$$

よって点 $m \in M$ の接空間 TM_m も

$$TM_m = X_m + Y_m$$

のごとく直和分解する．容易にわかるように，線形接写像 (linear tangent mapping) dϕ は，X_m の上では伸長的でありまた Y_m の上では縮小的である．

付　　録 24

Smale の例

（第3章16節をみよ）

Smale [2] は，“構造的安定性の問題” すなわち構造的に安定な可微分同相写像が C^1-位相で稠密であるかという問題に否定的な解答を与えるところのつぎの定理を証明した．

定理 A 24.1

T^3 から T^3 への可微分同相写像 ϕ で，C^1-位相で ϕ に十分近いものはいずれも構造的に安定でないような ϕ が存在する．

§ A. 補助的な可微分同相写像 φ

ドーナツ形 {1 を法とする (x, y)} を T^2 で表わす．直積 $T^2\times\{z|-1\leqq z\leqq 1\}$ を自分自身のなかに写す可微分同相写像 φ_1 を

$$\varphi_1 : \begin{cases} \begin{pmatrix} x \\ y \end{pmatrix} \to \begin{pmatrix} 1 & 1 \\ 1 & 2 \end{pmatrix} \begin{pmatrix} x \\ y \end{pmatrix} & \text{(1 を法として)} \\ z \to \dfrac{1}{2} z \end{cases}$$

によって定義する．$T^2\times\mathbf{R}$ の点 $(0, 0, 2)$ を中心とする半径 $\frac{1}{2}$ の球を $B_{1/2}$ で表わす：

$$x^2+y^2+(z-2)^2 \leqq \tfrac{1}{4}$$

$B_{1/2}$ の $T^2\times\{z|0\leqq z\leqq 3\}$ のなかへの可微分同相写像 φ_1' を

$$\varphi_1' : \begin{cases} x \to \dfrac{1}{2} x \\ y \to \dfrac{1}{2} y \\ z \to 2z-2 \end{cases}$$

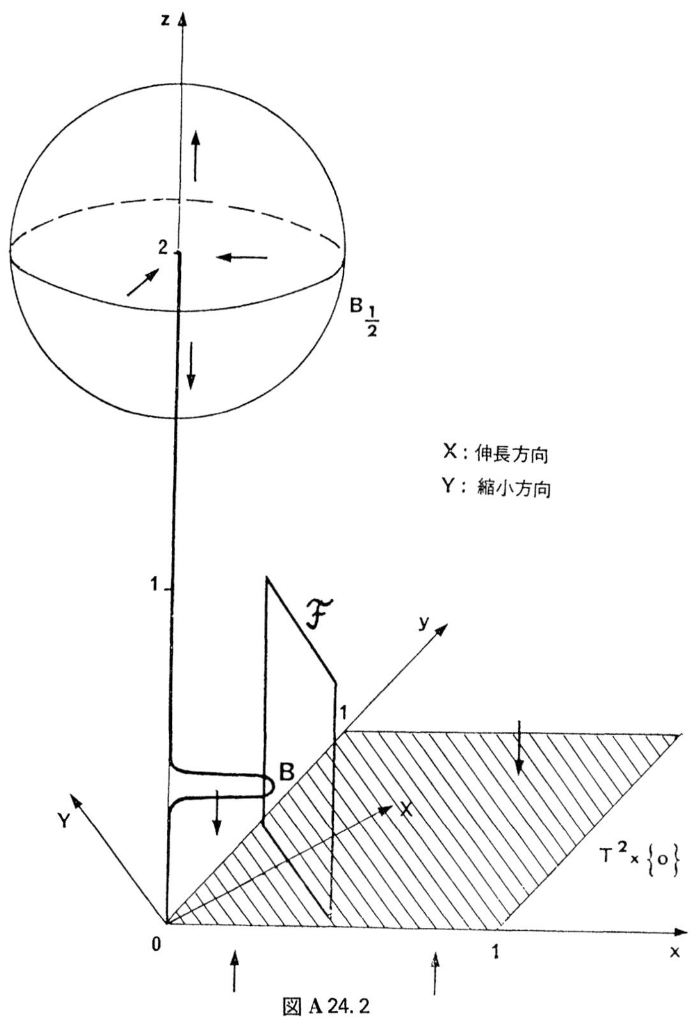

図 A 24.2

によって定義する．さて，ドーナツ形 T^3 は，区間 $[-3, 3]$ の両端の点を同一視したものを S^1 として，$T^2 \times S^1$ に等しい．

つぎの補助定理は容易に証明される．

補助定理 A 24.3

可微分同相写像 $\varphi : T^3 \to T^3$ で，つぎの条件を満足するものがある．

(1)　φ の $T^2\times\{z|-1\leqq z\leqq 1\}$ への制限は φ_1 である．

(2)　φ の $B_{1/2}$ への制限は φ_1' である．

(3)　φ は，$\{(0,0,z)|0\leqq z\leqq 2\}$ を，不動点なしに不変ならしめる．

φ の諸性質　A 24.4

$T^2\times\{0\}$ は明らかに，φ によって不変なドーナツ形である．φ (または φ_1) の $T^2\times\{0\}$ への制限は，例 (13.1) の可微分同相写像：

$$\begin{pmatrix} x \\ y \end{pmatrix} \to \begin{pmatrix} 1 & 1 \\ 1 & 2 \end{pmatrix} \begin{pmatrix} x \\ y \end{pmatrix} \quad (1\text{ を法として}) \tag{A 24.5}$$

に他ならない．ここでこの可微分同相写像のいくつかの性質を思いおこそう：$T^2\times\{0\}$ の上には二つの葉層構造 $\mathcal{X}$ と $\mathcal{Y}$ とがある．これらはそれぞれ，(A 24.5) の伸長的および縮小的場 X_m および Y_m に接する．$\mathcal{X}$ の (または $\mathcal{Y}$ の) 各葉 (sheet) は，$T^2\times\{0\}$ でいたるところ稠密である．φ の周期的点[1] はいずれも $T^2\times\{0\}$ において稠密である．この事実は，T^2 の有理点 $(p/q, p'/q)$ が，φ が q を保存することによって，いずれも周期的であることに注意することによって証明される．

つぎに可微分同相写像 $\varphi: T^3\to T^3$ に移ろう．$T^2\times\{z|-1\leqq z\leqq 1\}$ における，φ の周期点が (A 24.5) のそれと一致することは容易にわかる．また $\mathcal{X}$ と $\mathcal{Y}$ とがそれぞれ $T^2\times\{0\}$ における φ の伸長的および縮小的不変葉層構造であることもわかる，葉層構造 $\mathcal{Y}$ は，$T^2\times\{z|-1\leqq z\leqq 1\}$ の縮小的不変葉層——その各葉は $\mathcal{Y}$ のある葉 Y によって $Y\times\{z|-1\leqq z\leqq 1\}$ と表わされる“平面”からなるところの——を作っている．

§ B.　可微分同相写像 ϕ

ここの可微分同相写像 ϕ は，φ を摂動 (perturb) させて得られる．G_0 を T^3 における中心 $(0,0,3/4)$ 半径 d の球とする：

---

[1] すなわち，$\varphi^N\xi=\xi$ がある 0 ならざる整数 N に対して成り立つような点 $\xi\in T^2\times\{0\}$ を φ の周期点という．

$$G_0 = \{(x, y, z) \in T^3 | x^2+y^2+(z-3/4)^2 \leqq d^2\}$$

$G = \varphi^{-1}G_0$, $\varphi(x, y, z) = (x', y', z')$ とおき，d を十分に小さくとって

$$\varphi G \cap G = \text{空集合}$$

ならしめる，求める ψ はつぎのようにして定義される：

$$\psi(x, y, z) = \begin{cases} \varphi(x, y, z) = (x', y', z') & (G \text{の外で}) \\ x'+\eta\Phi(x, y, z), y', z') & (G \text{の上で}) \end{cases}$$

ここに Φ は，G においてコンパクトな台 (support) をもつ非負の無限回微分可能函数でかつ $\varphi^{-1}(0, 0, 3/4)$ においてのみ最大値 $+1$ をとるものとする．そうして $\eta > 0$ は，ψ が可微分同相写像であるように十分小さくとっておく．

ψ の性質 A 24.6

さて $\{0, 0, z | 0 \leqq z \leqq 2\}$ の ψ による像は“こぶ” (bump) B をもつ (図 A 24.2 をみよ)，この“こぶ”は，ψ が $\varphi = \varphi_1$ と一致する領域 $T^2 \times \{z | -1 \leqq z \leqq 1\}$ 内に横たわっている．この領域は縮小的平面の系を葉とする葉層構造を作っている (A 24.4 をみよ)．この縮小的平面が (x, y, z) 座標で方程式

$$\frac{x}{a} + \frac{y}{b} = 1$$

によって与えられるものとしよう．“こぶ” B に交わるこれら平面のうちで，a が最大であるような平面 $\mathscr{F}$ を選ぼう (図 A 24.2をみよ)．この $\mathscr{F}$ が ψ の周期点を含む場合と，含まない場合とがある，始めの場合には，“こぶ”は周期的であるといわれ，あとの場合には“こぶ”は非周期的であるといわれる．

補助定理 A 24.7

ψ は構造的に安定ではない．

これの証明は，つぎの二つの注意から得られる．

(1) ψ の定義において η を任意にしかし小さく変化させたときには，ψ に C^1 の意味で近くかつ ψ に相似な可微分同相写像 ψ'' が得られる．周期点が稠密なこと (A 24.4 をみよ) から，われわれは ψ の“こぶ”は周期的で，ψ'' の“こぶ”は非周期的である (あるいはその反対) と仮定してよい．

(2) もしも ψ と ψ'' が上と反対の場合には，$T^3 \to T^3$ なる同相写像 h で，恒等写像に十分近くかつ $\psi'' \cdot h = h \cdot \psi$ を満足するようなものはない．実際，『この

ようなhは(もし存在すれば)，φの“こぶ”とφ''の“こぶ”との間に，またφの縮小的平面とφ''のそれとの間に，さらにφの周期点とφ''のそれとの間に，1対1の対応をつけるからである．

補助定理 A 24.8

φにC^1の意味で十分に近い可微分同相写像φ'はいずれも，$T^2\times\{0\}$に相似な不変ドーナツ形や“こぶ”また$\mathcal{F}$に相似な縮小的葉などなどをもつ．この補助定理が完全に証明できることは Smale [2] によって宣言されている．このようにして定理 A 24.1 は補助定理 A 24.7 と A 24.8 とから容易に導かれるのである．

付　　録 25

Anosov の定理のための補助定理の証明

(第3章の16節をみよ)

補助定理 A

(M, ϕ) を C-可微分同相写像とし，M の上に一つの Riemann 計量を定めておく．M がコンパクトであるから，つぎのような正数 d が存在する．すなわち M のどの点 p を中心とする半径 d の球 $B(p, d) \subset TM_p$ をとっても，p における指数写像を $B(p, d)$ に制限した

$$\mathrm{Exp}_p|_{B(p,d)}$$

は可微分同相写像である．$\{\phi^n m | n \in \mathbf{Z}\}$ を ϕ の軌道としよう．この軌道の近傍の局所地図 (chart) は (B, ϕ^{-1}) の形である．ここに B は球

$$B_n = B(\phi^n m, d) \subset TM_{\phi^n m}$$

の系の和であり，ϕ は B_n に制限した $\phi|_{B^n}$ が $\mathrm{Exp}_{\phi^n m}$ であるものとする．ここで $TM_{\phi^n m}$ の伸長的 k-平面 $X(\phi^n m)$ を X_n で，また縮小的 l-平面 $Y(\phi^n m)$ を Y_n で表わす．M の，ϕ で不変な伸長的葉層構造 $\mathscr{X}$ と ϕ で不変な縮小的葉層構造 $\mathscr{Y}$ とは B の上に新しい葉層構造を誘導する：

$$\mathscr{X}_1 = \phi^{-1}\mathscr{X},\ \ \mathscr{Y}_1 = \phi^{-1}\mathscr{Y}$$

最後に，ϕ が誘導する写像

$$\phi_1 : B \to B,\ \ \phi_1 = \phi^{-1}\phi\phi$$

は，その制限 $\phi_1|_{B_n}$ が B_n を B_{n+1} のなかへ写す——ここでいう ϕ_1 の定義領域の制限についてはよくわかるはずであるが，d が十分に小さいとすれば，葉層構造 $\mathscr{X}_1, \mathscr{Y}_1$ の各葉は，$0 = \phi^n m$ を原点とするユークリッド空間 $X_n \oplus Y_n$ では

$$y = y(0) + f_n(y, x(0)),\ \ x = x(0) + g_n(x, y(0))$$

のような方程式で与えられる ($x \in X_n$, $y \in Y_n$) ものと考えることができる．ここに f_n, g_n およびそれらの1階導函数は，$\dot{d}$ を小さくとることによっていかほどでも小さくとれるものである．

$\mathcal{Y}_n$ の葉で B_n の中心 O を通るもの α_n を考えよう．その方程式は

$$x = g_n(y, 0)$$

で，写像

$$\mathcal{C} : \{Y_n | n \in \mathbf{Z}\} \to \{\alpha_n | n \in \mathbf{Z}\}$$

の制限写像 $\mathcal{C}|_{Y_n} : Y_n \to \alpha_n$ は，$y \in Y_n \cap B_n$ では

$$\mathcal{C}y = (g_n(y, 0), y)$$

で与えられるが，可微分同相写像である．ゆえに $y \in Y_n$ を α_n の上での座標と考えることができる．

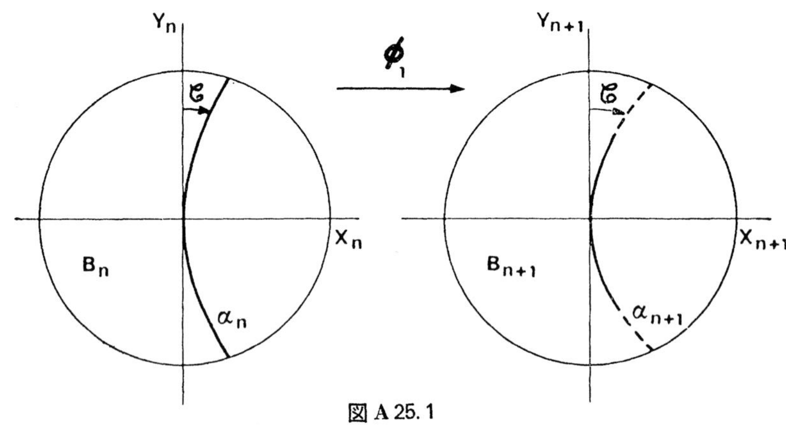

図 A 25.1

可微分同相写像 ϕ_1 は α_n を α_{n+1} のなかへ写す (図 A 25.1をみよ)， これは座標 y で書くと，写像

$$\phi_2 = \mathcal{C}^{-1}\phi_1\mathcal{C}$$

を定義し

$$\phi_2 : \{Y_n | n \in \mathbf{Z}\} \to \{Y_n | n \in \mathbf{Z}\}, \quad \phi_2|_{Y_n} : Y_n \to Y_{n+1}$$

である．

主張 A 25.2

C–力学系の定義そのものからわかるように，制限写像

$$\phi_2|_{Y_n} : Y_n \to Y_{n+1}$$

は縮小的であり，かつ定数 $\theta(0<\theta<1)$ が存在して

(A 25.3) すべての $y \in Y_n \cap B_n$ に対して $\|\phi_2 y\| < \theta\|y\|$

が成り立つ．

注意 A 25.4 もっとくわしく，ϕ_2 の代りに ϕ_2 をある回数だけ反復した $\phi_2{}^\nu$ に対して (A 25.3) が成り立つ：そのとき C–力学系の定義における定数 b を“殺さ”なければならないが：簡単のために，(A 25.3) が $\nu=1$ に対してはすでに成り立っていると仮定しよう．そして，ϕ' を ϕ に C^2 の意味で近い可微分同相写像としよう．そうすると ϕ' は (15 節の Sinai の定理によって) C–可微分同写像であり，葉層構造 $\mathscr{X}_1{}'=\psi^{-1}\mathscr{X}, \mathscr{Y}_1{}'=\psi^{-1}\mathscr{Y}$ と ϕ' によって誘導された写像 $\phi_1{}'$:

$$\phi_1{}' : B \to B,\ \ \phi_1{}' = \psi^{-1}\phi'\psi,\ \ \phi_1{}'|_{B_n} : B_n \to B_{n+1}$$

とは上のようにして定義される．もしも ϕ' が ϕ に C^2 の意味で十分近いならば，$\mathscr{X}_1{}'$ の葉は $\mathscr{X}_1$ の葉に近くかつ葉 α_n に横断的である．よって B_n の $\mathscr{X}_1{}'$ の葉に沿っての α_n への射影 Π がある．すなわち

$$\Pi : B \to \{\alpha_n | n \in \mathbf{Z}\},\ \ \Pi|_{B_n} : B_n \to \alpha_n$$

は，B_n の各点 a に，a を通る $\mathscr{X}_1{}'$ の葉と α_n との交わり Πa を対応させる (図 A 25.5 をみよ)．

ここで写像 (図 A 25.5 をみよ)：

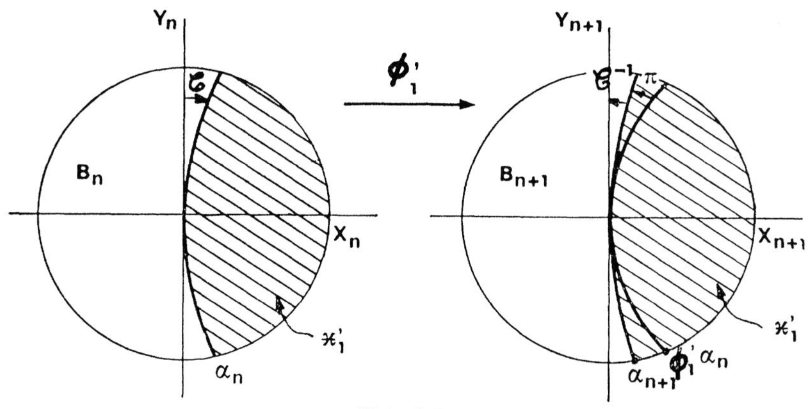

図 A 25.5

$$\phi_2' = \mathscr{C}^{-1}\Pi\phi_1'\mathscr{C},$$

$$\phi_2' : \{Y_n | n \in \mathbf{Z}\} \to \{Y_n | n \in \mathbf{Z}\},\quad \phi_2'|_{Y_n} : Y_n \to Y_{n+1}$$

を考えよう．

主張 A 25.6

もしも ϕ' が C^2 の意味で ϕ に十分近いと，ϕ_2' は ϕ_2 に C の意味で近い：すなわち任意の正数 ε に対して正数 δ を，$\|\phi'-\phi\|_{C^2} < \delta$ ならば

(A25.7)　すべての　$y \in Y_n \cap B_n$　で　$\|\phi_2'y - \phi_2 y\| < \varepsilon$

が成り立つように選べる．ここに $\|\ \ \|_{C^2}$ は C^2-ノルムである．

証明：

ϕ_1' は ϕ に C^2 の意味で近いので，写像 $\Pi : \phi_1'\alpha_n \to \alpha_{n+1}$ は微小（変化）である．なんとなれば $\phi_1'\alpha_n$ は $\phi_1\alpha_n = \alpha_{n+1}$ に近くかつ $\mathscr{X}_1'$ の葉は α_{n+1} に横断的であるからである．

ここで，$\mathscr{X}_1'$ の葉で B_0 の中心 $0 = m$ を通るものを β で表わそう．そうすると

補助定理 A. A 25.8

もしも ϕ' が C^2 の意味で ϕ に十分近いと，すべての $n \geqq 0$ に対して $(\phi')^n\beta$ は $\phi^n m$ に近い．くわしくかけば：

(A25.9)
$$\|(\phi_2')^n m\| < \frac{\varepsilon}{1-\theta},$$

ここに θ は (A 25.3) で定義されたものである．

証明：

(A 25.6) によれば，$\varepsilon > 0$ を与えたとき $\delta > 0$ を，$\|\phi'-\phi\|_{C^2} < \delta$ から

$$\|\phi_2'y - \phi_2 y\| < \varepsilon$$

が導かれるように，選べる．(A25.3) と (A25.7) とから

$$\|\phi'_2 y\| < \theta\|y\| + \varepsilon$$

が導かれる．よって $\varepsilon/(1-\theta) = \chi$ とおけば，$\|y\| < \chi$ ならば $\|\phi_2'y\| < \chi$ かつ $\|(\phi_2')^2 y\| < \chi$ 以下同様となる．ところが $\|m\| < \chi$ であったから不等式 (A 25.9) が成り立つ．

注意 A 25.10

(A 25.3) と (A 25.7) とから，つぎのことも導かれる：

$$c \geqq \frac{\varepsilon}{1-\theta}$$

ならば，$\|y\| < c$ から $\|(\phi_2')^n y\| \leqq c$ が従う，実際，$\|y\| \leqq c$ と $c \geqq \varepsilon/(1-\theta)$ とから

$$\|\phi_2' y\| < \theta \cdot \|y\| + \varepsilon < \theta c + \varepsilon \leqq c \qquad \text{(証明終り)}$$

補助定理 B

$\mathscr{X}$ の葉で $\phi^n m$ を通るもの γ_n を考えよう．そしてこれに対応する $\mathscr{X}_1$ の葉を $\gamma_n{}^1 \subset B_n$ としよう：

$$\gamma_n{}^1 = \phi^{-1}\gamma_n.$$

$\gamma_n{}^1$ の方程式は $y = f_n(x, 0)$ である．ここで $\mathscr{C}$ に相似な写像 $\mathscr{D}$ を，

$$x \in X_n \frown B_n \quad \text{に対して} \quad \mathscr{D}x = (x, f_n(x, 0)),$$

$$\mathscr{D} : \{X_n | n \in \mathbf{Z}\} \to \{\gamma_n | n \in \mathbf{Z}\}, \ \ \mathscr{D}|_{X_n} : X_n \to \gamma_n{}^1$$

によって定義する．$\mathscr{D}$ は可微分同相写像で，X_n の点 x は $\gamma_n{}^1$ の上の座標と考えることができる．可微分同相写像 ϕ_1 は $\gamma_n{}^1$ を γ_{n+1}^1 のなかに写する．座標 x で考えると，これは写像：

$$\phi_3 = \mathscr{D}^{-1}\phi_1\mathscr{D} : \{X_n | n \in \mathbf{Z}\} \to \{X_n | n \in \mathbf{Z}\}, \ \ \phi_3|_{X_n} : X_n \to X_{n+1}$$

を定義する．明らかに $\phi_3(0) = 0$ である．

主張 A 25.11

C–力学系の定義そのものから，$\phi_3|_{X_n} : X_n \to X_{n+1}$ は伸長的で，$\Theta > 1$ として

(A 25.12)　　任意の $x_1, x_2 \in B_n \frown X_n$ に対して

$$\|\phi_3 x_1 - \phi_3 x_2\| > \Theta \cdot \|x_1 - x_2\|$$

が成り立つ．

注意 A 25.13

実はもっと精密にいうと，(A 25.12) は ϕ_3 のある反復に対して成り立つのである．しかし記法を簡単にするために，(A 25.12) がすでに ϕ_3 に対して成り立っているものと仮定しよう．そこで，ϕ を C^2 の意味で近似する可微分写像を

ϕ' であらわそう．そして $\mathscr{C}\phi_2'^n(0)(n \geqq 0)$ を通る葉層構造 $\mathscr{X}_1' = \phi^{-1}\mathscr{X}'$ の B_n に含まれる葉 $\beta_n = \phi_1'^n\beta$ を考える（図 A 25.14 をみよ）．補助定理 A によれば，この葉は B_n の中心 0 に近い．β_n の方程式を $y = h_n(x)$，$x \in X_n$，としよう．もしも ϕ' が ϕ に十分近いならば，$x \in X_n \frown B_n$ を β_n の局所座標に選ぶことができる．すなわち写像

$$E : \{X_n|n \geqq 0\} \to \{\beta_n|n \geqq 0\},\ E|_{X_n} : X_n \to \beta_n,$$

を，$x \in X_n \frown B_n$ に対して $x \to (x, h_n(x))$ によって定義すると，可微分同相写像になる．

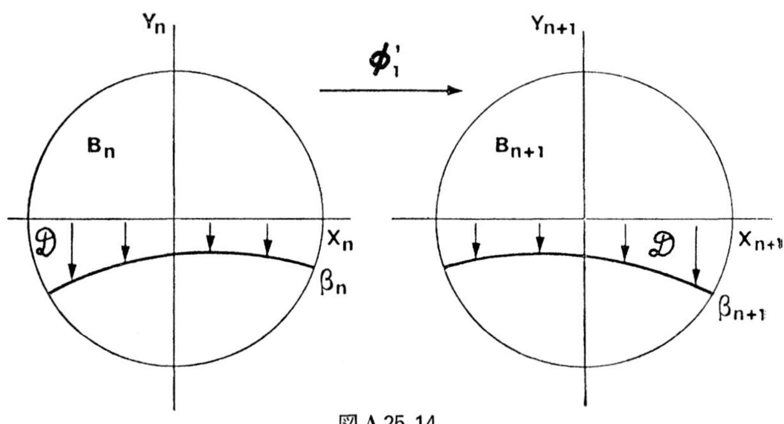

図 A 25.14

β_n の作り方から，ϕ_1' は β_n を β_{n+1} のなかに写すことがわかる．そしてこれは可微分同相写像を定義する：

$$\phi_3' = E^{-1}\phi_1'E : \{X_n|n \geqq 0\} \to \{X_n|n \geqq 0\},\ \phi_3'|_{X_n} : X_n \to X_{n+1}.$$

主張 A 25.15

もしも ϕ と ϕ' とが C^2 の意味で互いに十分に近いならば，ϕ_3 は ϕ'_3 に C^1 の意味で近い．すなわち任意の正数 $\hat{\varepsilon}$ を与えたとき，正数 $\delta > 0$ を，任意の $x, x_1, x_2 \in X_n \frown B_n (n \geqq 0)$ に対して次の式が成り立つように選べる：

(A25.16)
$$\|\phi - \phi'\|_{C^2} < \delta \text{ ならば；}$$
$$\|\phi_3(x) - \phi_3'(x)\| < \hat{\varepsilon},$$
$$\|(\phi_3 - \phi_3')(x_1) - (\phi_3 - \phi_3')(x_2)\| < \hat{\varepsilon}\|x_1 - x_2\|.$$

これは γ_n と β_n との作り方 (15 節の Sinai の定理をみよ) と，葉 β_n が葉 γ_n に C^1 の意味で近いという事実から直ちに出てくることである．

補助定理 B. A 25. 17

もしも ϕ' が C^2 の意味で ϕ に十分近いならば，$\mathcal{Y}'$ の葉 δ を定めて，すべての $n \geqq 0$ に対して $\phi'^n\delta$ が $\phi^n m$ に近いようにできる．精密にいうと，一つただ一つの点 $x_0 \in X_0$ で，すべての $n \geqq 0$ に対して $\|\phi_3{}'^n x_0\| < \varepsilon$ が成り立つようにできる．

まずつぎの一般的な補助定理が必要になる．

補助定理 A 25. 18

R を，同じ次元 n のユークリッド空間 R_n のいくつかの和空間 (sum) とする ($n \geqq 0$). R から R 内への可微分同相写像 $T=K+L$ で

$$T|_{R_n} : R_n \to R_{n+1}$$

となるものが，すべての $x, y \in R$ に対して

(1) $K(0)=0$, $\|K(x)-K(y)\| > \Theta\|x-y\|$, $\Theta > 1$,

(2) $\|L\| \leqq \varepsilon$, $\|L(x)-L(y)\| < \varepsilon\|x-y\|$, $\Theta-\varepsilon > 1$

を満足するものとする．このとき R_0 の点 x でつぎの条件を満足するものが一つただ一つ存在する：点列 $\{T^n x\}$ は有界で

(A 25. 19) $$\|T^n x\| \leqq \frac{\varepsilon}{\Theta-1} \quad (\text{すべての}n\geqq 0\text{に対して})$$

が成り立つ．

証明：

写像 $T^{-1}|_{R_n} : R_n \to R_{n+1}\,(n>1)$ は，明らかに可微分同相写像である．しかもまた

$$\begin{aligned}\|Tx-Ty\| &= \|(Kx-Ky)+(Lx-Ly)\|\\ &\geqq \|Kx-Ky\|-\|Lx-Ly\| \geqq (\Theta-\varepsilon)\|x-y\|\end{aligned}$$

であるから

(A 25. 20) $$\|T^{-1}x-T^{-1}y\| < \frac{1}{\Theta-\varepsilon}\|y-x\|$$

が成り立つ．R_n の球 $\|x\| \leqq c$ を $b_n(c)$ で表わすことにする．そうすると，

$$\|Tx\| = \|Kx+Lx\| \geqq \|Kx\| - \|Lx\| > \Theta\|x\| - \varepsilon$$

によって

(A 25.21) $$Tb_n(c) \geqq b_{n+1}(\Theta c - \varepsilon)$$

を得る．cを十分大きくとって

(A 25.22) $$\Theta c - \varepsilon \geqq c$$

となるようにすると，(A 25.21) から $Tb_n(c) \supset b_{n+1}(c)$ を得て

$$T^{-1}b_{n+1}(c) \subset b_n(c),$$

したがって

$$T^{-1}b_1(c) \supset T^{-2}b_2(c) \supset \ldots \supset T^{-n}b_n(c) \supset \cdots$$

が得られる．ところが (A 25.20) によって

$n \to \infty$ なるとき，$T^{-n}b_n(c)$ の直径より大きい $2c(\Theta-\varepsilon)^{-n}$ は $\to 0$ である．ゆえに $\bigcup_{n>0} T^{-n}b_n(c)$ は唯一つの点 $x \in b_0(c)$ からなる．このことから，$c = \varepsilon/(\Theta-1)$ が (A 25.22) を満足することに注意すれば，補助定理 A 25. 18 の証明が完結することがわかる．

補助定理 B の証明 A 25.23

(A25.11) と (A25.15) とによって，写像 ϕ_3' が上の補助定理の条件を満足することがわかる．すなわち $K=\phi_3$, $L=\phi_3'-\phi_3$ とおき L の条件 (2) において ε を $\hat{\varepsilon}$ にかえるとよい．また (A 25.19) において $\hat{\varepsilon}(\Theta-1)$ を ε ととると，$\|\phi_3'^n x_0\| < \hat{\varepsilon}$ となる．このようにして補助定理が証明された．

以上まとめて，$n \geqq 0$ を動かして得られる軌道 $\phi^n m$ に (補助定理 B の意味で) 近くとどまっている縮小的葉 $\delta \in \mathcal{Y}'$ が見出された．もし ϕ' が ϕ に十分近いと，δ は $n<0$ のときにも $\phi^n m$ に近い．これを証明するには，補助定理 A を ϕ^{-1} に適用するとよい．葉層 $\mathcal{Y}'$ は ϕ'^{-1} の伸長的葉層であり，葉 δ は m に近い．したがって，注意 (A 25.10) によって，葉 $\phi'^n\delta(n<0)$ は，(補助定理 A の意味で) 軌道 $\phi^n m$ の近傍にとどまっている．すなわち

$$\|\phi_2'^{-n}y\| \leqq c.$$

ゆえに補助定理 A と補助定理 B とからつぎの主張が導かれる：

主張 A 25. 24

もし ϕ' が C^2 の意味で ϕ に十分近いとすると，葉層 $\mathcal{Y}_1'$ の B_0 における葉 $\tilde{\delta}$ が存在して，B_n における $\phi_1'^n\tilde{\delta}$ が $(-\infty < n < \infty)$ B_n の中心の ε 近傍内にとどまっているようになっている．同じ推論を ϕ'^{-1} にも適用して，葉層 $\mathcal{X}_1'$ の B_0 における葉 $\tilde{\beta}$ で上と同じような性質をもつものを見出すこともできる．$\tilde{\delta}$ も $\tilde{\beta}$ もともに B_0 で横断的であるから，B_0 の中心の ε–近傍内には $\tilde{\delta}$ と $\tilde{\beta}$ との交点 z が一つただ一つだけ存在する．Anosov の定理において求められている同相写像 k は，$k(m) = \phi z$ とおけば得られる．いままでに得た写像の作り方がすべて，m に連続的に依存することは容易に検証できる．このことから k が同相写像であることが証明された．条件 $\phi'k = k\phi$ が成り立つことや，k が恒等写像 (identity) に ε–近似しているという事実なども容易にわかる．

付　　　録 26

可 積 分 系

(第4章19節をみよ)

J. Liouville が，n 自由度の力学系

$$\dot{p} = -\frac{\partial H}{\partial q},\ \dot{q} = \frac{\partial H}{\partial p}\quad (p = (p_1, \dots, p_n),\ q = (q_1, \dots, q_n)) \tag{A 26.1}$$

において，もしも n 個の第1積分 $F_1, \dots, F_n$ ((A 26.1) の解 $p(t), q(t)$ を F_i に代入するとt に依存しなくなる) が互いに包合的関係にある (in involution)[1] すなわち

$$(H, F_i) = 0,\ (F_i, F_j) = 0 \tag{A 26.2}$$

が成り立つならば，この力学系は求積法 (quadratures) の有限回の組合せで解ける (可積分，積分可能) ことを証明した．

古典力学における可積分力学系の例が沢山知られているが，これらの例ではすべて (A 26.2) のような第一積分の系を見出すことができるのである．

これらの例においては，方程式 $F_i =$ 定数 f_i で定義される多様体がいずれもドーナツ形であり，かつこれらの多様体の上に制限された運動は準周期的 quasi-periodic ; 例 1.2 と比較せよ) であることがずっと以前から指摘せられていた．われわれは，(A 26.2) の形の一価な第一積分が存在するような問題においては，必らず上のような状況になることを証明しよう．この証明は，簡単な位相幾何学的な論法に基づいてなされるのである．すなわち

定理 A 26.3.

方程式 $F_i =$ 定数 f_i $(i = 1, \dots, n)$ が，n 次元のコンパクトな可符号 (orientable) 多様体 $M = M_f$ で，つぎの二条件を満足するものを定義するものと仮定する：

---

[1] 二つの函数 $F(p,q)$ と $G(p,q)$ が包合的関係にあるとは，この二つから作った Poisson 括弧 (F,G) が恒等的に 0 であることすなわち $(F,G) = \sum_{j=1}^{n} \frac{\partial F}{\partial p_j}\frac{\partial G}{\partial q_j} - \frac{\partial F}{\partial q_j}\frac{\partial G}{\partial p_j} \equiv 0$ の成り立つことをいう．

(1) M の上で，勾配 (gradient) grad F_i $(i=1,2,\ldots,n)$ は一次独立である.

(2) あとから (A 26. 7) で定義される I_i から作った行列式 $\mathrm{Det}|\partial I_i/\partial f_j|$ は恒等的に 0 にはならない.

このとき：

(1) M は n 次元ドーナツ形で，かつ M は直積 $T^n\times R^n$ の形の近傍をもつ.

(2) この近傍は，$(I\in B^n\subset R^n,\ \phi(\mathrm{mod}\,2\pi)\in T^n)$ の形の作用－角座標 (I,ϕ) (action-angle coordinate) で，写像

$$I,\phi\to p,q$$

が正準的 (canonical) でありかつ $F_i=F_i(I)$ となるものをもつ.

この定理から，(A 26. 1) は

$$\dot{I}=0,\ \ \dot{\phi}=\omega(I)\quad\left(\omega(I)=\frac{\partial H}{\partial I}\right)$$

と書かれて M の上の運動は準周期的であることがわかる. なんとなれば，$H=F_1=H(I)$ でありかつ方程式 (A 26. 1) を作用－角座標で書けば Hamiltion 函数 $H(I)$ に対応する Hamilton 方程式になるからである[1].

証明：

記法 A 26. 4.

つぎの記法を用いよう. 相空間 $\mathbf{R}^{2n}$ の点を $x=(p,q)$ で表わす；函数 $F(x)$ のベクトル勾配 (vector gradient) $F_{x_1},\ldots,F_{x_{2n}}$ を grad F と書く. そうすると Hamilton 方程式 (A 26. 1) はつぎの形になる：

(A 26. 5)
$$\dot{x}=I\,\mathrm{grad}\,H,\ \ I=\begin{pmatrix}0 & -E\\ E & 0\end{pmatrix}$$

ここに E は n 次の単位行列である. $\mathbf{R}^{2n}$ に，二つのベクトル x,y の歪スカラー積 (skew-scalar product)

$$[x,y]=(Ix,y)=-[y,x]$$

を導入しよう. ここに (,) は通常のスカラー積である. 容易にわかるように，$[x,y]$ は x,y を辺とする平行四辺形の座標面 p_iq_i への射影の面積 $(i=1,2,\ldots,n)$ の和を表わす.

---

[1] 付録 32 をみよ.

歪スカラー積を保存する線形変換 S すなわち

$$\text{すべての } x, y \text{ に対して } [Sx, Sy] = [x, y]$$

となる S をシンプレクティック (sympectic, 斜交的) であるという．たとえば，行列 I で表わされる変換はシンプレクティックである．grad F と grad G との歪スカラー積を，函数 F と函数 G との Poisson の括弧 (F, G) という．明らかに，F と Hamilton 函数 H との Poisson 括弧 (F, H) が恒等的に 0 となるときかつそのときに限って，F は (A 26.5) の第 1 積分である．もしも二つの函数の Poisson 括弧が恒等的に 0 になるときには，これらの函数は互いに包合的関係にあるという．

作り方 A 26.6.

n 個のベクトル場 $\xi_i = I \operatorname{grad} F_i$ $(i = 1, 2, \ldots, n)$ を考えよう．I が退化しないことと grad F_i の一次独立なことから，ベクトル ξ_i は M の各点で一次独立になる．

F_i を Hamilton 函数とする力学系 (A 26.5) を考えよう．このときは，$(F_i, F_j) = 0$ によって，F_j はすべて第 1 積分であり各軌道は完全に M の上にある．ゆえに速度場 $\xi_i = I \operatorname{grad} F_i$ は M に接する．

最後に，場 ξ_i と場 ξ_j とは可換である (commute)．すなわち，Hamilton ベクトル場 $I \operatorname{grad} F$ と Hamilton ベクトル場 $I \operatorname{grad} G$ との Lie 括弧は $-(F, G)$ を Hamilton 函数とする Hamilton ベクトル場である (証明は付録 32 に与える) から，ξ_i と ξ_j との Lie 括弧は Hamilton 函数 $0 = (F_i, F_j)$ に対する Hamilton ベクトル場として 0 になるのである．

ゆえに M は，群 $\mathbf{R}^n$ が可遷的 (transitive) に滑らかに作用する連結でコンパクトな軌道である：よって $M = T^n$ が証明された．そのうえに M が方程式 $F_i =$ 定数 f_i によって定められているので，場 grad F_i は，M の近傍では直積構造を定義する．

つぎに M の近傍内にドーナツ形 $M_f : F = f$ を選び，M_f の一次元輪体 (1-cycle) の基底を $\gamma_i(f)$ として，n 個の積分

(A 26.7) $$I_i(f)=\frac{1}{2\pi}\int_{\gamma_i(f)}p\mathrm{d}q$$

を考えよう．$I_i(f)$ が函数的に独立すなわち $\mathrm{Det}(\partial I_i/\partial f_j)\neq 0$ であるから，M の近傍で方程式 $I(f)=I$ を解いて，与えられた I に対してドーナツ形 $M_{f(I)}$ を定めることができる．これを $M(I)$ と書く．すなわち $M(I)=M_{f(I)}$．ここで

(A 26.8) $$S(I,q)=\int_{q_0}^{q}p\mathrm{d}q$$

とおく．ここに積分路は $M(I)$ 内に横たわっているもの（したがって，$p=p(I,q)$）とする．多価函数 S は正準変換 $I,\varphi\to p,q$ の母函数 (generating function) である (付録32をみよ)．この $I,\varphi\to p,q$ は作用－角座標を定義する：

(A 26.9) $$p=\frac{\partial S}{\partial q},\ \ \phi=\frac{\partial S}{\partial I}$$

補助定理 A 26.10.

$M(I)$ の上の1次元微分形式 $p\mathrm{d}q$ は閉 (closed) 形式である．

証明：

$M(I)$ 内に横たわっている無限に小さい平行四辺形に沿っての $p\mathrm{d}q$ の積分が0であることを証明すればよい．D をもって ξ,η を辺とする $M(I)$ 内の平行四辺形とすると，$\oint_D p\mathrm{d}q$（すなわち D の座標面 p_iq_i への射影の面積の $i=1,\ldots,n$ に対する和）は，ξ と η との歪スカラー積 $[\xi,\eta]$ である．ここで ξ と η とがある点で $M(I)$ に接していると仮定しよう．(A 26.6) によって，$M(I)$ に接するベクトルはいずれも，n 個のベクトル $I\mathrm{grad}\,F_i$ の一次結合になる．しかし，(A 26.2) によって

$$[\mathrm{grad}\,F_i,\mathrm{grad}\,F_j]=0$$

が満足され，かつ I がシンプレクティックであるから

$$[I\mathrm{grad}\,F_i,I\mathrm{grad}\,F_j]=0$$

となる．ゆえに求める通り $[\xi,\eta]=0$ が得られた．このようにして積分 (A 26.8) は局所的には函数 S を定める．したがって (A 26.9) が局所的には正準変換 $I,\varphi\to p,q$ を定義する．

作用—角変数 A 26.11.

実際には，(A 26.9) が大局的な正準変換 (そこでは p, q が ϕ に関して周期 2π をもつような) を定義するのである．これを証明するために，われわれは，各 I に対して $S(I, q)$ の微分は $M(I)$ の上の大局的な一次元微分形式であることに注意しよう．したがって (A 26.9) で定義される $\mathrm{d}\phi$ もまた大局的な一次元微分形式であるのである．

ここで一次元微分形式 $\mathrm{d}\phi_i$ の，ドーナツ形 M_f の一次元輪体の基底 γ_j に沿う積分として得られる周期を計算してみよう．(A 26.9) と (A 26.7) によって

$$\oint_{\gamma_j} \mathrm{d}\phi_i = \oint_{\gamma_j} \mathrm{d}\left(\frac{\partial S}{\partial I_i}\right) = \frac{\mathrm{d}}{\mathrm{d}I_i}\oint_{\gamma_j} \mathrm{d}S = \frac{\mathrm{d}}{\mathrm{d}I_i}(2\pi I_j) = 2\pi\delta_{ij}$$

ゆえに変数 ϕ_i はドーナツ形 $M(I)$ の上の角座標であり，このようにしてわれわれの定理は証明されたのである．

付　　録　27

平面のシンプレクティック一次写像

（第4章20節をみよ）

Aを平面(p, q)のシンプレクティック線形写像としよう．この写像**A**は面積要素$dp \wedge dq$を保存し，したがって$\mathrm{Det}\,\mathbf{A}=1$である．ゆえに**A**の固有値$\lambda_1, \lambda_2$の積は1に等しい．その上，$\lambda_1$と$\lambda_2$とは実多項式$\mathrm{Det}(\mathbf{A}-\lambda E)$の根であるから，$\lambda_1$と$\lambda_2$とはともに実数であるか，または一方が一方の共役複素数である．すなわち$\lambda_2=\bar{\lambda}_1$.

第1の場合には

(A 27.1)
$$|\lambda_2| < 1 < |\lambda_1|$$

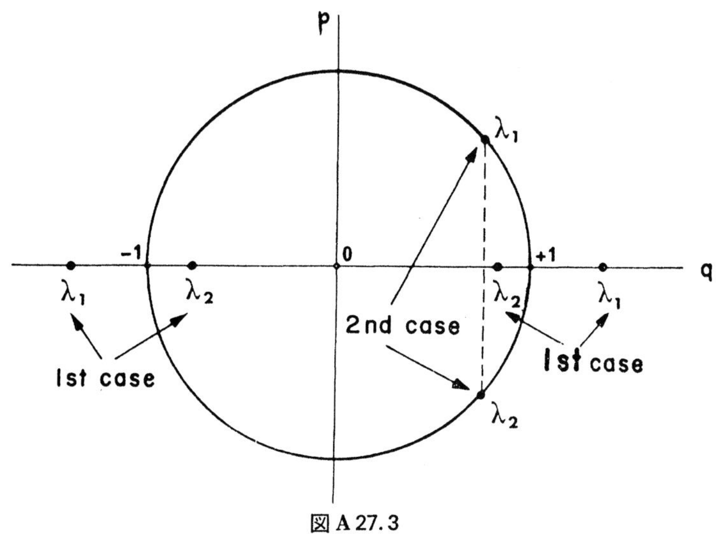

図 A 27.3

第2の場合には

(A 27.2)
$$1=\lambda_1\lambda_2=\lambda_1\bar{\lambda}_1=|\lambda_1|^2=|\lambda_2|^2,\quad \lambda_1\neq\lambda_2$$

であり，これらの根λ_1, λ_2は単位円周上にある（図A 27.3をみよ）．第3の，そ

して最後の固有値の分布は

$$\lambda_1 = \lambda_2 = \pm 1$$

である.

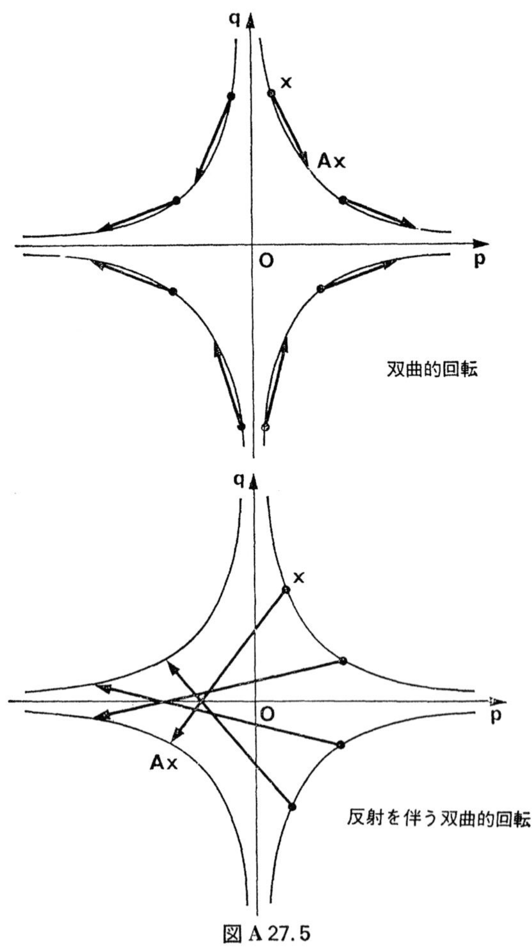

図 A 27.5

例 A 27.4.

双曲的回転：

$$p, q \to 2p, \frac{1}{2} q$$

または鏡映 (reflection) を伴う双曲的回転：

$$p, q \to -2p, -\frac{1}{2}q \quad (\text{図 A 27.5 をみよ}).$$

上の二つの場合のいずれにおいても $x=(p, q)$ の軌道 $T^n x$ は $pq=$ 定数で与えられる双曲線に属する．勿論，不動点 O は不安定である．線形代数の古典的な定理から，第 1 の型 ($\lambda_1 \neq \lambda_2; \lambda_1, \lambda_2 \in \mathbf{R}$) の写像 $\mathbf{A}$ はいずれも双曲的回転で，鏡映を伴うこともあり得るのである．このことは，変数を適当に変換すると，$\mathbf{A}$ が

$$P, Q \to \lambda P, \frac{1}{\lambda}Q$$

の形に書けるということを意味する．

例 A 27.6

角 α の大きさの回転は第 2 の場合に属する：($\lambda_1 = e^{-i\alpha}, \lambda_2 = e^{i\alpha}$)

$$p, q \to p\cos\alpha - q\sin\alpha,\ p\sin\alpha + q\cos\alpha$$

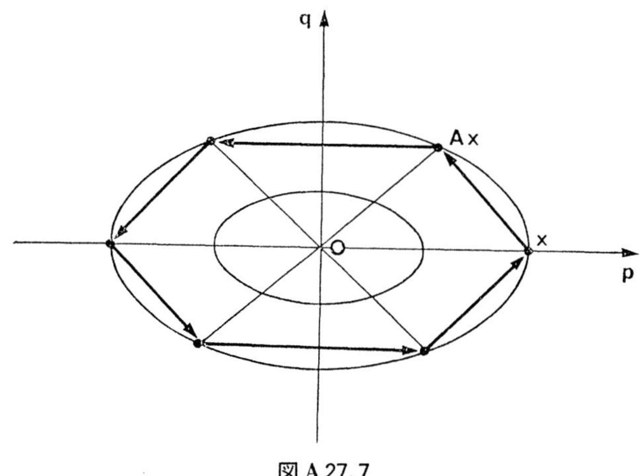

図 A 27.7

この回転は，変数を一次変換することによって，“楕円的回転” に変換される (図 A 27.7 をみよ)．この場合，$x=(p, q)$の軌道 $T^n x$ は O を中心とする楕円に属する．そして不動点 O は明らかに安定である．線形代数の古典的定理によって，第 2 の場合 ($|\lambda_1| = |\lambda_2| = 1, \lambda_1 \neq \lambda_2$) の写像 $\mathbf{A}$ はいずれも楕円的回

転であることが示される.

第1の場合 (A 27.1) には，不動点 O は双曲的点とよばれ，$\mathbf{A}$ は O において双曲的であるという．第2の場合 (A 27.2) には，不動点 O は楕円的点とよばれ，$\mathbf{A}$ は O において楕円的であるという．最後に，第3の場合 ($\lambda^2=1$) は放物的な場合とよばれる.

注意 A 27.8

楕円的写像 $\mathbf{A}$ に十分近い正準的写像 $\mathbf{A}'$ は楕円的である．実際，λ_1 と λ_2 とは $\mathbf{A}$ に連続的に依存し，かつ実数軸上かまたは単位円周上にのっている (図 A 27.3 をみよ)．ゆえにこれらの根は，放物的な場合に対応する $\lambda=\pm 1$ 以外で，単位円周から出ることはない．最後に，不動点におけるベクトル場の**位相的指数** (topological index) を定義しよう．そのために，平面 p, q におけるベクトル場 $\xi(x)$ で O を孤立不動点とする ($\xi(0)=0$) ものを考えよう．これによって単位円 $x^2=p^2+q^2=1$ をそれ自身に写す写像

$$B(\varepsilon): x \to \frac{\xi(\varepsilon \cdot x)}{\|\xi(\varepsilon \cdot x)\|}$$

が定義される．もし ε が十分小さいと，この写像の位相的指数は ε に依存しない．これを ξ の O における指数，または O の指数とよぶ.

ここでベクトル場 $\xi(x)=\mathbf{A}x-x$ を考えよう．もし $\mathbf{A}$ が放物的でないならば O は $\xi(x)$ の孤立不動点である.

定理 A 27.9

楕円的点または鏡映を伴う双曲的点は指数 $+1$ をもつ．双曲点は指数 -1 をもつ.

証明は，図 (A 27.5) および (A 27.7) を観察することによって得られる.

付　　　録 28

不動点の安定性

(第4章20節をみよ)

p, q 平面の解析的な正準写像 $\mathbf{A}$ で，原点 $O=(0,0)$ を動かさないものを考えよう．そして O が楕円的な不動点と仮定しよう．すなわち $\mathbf{A}$ の O における微分が固有値として $\lambda_1=e^{-i\alpha}$ と $\lambda_2=e^{i\alpha}$ をもつものと仮定しよう．G. D. Birkhoff の頃[1]から，つぎのことがわかっていた：もし $\alpha/2\pi$ が無理数ならば，すべての正数 $s>0$ に対して O の近傍での正準写像 $\mathbf{B}=\mathbf{B}(s)$ で，

$$\mathbf{B}: p, q \to P, Q, \quad \mathbf{B}(0)=0$$

のように与えられ，$\mathbf{A}$ を "正規形 (normal form)"

$$\mathbf{A}'=\mathbf{BAB}^{-1}: P, Q \to P', Q'$$

に直し，しかも次のようになっているもの $\mathbf{B}(s)$ が対応している．すなわち I, ϕ を正準的な極座標とする：

$$2I=P^2+Q^2 \quad, \ \phi=\mathrm{arctg}(P/Q)$$
$$2I'=P'^2+Q'^2, \ \phi'=\mathrm{arctg}(P'/Q')$$

ならば

(A 28.1)
$$I'-I=O(I^{s+1})$$
$$\phi'-\phi=\alpha+\alpha_1 I+\alpha_2 I^2+\cdots+\alpha_s I^s+O(I^{s+1}),$$

ここに係数 $\alpha_1, \alpha_1, \ldots$ は，$\mathbf{A}$ を $\mathbf{A}'$ に直す写像 $\mathbf{B}(s)$ に依存しない．このときもし $\alpha \neq 2\pi m/n$ で，かつ係数 $\alpha_1, \alpha_2, \ldots$ のうちに O でないものがあるときには，Birkhoff によって $\mathbf{A}$ は "一般の楕円的型 (generic elliptic type) 写像" であるとよばれた．

定理 A 28.2 (Arnold [7] をみよ)．

一般の楕円的型写像の不動点は安定である．

---

[1] Dynamical System 第3章．

証明は，第4章の定理(21.11)における作り方を写像(A 28.1)に応用すると得られる：$I \ll 1$ なるとき $O(I^{s+1})$ を写像

$$I' = I, \phi' = \phi + \alpha + \alpha_1 I + \cdots + \alpha_s I^s$$

の摂動と考えるのである．2自由度の Hamilton 力学系に関する平衡位置や楕円的周期解の安定性についての上と同じような定理も得られる (Arnold [7] をみよ)．J. Moser [1] は，この方向で最も強い結果を得た．すなわち

Moser の定理 A 28.3

平面の楕円的な正準写像 **A** の不動点は，つぎの諸条件が満足されるときには安定である：

(1) $\alpha \neq 2\pi\dfrac{m}{3},\ 2\pi\dfrac{m}{4}$;

(2) $\alpha_1 \neq 0$;

(3) **A** が 333 階まで連続微分可能である (この微分可能の階数は，もっとずっと少なくすることができることが Moser の最近の論文 [6] において指摘された．その完全な証明については J. Moser [1] をみよ)．

注意 A 28.4

もし $\alpha = 2\pi m/3$ であれば不動点が不安定であることは，Levi-Civita [1] に示されている．

付　　録　29

パラメター共鳴

（第4章20節をみよ）

平面の線形写像の不動点 (0, 0) の安定性についての解析的研究は，Poincaré と Lyapounov によってなされた．その結果の多自由度力学系の場合への拡張は，やっと最近 (1950) になって M. G. Krein [1], [2] が行なった．この Krein の研究は，Jacoubovich や，また Gelfand と Lidskii の共著 [4] などによってさらに拡張された．そして J. Moser [3] が Krein の定理の報告を発表した．

$\mathbf{A}$ を，正準空間 $\mathbf{R}^{2n}$ の線形シンプレクティック写像[1]とする．われわれは，写像列 $\mathbf{A}^n$ が有界なとき $\mathbf{A}$ が安定であるという．そしてもしも $\mathbf{A}$ に十分近いシンプレクティック写像がすべて安定であるときに，$\mathbf{A}$ はパラメター的に安定であるという．われわれはすでに付録27において，$\mathbf{R}^2$ における楕円的写像はすべてパラメター的に安定であることを証明し（かつこの事実を第4章20節において用いた）．M. G. Krein は $\mathbf{R}^{2n}$ のパラメター的に安定な写像のすべてを展示した．

補助定理 A 29.1　(Poincaré-Lyapounov)

$\mathbf{A}$ をシンプレクティック写像とし，λ をその一つの固有値としよう．このとき $1/\lambda, \bar{\lambda}$ および $1/\bar{\lambda}$ はすべて $\mathbf{A}$ の固有値である．

証明：$\mathbf{A}$ の特性多項式がこれと相反な (reciprocal) 実係数方程式と一致することを示せば十分である．ところが実際に

$$\begin{aligned} p(\lambda) &= \mathrm{Det}(\mathbf{A}-\lambda E) = \mathrm{Det}(-\mathbf{I}\mathbf{A}'^{-1}I+\lambda\mathbf{I}^2) \\ &= \mathrm{Det}(-\mathbf{A}'^{-1}+\lambda E) = \mathrm{Det}(-\mathbf{A}^{-1}+\lambda E) \\ &= \mathrm{Det}(-E+\lambda\mathbf{A}) = \lambda^{2n}\,\mathrm{Det}(\mathbf{A}-\lambda^{-1}E) = \lambda^{2n}p(\lambda^{-1}) \end{aligned}$$

---

1) $\mathbf{A}$ は歪-スカラー積 $[\xi, \eta]=(I\xi, \eta)$ を保存する．ここに(,)は内積で E は n 次単位行列として $I=\begin{pmatrix} O & -E \\ E & O \end{pmatrix}$ である．よって $[\mathbf{A}\xi, \mathbf{A}\eta]=[\xi, \zeta]$ かつ $\mathbf{A}'I\mathbf{A}=I$ である．

となっているからよろしい.

この補助定理から容易に，つぎの二つの系が導かれる.

系 A 29.2

A の固有値の全体は，対 (couple) および“4 重対 (quadruple)”に分かれる. すなわち，λ が実軸の上または単位円周 $|\lambda|=1$ の上にあるときに，λ と λ^{-1} とが対をなす. また $\lambda, \bar{\lambda}, \lambda^{-1}, \bar{\lambda}^{-1}$ が 4 重対を作る (図 A 29.3 をみよ) のである.

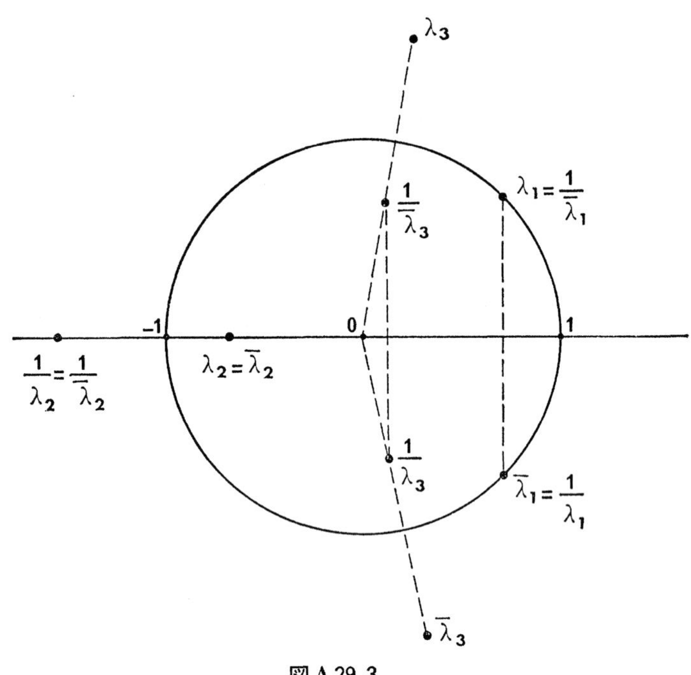

図 A 29.3

系 A 29.4

もしも (**A** の) 固有値がいずれも単純 (一重) 固有値で $|\lambda|=1$ の上にのっているならば，**A** はパラメター的に安定である. なんとなれば，このときには

(1)　(**A** の標準形から明らかなように) **A** は安定であり；

(2)　**A** に十分近いシンプレクティック写像 **A**′ の固有値はすべて $|\lambda|=1$ の上にあるからである. もし **A**′ の固有値がすべて $|\lambda|=1$ の上にはないものと

すると，$\mathbf{A}'$ は $\mathbf{A}$ のある孤立固有値に近いような二つの固有値 λ と $\bar{\lambda}^{-1}$ とをもたねばならないことになってしまうがゆえに (図 A 29.3をみよ).

以下では，± 1 が $\mathbf{A}$ の固有値ではないと仮定しよう．このようなとき，Krein が $|\lambda| = 1$ の上にある固有値を，正のものと負のものとに分類した．この分類を定義する準備として，まず固有値がすべて単純固有値であると仮定して，つぎの補助定理を証明しよう．

補助定理 A 29.5

固有値 λ_1, λ_2 に対応する固有ベクトルをそれぞれ ξ_1, ξ_2 とする．そうすると $\lambda_1\lambda_2 = 1$ であるか，または $[\xi_1, \xi_2] = 0$ が成り立つ．

証明：

$\mathbf{A}\xi_1 = \lambda_1\xi_1, \mathbf{A}\xi_2 = \lambda_2\xi_2$ から

$$[\mathbf{A}\xi_1, \mathbf{A}\xi_2] = \lambda_1\lambda_2[\xi_1, \xi_2] = [\xi_1, \xi_2]$$

を得て，$(\lambda_1\lambda_2 - 1)[\xi_1, \xi_2] = 0$ を得る．（証明終り）

系 A 29.6

λ_1, λ_2 を $\mathbf{A}$ の固有値で互いに複素共役かつ絶対値1なるものとし，これらに対応する固有ベクトルから張られる，$\mathbf{A}$ によって不変な，平面を σ としよう．このとき，つぎの二つのことが成り立つ：

(1) σ は，λ_1 とも λ_2 とも異なる $\mathbf{A}$ の固有値 λ_3 に対応する固有ベクトル ξ_3 に歪直交 (skew-orthogonal) する．すなわち σ は ξ_3 に，$[\ ,\ ]$ の意味で直交する．

(2) σ の二つのベクトル ξ と η とが一次関連でないならば，歪スカラー積 (skew scalar product) $[\xi, \eta]$ は 0 にならない．

証明はつぎのようにすればよい．まず (1) は $\lambda_1\lambda_3 \neq 1$ と $\lambda_2\lambda_3 \neq 1$ とから得られる．すなわち補助定理 (A 29.5) を用い $[\xi_1, \xi_3] = 0$ と $[\xi_2, \xi_3] = 0$ が成り立つ．つぎに $[\xi_1, \xi_2] = 0$ であると仮定してみよう．そうすると，$[\xi_1, \xi_1] = 0$ を用い，(1) によってすべての ξ_3 に対して $[\xi_1, \xi_3] = 0$ を得る．ゆえにすべての η に対して $[\xi_1, \eta] = 0$ という矛盾に導かれる．だから $[\xi_1, \xi_2] \neq 0$ でなければならず (2) が成り立つのである．

定義 A 29.7

$\mathbf{A}$ の固有値 λ で $|\lambda|=1$, $\lambda^2 \neq 1$ を満足するものは，つぎの条件を満足するときに，$\mathbf{A}$ の正の固有値（または負の固有値）という．すなわち固有値 λ と固有値 $\bar{\lambda}$ とに対応する固有ベクトルで張られる，$\mathbf{A}$ によって不変な実の平面 σ に属するすべての 0 ならざるベクトル ξ に対して，つねに $[\mathbf{A}\xi, \xi]>0$（または $[\mathbf{A}\xi, \xi]<0$）となるときに λ を正の（または負の）固有値という．

この定義には矛盾がない．実際，$\lambda^2 \neq 0$ であるからベクトル $\mathbf{A}\xi$ と ξ とは一次関連ではないので，系 (A 29.6) によって σ の上で $[\mathbf{A}\xi, \xi] \neq 0$ である．よって $[\mathbf{A}\xi, \xi]$ は σ の上で一定の符号をもつから，上の定義が意味をもつわけである．

注意 A 29.8

固有値の符号は，簡単な幾何学的意味をもつ．もしも ξ が η に平行でないならば $[\xi, \eta] \neq 0$ であるから，平面 σ は標準的な向きをもち，したがってわれわれは正の（または負の）回転を云々することができる．$\mathbf{A}$ を σ に制限したものは，角 α $(0<|\alpha|<\pi)$ だけの楕円的回転である．固有値 λ は，もし $\mathbf{A}$ が σ を正の（または負の）角だけ回転するときに，正（または負）であるという．これが固有値の符号の幾何学的意義である．

Krein の主要な結果はつぎのように述べられる：単位円周 $|\lambda|=1$ の上で同符号の二つの固有値が合致 (collision) しても不安定性をよびおこさない．これと対照的に，異符号の二つの固有値が単位円周上で合致したあとではこれらは単位円周を離れ去って，複素共役な固有値と一緒に 4 重対をつくることができる．（図 A 29.3 をみよ）．

これらをもっと精密に述べるとつぎのようになる．$\mathbf{A}(t)$ をパラメター t に連続的に依存するシンプレクティック写像の系とし，$|t|<\tau$ なるときは $\mathbf{A}(t)$ の固有値は ± 1 と異なるものと仮定しよう．そして $t<0$ において $\mathbf{A}(t)$ の固有値 λ_k はすべて単純固有値でかつ単位円周上にのっておるものとし，かつこれら固有値のあるものは $t=0$ において合致するものとしよう．このとき

定理 A 29.9

もし合致する固有値がすべて同じ符号をもつものとすれば，これらは合致の

あとにも単位円周の上にありかつ $\mathbf{A}(t)$ は $t<\varepsilon\,(\varepsilon>0)$ においても安定な写像である.

われわれはこの定理, $\mathcal{T}(\lambda)>0$ なる固有値 λ がすべて合致する, 一番簡単な場合について証明しよう. 一般の場合は, l 個の合致する固有値とそれらの複素共役固有値に対応する標準部分空間 $\mathbf{R}^{2l}(t)$ を選ぶことによって, 上の一番簡単な場合に帰着させることができる. 一般性を失わないで固有値 λ_k はすべて正とする. すなわち, ξ_k と $\bar{\xi}_k$ (ただし $\mathbf{A}\xi_k=\lambda_k\xi_k$) で張られる平面を σ_k とし

$$\sigma_k \text{ のすべての } \xi \text{ で } [\mathbf{A}\xi,\xi]>0$$

となるものと仮定して定理を証明しよう.

定理 A 29.10 の証明:

二次形式 $[\mathbf{A}\xi,\xi]$ を考えよう. この形式の極形式は退化 (degenerate) しない. 実際

$$[\mathbf{A}\xi,\eta]+[\mathbf{A}\eta,\xi]=[\mathbf{A}\xi,\eta]-[\mathbf{A}^{-1}\xi,\eta]=[(\mathbf{A}-\mathbf{A}^{-1})\xi,\eta]$$

であるが, もしすべての η に対して $[(\mathbf{A}-\mathbf{A}^{-1})\xi,\eta]=0$ とすれば $(\mathbf{A}-\mathbf{A}^{-1})\xi=0$ となり, したがって $(\mathbf{A}^2-E)\mathbf{A}\xi=0$ を得る. これから 1 が $\mathbf{A}^2$ の固有値となり, 定理 (A 29.9) の条件 $(\lambda\neq\pm1)$ に矛盾する. ゆえに $[\mathbf{A}(t)\xi,\xi]$ は $|t|<\tau$ において退化しない. とくに $t=0$ でも退化しない. 一方において, この形式 $[\mathbf{A}(t)\xi,\xi]$ は $t<0$ において正の定符号形式である. 実際, どのベクトル η も, 固有値 λ_k と $\bar{\lambda}_k$ とに対応する $\mathbf{A}$ で不変な平面 σ_k への射影 η_k の和になる. ところが, 補助定理 (A 29.6) によれば, これらの平面 σ_k は互いに歪直交しているから

$$\mathbf{A}\eta_k\in\sigma_k,\quad \eta_l\in\sigma_l \text{ によって, } k\neq l \text{ ならば } [\mathbf{A}\eta_k,\eta_l]=0$$

となり, したがって

$$[\mathbf{A}\eta,\eta]=\sum_{k,l}[\mathbf{A}\eta_k,\eta_l]=\sum_k[\mathbf{A}\eta_k,\eta_k]$$

であり, λ_k が正の固有値であることから $[\mathbf{A}\eta_k,\eta_k]>0$ を得て

$$[\mathbf{A}\eta,\eta]>0$$

このようにして, $[\mathbf{A}(t)\xi,\xi]$ は, $t<0$ においては正の定符号形式でかつ $t=0$ でも退化しない. ゆえにこの形式は $t=0$ においても正の定符号形式で, した

がって $t<\varepsilon$ においてもこれが正の定符号形式であるような正数 ε が存在する．ところが $\mathbf{A}^n$ がシンプレクティックだから，$[\mathbf{A}\mathbf{A}^n\xi, \mathbf{A}^n\xi]=[\mathbf{A}\xi, \xi]$ でありしたがって軌道 $\mathbf{A}^n\xi$ は楕円体 $[\mathbf{A}\xi, \xi]=$ 定数に属する．これは $\mathbf{A}(t)$ が $t<\varepsilon$ において安定なことを示す．（証明終り）

注意 A 29.11

上の論法によって，パラメター的安定性についてのつぎの判定条件が証明される：

シンプレクティック写像 $\mathbf{A}$ がパラメター的に安定なための必要かつ十分な条件は，$\mathbf{A}$ のすべての固有値 λ_k が単位円周上にありかつ $\lambda_k^2 \neq 1$ であることである．このときにはなおつぎのこともいえる．二次形式 $[\mathbf{A}\xi, \xi]$ は，多重固有値 $\lambda_k, \bar{\lambda}_k$ に対応する固有ベクトルで張られるような $\mathbf{A}$ で不変な部分空間の上では，つねに定符号である．

付　　録　30

周期系に対する平均法

(第4章22節をみよ)

$\Omega = B^l \times S^1$ を相空間とする．ここに $B^l = \{I = (I_1, I_2, \ldots, I_l)\}$ は $\mathbf{R}^l$ の有界開集合で $S^1 = \{\phi(\mathrm{mod} 2\pi)\}$ は単位円周とする．変数 ϕ に関して周期的な函数 $\omega(I)$, $F(I, \phi)$, $f(I, \phi)$ を考える：

$$F : \Omega \to \mathbf{R}^l,\quad f : \Omega \to \mathbf{R}^1,\quad \omega : B^l \to \mathbf{R}^1.$$

そしてまた小パラメター $\varepsilon \ll 1$ を 考える．

定理 A 30.1

Ω において定義された連立常微分方程式系

(A30.2)
$$\begin{cases} \dot{\phi} = \omega(I) + \varepsilon f(I, \phi) \\ \dot{I} = \varepsilon \cdot F(I, \phi) \end{cases}$$

と微分方程式

(A 30.3)
$$\dot{J} = \varepsilon \cdot \bar{F}(J) \quad \text{ここに} \quad \bar{F}(J) = \frac{1}{2\pi}\int_0^{2\pi} F(J, \phi)d\phi$$

を考える．もしも $\omega(I)$ が Ω で 0 にならないならば，それぞれ (A 30.2) と (A30.3) の解 $I(t)$ と $J(t)$ の初期条件が等しく $I(0) = J(0)$ なるとき [1]，

$$0 \leqq t \leqq 1/\varepsilon \quad \text{において} \quad |I(t) - J(t)| < C \cdot \varepsilon$$

が満足される．ここに C は ε に依存しない定数である．

証明：

新しい変数 P を導入して (A 30.2) を書き改めよう：

(A 30.4)
$$P = P(I, \phi) = I + \varepsilon g(I, \phi).$$

ここに g は $\Omega \to \mathbf{R}^l$ なる写像である．(A30.2) と (A30.4) とから

(A 30.5)
$$\dot{P} = \varepsilon \cdot F(P, \phi) + \varepsilon \frac{\partial g(P, \phi)}{\partial \phi}\omega(P) + O(\varepsilon^2)$$

---

[1] $0 \leqq t \leqq 1/\varepsilon$ において $J(t) \in B^l$ と仮定する．

ε の位数の項を消去するために

(A 30.6)　$$g(I,\phi)=\int_0^{\phi}\frac{\bar{F}(P)-F(P,\phi)}{\omega(P)}d\phi$$

ととる．$\omega(P)\neq 0$ であることと，$\int_0^{2\pi}(\bar{F}-F)\mathrm{d}\phi=0$ となることとから，$g(I,\phi)$ が 2π を周期とする周期函数として確定する．このとき (A 30.5) は

(A 30.7)　$$\dot{P}=\varepsilon\bar{F}(P)+O(\varepsilon^2)$$

と書ける．$P(t)$ を，初期条件 $P(0)=J(0)=I(0)$ に応ずる，(A 30.7) の解とする：

(A 30.8)　$$P(t)=P(I(t),\phi(t))$$

(A 30.7) と (A 30.3) とから C_1 を定数として

(A 30.9) $0\leqq t\leqq 1/\varepsilon$ なる t のすべてにおいて $|P(t)-J(t)|<C_1\varepsilon$ を得る．よって (A30.4)，(A30.6) および (A 30.8) により

(A 30.10) すべての t に対して $|P(t)-I(t)|<C_2\varepsilon$

が得られる．不等式 (A 30.9) と不等式 (A 30.10) によって，定理の証明が完結する．この定理は，運動が平均された運動とはやい (fast) 小振動の和に分解されることを示している (図 A 30.11 をみよ)．

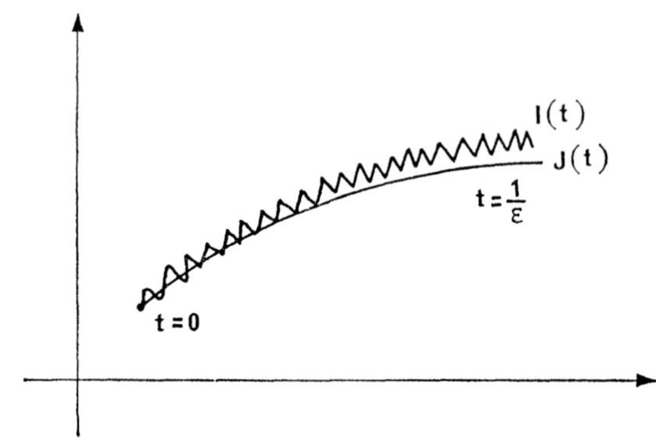

図 A 30.11

付　　録 31

横　断　面

(第4章21.9節をみよ)

$H(p, q)$ を n 自由度の力学系（したがってその相空間の次元が $2n$ の）Hamilton 函数としよう．$H=h$ をエネルギー準位が h である $(2n-1)$ 次元の多様体とし，Σ をその部分多様体で $H=h$，$q_1=0$ によって規定される $(2n-2)$ 次元の多様体としよう．Σ のある領域 Σ_0 において $\dot{q}_1 \neq 0$ でありかつ局所座標が $P=(p_2, \ldots, p_n)$，$Q=(q_2, \ldots, q_n)$ で与えられるときに Σ を横断面 (surface of section) とよぶ（図 A 31.1 をみよ）．この力学系の軌道で，Σ_0 の点 x を通るものが Σ_0 の点にもどってくるものとしよう．そうすると，$\dot{q}_1 \neq 0$ によって Σ_0 の点 x' で x に十分近い点を通る軌道は，時間パラメター t が増加するときに Σ_0 にもどり，一意的に定まる Σ_0 の点 $\mathbf{A}x'$ において Σ_0 を横切る．このようにして

$$\Sigma_1 \to \Sigma_0 \quad (\Sigma_1 \subset \Sigma_0 \subset \Sigma)$$

なる写像 $\mathbf{A}$ が定まる．

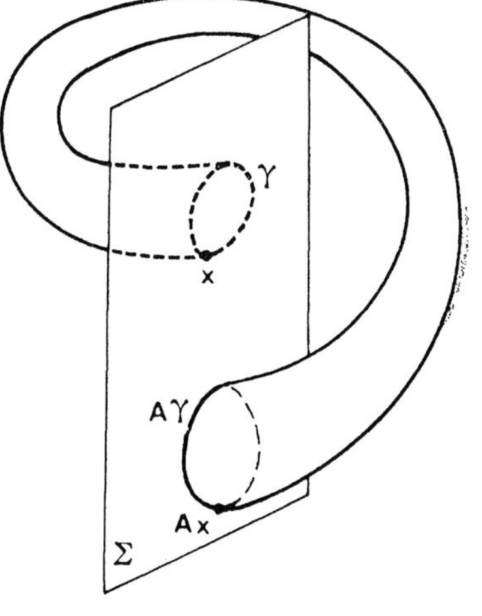

図 A 31.1

定理 A 31.2.

写像 $\mathbf{A}$ は正準的 (canonical) である．すなわち Σ_1 の任意の閉曲線 γ に対して

$$\oint_{\gamma} P\mathrm{d}Q = \oint_{\mathbf{A}\gamma} P\mathrm{d}Q \qquad \text{(A 31.3)}$$

が成り立つ．ここに $P\mathrm{d}Q = p_2\mathrm{d}q_2 + \cdots + p_n\mathrm{d}q_n$

証明 [*]：

γ の点から出発する軌道群は座標 $\{p, q, t\}$ からなる $(2n+1)$ 次元の空間のなかにある．座標 $\{p, q\}$ の空間の曲線 γ および曲線 $\mathbf{A}\gamma$ は，それぞれ座標 $\{p, q, t\}$ の空間の曲線 γ' および 曲線 $\mathbf{A}\gamma'$——これらはそれぞれ上の軌道群の出発点 $(t=0)$ の群および終点の群からなるが——の射影になっている（図 A 31.4 をみよ）．ゆえに，Poincaré-Cartan の定理によって，$p\mathrm{d}q = p_1\mathrm{d}q_1 + \cdots + p_n\mathrm{d}q_n$ として，

(A 31.5)
$$\oint_{\gamma'} p\mathrm{d}q - H\mathrm{d}t = \oint_{\mathbf{A}\gamma'} p\mathrm{d}q - H\mathrm{d}t$$

が成り立つ．ところが γ' および $\mathbf{A}\gamma'$ に沿うては $H=$ 定数であるから

$$\oint_{\gamma'} H\mathrm{d}t = \oint_{\mathbf{A}\gamma'} H\mathrm{d}t = 0.$$

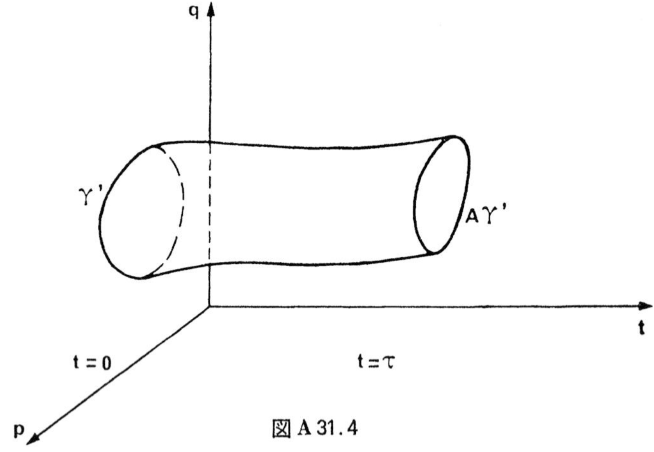

図 A 31.4

そのうえに

$$\oint_{\gamma'} p\mathrm{d}q = \oint_{\gamma} p\mathrm{d}q \quad \text{および} \quad \oint_{\mathbf{A}\gamma'} p\mathrm{d}q = \oint_{\mathbf{A}\gamma} p\mathrm{d}q$$

であるから，Σ の上では $q_1=$ 定数であることを用い

$$\oint_{\gamma'} p_1\mathrm{d}q_1 = \oint_{\mathbf{A}\gamma'} p_1\mathrm{d}q_1 = 0.$$

---

[*] よく知られたこの定理の証明であるが，これはまだ発表されたことはないようである．

ゆえに結局

$$\oint_{\gamma'} p\mathrm{d}q - H\mathrm{d}t = \oint_{\gamma} P\mathrm{d}Q,\quad \int_{\mathbf{A}\gamma'} p\mathrm{d}q - H\mathrm{d}t = \oint_{\mathbf{A}\gamma} P\mathrm{d}Q$$

を得て，(A 31. 5) から (A 31. 3) が導かれる．これで定理の証明が終った.

例A 31. 6.

G.D.Birkhoff による“凸形撞球台”の問題を考えよう．すなわち，Γ を E^2 の凸閉曲線とする．そして質点 M が Γ によってかこまれた内部領域を運動しており，周曲線 Γ に衝突したときは“入射角は反射角に等しい”という法則に従って運動をつづけるものとする (図 A 31. 7をみよ)．そうすると，質点 M の

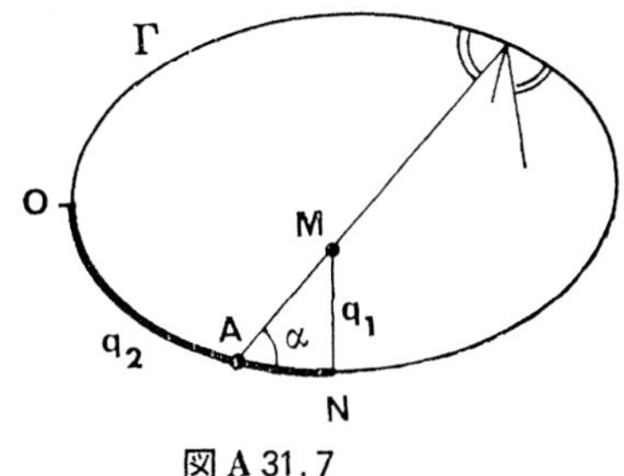

図 A 31. 7

周曲線 Γ に衝突する瞬間の状態は，衝突点と入射角 $\alpha(0 \leqq \alpha \leqq 2\pi)$ とによって決定される．衝突点 A の位置は，Γ の弧 OA の代数的な (すなわち向きを付した) 長さで定められる．ここに O は任意に定めた Γ 上の点とする．いいかえれば，M の周曲線 Γ へ衝突した瞬間の状態は，相空間におけるドーナツ形 $T^2 = \{\alpha(\mathrm{mod}\,2\pi),\ q_2(\mathrm{mod}\,L)\}$ の点によって表示される．ここに L は Γ の周の長さである．このようにして，このドーナツ形 T^2 の自分自身への写像 $\mathbf{A}$ が得られる．すなわち，一つの反射の直後の状態をつぎの反射の直前の状態に対応させる写像である．

定理 A 31. 8 (G. D. Birkhoff)

$$I = \sin\alpha\cdot\mathrm{d}q_2 \wedge d\alpha$$

は写像 $\mathbf{A}$ に対して不変な量である.

証明：

二つの相つづく反射の間における質点 M の運動は，対応する 4 次元の相空

間における Hamilton 方程式によって規定される．上述のドーナツ T^2 の近傍に特別な座標系を選ぼう．すなわち質点 M を座標 (q_1, q_2) で定める．ここに $q_1 = MN$ は M から Γ への距離で，q_2 は弧 ON の代数的な長さである．（図 A 31. 7 をみよ）

座標 $q_1, q_2 (\mathrm{mod} L)$ は周曲線 Γ の近傍では Lagrange 座標系になっている．M の質量を 1 として，対応する共役運動量座標を p_1, p_2 としよう．Γ の上では，p_1 と p_2 とはそれぞれ速度ベクトル v の成分になっている：

$$p_1 = |v| \cdot \sin \alpha, \qquad p_2 = |v| \cdot \cos \alpha$$

Hamilton 函数 H は運動エネルギーで

$$H = \frac{v^2}{2}$$

に等しい．4 次元の相空間 $\{(p_1, p_2, q_1, q_2)\}$ において

$$H = 1/2, \quad q_1 = 0$$

すなわち $|v| = 1$ かつ $M \in \Gamma$ にあたるところの曲面 Σ を考えよう．一つの反射からつぎの反射への，上述の写像 **A** は Σ から Σ への写像で表現される．座標 p_2, q_2 は横断面 $\Sigma (\alpha \neq 0)$ の局所座標である．定理 A 31. 2 によって写像 A は正準的でありしたがって二次元形式

$$\mathrm{d}p_2 \wedge \mathrm{d}q_2 = \sin \alpha \cdot \mathrm{d}q_2 \wedge \mathrm{d}\alpha$$

を保存する．　（証明終り）

G. D. Birkhoff [1] によるこの定理の初等的証明は大変な計算を必要とする．ことを注意しておこう．

付　　録　32

正準写像の生成函数

（第4章21節をみよ）

つぎの諸結果は Hamilton と Jacobi によるものである．

§A.　有限正準写像

正準空間 $\mathbf{R}^{2n}$ の点を $x=(p,q)$ $(p=(p_1,\dots,p_n),\ q=(q_1,\dots,q_n))$ と表わそう．可微分写像

$$\mathbf{A}: x\to X=(P(p,q),Q(p,q)),\quad (P=(P_1,\dots,P_n),\ Q=(Q_1,\dots,Q_n))$$

によって，任意の閉曲線 γ に沿うところの Poincaré の積分不変式の積分値が保存される：

(A 32.1)
$$\oint_{\gamma} p\mathrm{d}q=\int_{\mathbf{A}\gamma} p\mathrm{d}q$$

ならば，**A** は正準写像であるといわれる．σ を任意の二次元鎖 (two-chain) とする．(A 32.1) によって，σ の座標面 p_i, q_i への射影の面積の和が，写像 **A** に際して保存されることがわかる：

(A 32.2)
$$I(\sigma)=\iint_{\sigma}\mathrm{d}p\wedge \mathrm{p}q=\iint_{\mathbf{A}\sigma}\mathrm{d}p\wedge \mathrm{d}q=I(\mathbf{A}\sigma)$$

すなわち二つの二次元形式 $\mathrm{d}p\wedge\mathrm{d}q$ と $\mathrm{d}P\wedge\mathrm{d}Q$ とは一致する：

(A 32.3)　$$\mathrm{d}p\wedge\mathrm{d}q=\mathrm{d}P\wedge\mathrm{d}Q\quad (P=P(p,q),\ Q=Q(p,q)).$$

もしも **A** の定義領域が単連結 (simply connected) ならば，条件 (A32.1) と (A 32.3) とは同等である．(A 32.3) によって

$$p\mathrm{d}q+Q\mathrm{d}P\quad (P=P(p,q),\ Q=Q(p,q))$$

は $\mathbf{R}^{2n}$ における閉形式 (closed form) であることがわかる．$\mathrm{d}p\wedge\mathrm{d}q+\mathrm{d}Q\wedge\mathrm{d}P=0$ であるからである．よって

$$A(x)=\int_{x_0}^{x} p\mathrm{d}q+Q\mathrm{d}P \quad (P=P(p,q), Q=Q(p,q))$$

は $\mathbf{R}^{2n}$ において，局所的に一価な函数を定義する．$q_1,\dots,q_n$ と $P_1,\dots,P_n$ が点 x の近傍での局所座標系であるとしよう．すなわち Jacobi 行列式

$$\mathrm{Det}\left(\frac{\partial P}{\partial p}\right)$$

がこの近傍で 0 にならないとしよう．そうすると，$A(x)$ は点 P,q の近傍で P,q の一価函数になる：

(A 32. 4)
$$A(P,q)=\int^{(P,q)} p\mathrm{d}q+Q\mathrm{d}P \quad (p=p(P,q), Q=Q(p,q)).$$

定義 A 32. 5

函数 $A(P,q)$ を，正準写像 $\mathbf{A}$ の生成函数とよぶ．

勿論，A は局所的にのみかつ（加法的）積分定数をのぞいて定まる函数である．(A 32. 4) から

(A 32. 6)
$$\frac{\partial A}{\partial P}=Q,\ \frac{\partial A}{\partial q}=p$$

を得る．

補助定理 A 32. 7

$2n$ 変数 P,q の函数 $A(P,q)$ が点 (P,q) の近傍で

$$\mathrm{Det}\left(\frac{\partial^2 A}{\partial P\partial q}\right)\neq 0$$

を満足するとしよう．このとき方程式 (A 32. 6) を P,Q について局所的に解くことができる：

$$P=P(p,q),\ \ Q=Q(p,q)$$

この P,Q は正準写像 $\mathbf{A}$ を定義する．

実際，$\mathrm{d}A=p\mathrm{d}q+Q\mathrm{d}P$ が $\mathbf{R}^{2n}$ において閉形式であるから

$$\mathrm{d}p\wedge\mathrm{d}q=\mathrm{d}P\wedge\mathrm{d}Q$$

（証明終り）

残念ながら，生成函数 A は幾何的対象 (geometric object) ではない．なんとなれば函数 A は写像 $\mathbf{A}$ のみならず，また $\mathbf{R}^{2n}$ の座標 p,q のとり方にも依存しているからである．

(A 32. 6) によれば，恒等写像 $P=p$, $Q=q$ に対する生成函数は Pq である[*)]. ゆえに恒等写像に十分近い正準写像の生成函数は Pq に近い.

§B. 無限小正準写像

微小パラメター $\varepsilon \ll 1$ に依存する正準写像の系 $\mathbf{S}_\varepsilon$ を考える．この $\mathbf{S}_\varepsilon$ の生成函数は $Pq+\varepsilon S(P,q;\varepsilon)$ で与えられるものとすると，ε が十分に小さいと $\mathbf{S}_\varepsilon$ は恒等写像に近い．(A 32. 6) によって，$P(p,q)$ と $Q(p,q)$ の ε に関する Taylor 展開は

(A 32. 8) $$P=p-\varepsilon\frac{\partial S}{\partial q}+O(\varepsilon^2),\quad Q=q+\varepsilon\frac{\partial S}{\partial p}+O(\varepsilon^2)$$

で与えられる．ここに

$$S=S(p,q,\varepsilon).$$

無限小正準写像を，$|\mathbf{S}_\varepsilon-\mathbf{S}_\varepsilon'|=O(\varepsilon^2)$ によって二つの正準写像 $\mathbf{S}_\varepsilon$ と $\mathbf{S}_\varepsilon'$ とを同値と考えたときの同値類としてとらえることにする．

定義 A 32. 9

相空間の上の函数 $S(p,q)$ で無限小正準写像 $\mathbf{S}_\varepsilon$ の生成函数（または Hamilton 函数）とよばれるものを定義しよう.

勿論 S は（加法的）定数をのぞいてでしか定まらない．また S は幾何学的対象であって欲しい．すなわち，S は正準座標 p,q のとり方にも，同値類の代表 $\mathbf{S}_\varepsilon$ のとり方にも依存しない写像 $\mathbf{R}^{2n}\to\mathbf{R}^1$ であって欲しい．そこで γ を $\mathbf{R}^{2n}$ で 2 点 x と y とを結ぶ向きのついた曲線とする：$\partial\gamma=y-x$, $\mathbf{S}_\varepsilon\gamma=\gamma_\varepsilon$ とおき，$0<\varepsilon'<\varepsilon$ なる曲線群 $\gamma_{\varepsilon'}$ で形づくられる帯を $\sigma(\varepsilon)$ と書く．この $\sigma(\varepsilon)$ の向きは，

$$\partial\sigma(\varepsilon)=\gamma-\gamma_\varepsilon+\cdots \quad (\text{図 A 32. 10})$$

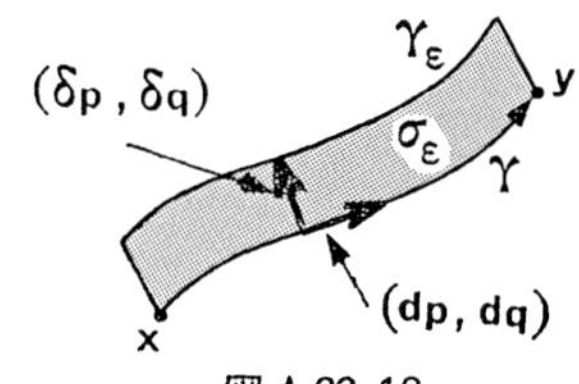

図 A 32. 10

で与えられるように付けられたものと考える．そうすると積分

*) このことが (A 32. 6) を記憶するたすけになる.

$$I(\sigma(\varepsilon))=\iint_{\sigma(\varepsilon)}\mathrm{d}p\wedge\mathrm{d}q \tag{A 32.11}$$

は，(A 32.2) によって正準座標のとり方に依存せず，かつ (A 32.1) によって x, y を結ぶ曲線 γ のとり方にも依存しないで，x と y のみで定まることがわかる．

補助定理 A 32.12

無限小正準写像 $\mathbf{S}_\varepsilon$ の生成函数 S を

$$S(y)-S(x)=\frac{\mathrm{d}}{\mathrm{d}\varepsilon}I(\sigma(\varepsilon))\Big|_{\varepsilon=0} \tag{A 32.13}$$

で与えることにすると，この S は正準座標 p, q のとり方に依存しない．

証明：

$\mathbf{S}_\varepsilon x-x=\delta x=(\delta p, \delta q)$ とおこう．(A 32.8) によれば，

$$\begin{aligned}\varepsilon(S(y)-S(x))&=\varepsilon\int_\gamma\left(\frac{\partial S}{\partial p}\mathrm{d}p+\frac{\partial S}{\partial q}\mathrm{d}q\right)\\&=\int_\gamma(\delta q\mathrm{d}p-\delta p\mathrm{d}q)+O(\varepsilon^2)\end{aligned} \tag{A 32.14}$$

が成り立つ．一方において，(A 32.11) によれば $\sigma(\varepsilon)$ に沿うこの $\mathrm{d}p\wedge\mathrm{d}q$ の積分は

$$I(\sigma(\varepsilon))=\iint_{\sigma(\varepsilon)}\mathrm{d}p\wedge\mathrm{d}q=\int_\gamma\begin{vmatrix}\mathrm{d}p & \mathrm{d}q\\ \delta p & \delta q\end{vmatrix}+O(\varepsilon^2) \tag{A 32.15}$$

で与えられる．ゆえに，(A 32.14) と (A 32.15) とから (A 32.13) が得られる．

（証明終り）

生成函数 S の不変性の別の表わし方もある．A を有限正準写像とし，$\mathbf{S}_\varepsilon$ を無限小正準写像とするとき，正準写像 $T_\varepsilon=\mathbf{A}\mathbf{S}_\varepsilon\mathbf{A}^{-1}$ は明らかに無限小正準写像である．

補助定理 A 32.16

無限小正準写像 $\mathbf{S}_\varepsilon$ および $\mathbf{T}_\varepsilon$ の生成函数 S および T は，つぎの関係で結び付けられている：

$$T(\mathbf{A}x)=S(x)+\text{定数} \tag{A 32.17}$$

証明：

γ_ε および $\sigma(\varepsilon)$ を，補助定理 (A 32. 12) に与えた曲線および曲面としよう．そうすると $\gamma' = \mathbf{A}\gamma$ は点 $\mathbf{A}x$ を点 $\mathbf{A}y$ に結ぶ曲線である．ε' を $0 \leqq \varepsilon' \leqq \varepsilon$ の範囲に動かしたときの曲線系 $T_{\varepsilon'}\gamma'$ は帯 $\tau(\varepsilon)$ を作るがこれは

(A 32. 18)
$$\tau(\varepsilon) = \mathbf{A}\sigma(\varepsilon)$$

に他ならない．(A 32. 13) から

(A 32. 19)
$$S(y) - S(x) = \frac{\mathrm{d}}{\mathrm{d}\varepsilon} I[\sigma(\varepsilon)]\Big|_{\varepsilon=0}$$

$$T(Ay) - T(Ax) = \frac{\mathrm{d}}{\mathrm{d}\varepsilon} I[\tau(\varepsilon)]\Big|_{\varepsilon=0}$$

を得るが，$\mathbf{A}$ が正準写像であるから，(A 32. 2) と (A 32. 18) により

$$I[\sigma(\varepsilon)] = I[\tau(\varepsilon)]$$

としてよい．ゆえに (A 32. 19) から (A 32. 17) が導かれる．

系 A 32. 20

$\mathbf{B}_\varepsilon$ および $\mathbf{C}_\varepsilon$ を無限小正準写像で，対応する生成函数をそれぞれ B および C としよう．このとき $\mathbf{A}$ を有限正準写像とすれば，無限小正準写像

(A 32. 21)
$$\mathbf{B}_\varepsilon' = \mathbf{C}_\varepsilon \mathbf{B}_\varepsilon \mathbf{A} \mathbf{C}_\varepsilon^{-1} \mathbf{A}^{-1}$$

の生成函数 B' は次式で与えられる．

(A 32. 22)
$$B'(x) = C(x) + B(x) - C(\mathbf{A}^{-1}x) + \text{定数}$$

実際，(A 32. 8) によって二つの無限小正準写像の積の生成函数は，これら二つの生成函数の和になること，および逆写像 $\mathbf{C}_\varepsilon^{-1}$ の生成函数が $-C$ であることがわかる．ゆえに (A 32. 22) は補助定理 (A 32. 16) を用いて容易に証明される．

§C. Lie 交換子および Poisson の括弧

二つの無限小正準写像 $\mathbf{A}_\varepsilon$ と $\mathbf{B}_\varepsilon$ とが与えられたとき．

(A 32. 23)
$$\mathbf{A}_a \mathbf{B}_b \mathbf{A}_{-a} \mathbf{B}_{-b} = \mathbf{C}_{ab} + O(a^2) + O(b^2) \quad (a, b \to O)$$

を満足するような無限小正準写像 $\mathbf{C}_\varepsilon$ が一つただ一つ存在する．この写像 $\mathbf{C}_\varepsilon$ を

$\mathbf{A}_\varepsilon$ と $\mathbf{B}_\varepsilon$ との Lie 交換子 (commutator) とよぶ.

補助定理 A 32.24

$\mathbf{A}_\varepsilon, \mathbf{B}_\varepsilon$ および $\mathbf{C}_\varepsilon$ の生成函数をそれぞれ A, B および C とすると，これらの勾配 (gradient) $\nabla A, \nabla B$ および ∇C の間にはつぎの関係がある：

(A 32.25) $$\nabla C = -[\nabla A, \nabla B]$$

ここに Poisson 括弧 $[x, y]$ は，付録 26 および 27 における I を用い $[x, y] = (Ix, y)$ で定義されるものである.

証明：

前と同じく x を y に結ぶ向きのある曲線を γ とする：$\partial\gamma = y - x$，つぎの 5 つの帯からなる，5 つの辺をもつ (five-sided) プリズム形を考える (図 A 32.26 をみよ)：すなわち

$$\sigma_1 = \mathbf{B}_\varepsilon\gamma,\ \ -b < \varepsilon < 0,\ \ \partial\sigma_1 = \gamma - \gamma_1 + \cdots,$$

$$\sigma_2 = \mathbf{A}_\varepsilon\gamma_1,\ \ -a < \varepsilon < 0,\ \ \partial\sigma_2 = \gamma_1 - \gamma_2 + \cdots,$$

$$\sigma_3 = \mathbf{B}_\varepsilon\gamma_2,\ \ 0 < \varepsilon < b,\ \ \partial\sigma_3 = \gamma_2 - \gamma_3 + \cdots,$$

$$\sigma_4 = \mathbf{A}_\varepsilon\gamma_3,\ \ 0 < \varepsilon < a,\ \ \partial\sigma_4 = \gamma_3 - \gamma_4 + \cdots,$$

と，γ および γ_4 の対応する点を結ぶ線分によって張られるところの，5 番目の帯 σ_5 から成る 5 辺プリズムである.

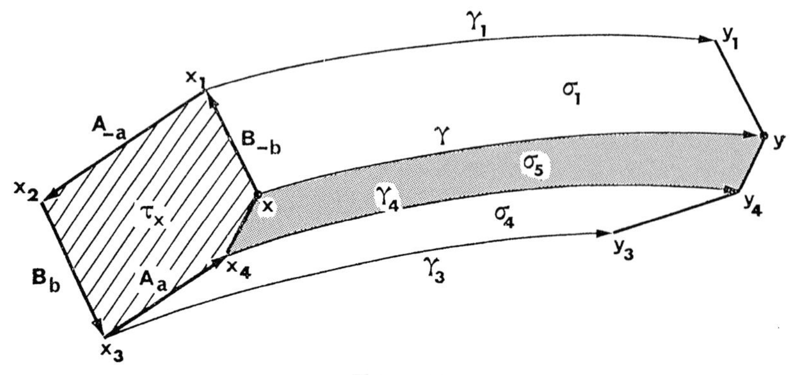

図 A 32.26

そうして，このプリズムの底面を τ_x, τ_y とすると，2 次元鎖

$$\sigma_1 + \sigma_2 + \sigma_3 + \sigma_4 + \sigma_5 + \tau_y - \tau_x = \Sigma$$

は，0 にホモローグ (homologous) な 2 次元輪体 (two-cycle) を作る．$dp \wedge dq$ は閉じた形式であるから，(A 32. 2) の記号で

(A 32. 27) $$I(\sigma_1)+I(\sigma_2)+I(\sigma_3)+I(\sigma_4)+I(\sigma_5)+I(\tau_y)-I(\tau_x) = I(\Sigma) = O$$

が成り立つ．また補助定理 (A 32. 12) から

(A 32. 28) $$\begin{cases} I(\sigma_1) = -b[B(y)-B(x)]+O(b^2) \\ I(\sigma_2) = -a[A(y_1)-A(x_1)]+O(a^2) \\ I(\sigma_3) = b[B(y_2)-B(x_2)]+O(b^2) \\ I(\sigma_4) = a[A(y_3)-A(x_3)]+O(a^2) \\ I(\sigma_5) = -ab[C(y)-C(x)]+O(a^2)+O(b^2). \end{cases}$$

一方において，$|y-y_4| = O(ab)$ であるから曲面 τ の上での $dp \wedge dq$ の積分 $I(\tau_y)$, $I(\tau_x)$ は

(A 32. 29) $$\begin{cases} I(\tau_y) = -ab[\nabla B(y), \nabla A(y)]+O(a^2)+O(b^2) \\ I(\tau_x) = ab[\nabla B(x), \nabla A(x)]+O(a^2)+O(b^2) \end{cases}$$

最後に，(A 32. 8) からわかるように $\mathbf{A}_\varepsilon$ と $\mathbf{B}_\varepsilon$ とに対応するベクトル場はそれぞれ $I\nabla A$ と $I\nabla B$ である (I は付録 26 および 27 におけるもの)．ゆえに $O(a^2+b^2)$ なる量を無視すれば，

$$\begin{aligned} A(y_3)-A(y_1) &= (\nabla A, y_3-y_1) = (\nabla A, y_3-y_2)+(\nabla A, y_2-y_1) \\ &= (\nabla A, I\nabla B)b-(\nabla A, I\nabla A)a \\ &= -[\nabla B, \nabla A]b-[\nabla A, \nabla A]a = -[\nabla B, \nabla A]b \end{aligned}$$

が得られる．同じようにして

$$B(y_2)-B(y_1) = [\nabla A, \nabla B]a$$

も得られるから，(A 32. 28) によって

(A 32. 30) $$I(\sigma_1)+I(\sigma_3)+I(\sigma_2)+I(\sigma_4) = O(a^2)+O(b^2).$$

ゆえに (A 32. 27), (A 32. 29) および (A 32. 30) から (A 32. 25) が導かれる．

付　　録　33

大局的正準写像

(第4章21節をみよ)

この付録は，n 自由度の Hamilton 力学系に周期的軌道が存在することの位相的理由を与える.

§A. 生 成 函 数

$\Omega = B^n \times T^n$ を正準空間とし，p を Ω から $B^n \subset \mathbf{R}^n = \{(p_1, \ldots, p_n)\}$ への写像，また q を Ω から $T^n = \{(q_1, \ldots, q_n)(\mathrm{mod}\, 2\pi)\}$ への写像とする. すなわち $p = p(x)$ および $q = q(x)$ を点 $x \in \Omega$ の座標とする. 写像 $\mathbf{A} : \Omega \to \Omega$ が大局的に正準的であるとは，$\mathbf{A}$ が恒等写像にホモトープ (homotopic) であり，かつすべての1次元輪体 γ に対して

(A 33.1) $$\oint_\gamma p\mathrm{d}q = \oint_{\mathbf{A}\gamma} p\mathrm{d}q$$

が成り立つことをいう. ここで γ は0にホモログでなくてもよいとする. 付録32と同じく，写像 $\mathbf{A}$ は局所的には生成函数 $A = Pq + A(P, q)$ によって，条件

(A 33.2) $$\begin{cases} \mathrm{Det}\left(\dfrac{\partial P}{\partial p}\right) \neq 0, \\ p = P + \dfrac{\partial A}{\partial q}, \quad Q = q + \dfrac{\partial A}{\partial p} \end{cases}$$

のもとに定められる ($\mathbf{A}x = (P(x),\ \ Q(x)), P \in B^n,\ Q \in T^n$) のである. よって，$A(P, q)$ は局所的には

(A 33.3) $$A(P, q) = \int^{(P,q)} (Q - q)\mathrm{d}P + (p - P)\mathrm{d}q$$

で与えられる.

$x = (p(x), q(x)) \in \Omega$ に対して

$$A(x) = A(P(x),\ q(x))$$

とおくことにする.

補助定理 A 33.4

写像 (A 33.2) が大局的に正準なための必要かつ十分な条件は，(A 33.3) によって定義される函数 $A(x)$ が Ω の上で一価函数になることである.

証明：

γ を Ω の上の閉曲線とするとき

(A 33.5) $$\oint_\gamma (Q-q)\mathrm{d}P+(p-P)\mathrm{d}q = 0$$

が成り立つことを証明しよう．実際 (A 33.1) は

(A 33.6) $$\oint_\gamma p\mathrm{d}q = \oint_\gamma P\mathrm{d}Q$$

に同値になるから

$$\oint_\gamma (Q-q)\mathrm{d}P+(p-P)\mathrm{d}q = \oint_\gamma Q\mathrm{d}P+P\mathrm{d}Q-(q\mathrm{d}P+P\mathrm{d}q)$$
$$= \oint_\gamma \mathrm{d}[P(Q-q)]$$

が得られる．ところが，γ に沿うての $P(Q-q)$ の増加は 0 である．**A** が 0 にホモトープであるがゆえに

(A 33.7) $$\oint_\gamma \mathrm{d}[P(Q-q)] = 0$$

となるからである.

逆に (A 33.5) と (A 33.7) とから (A 33.6) が導かれる. (証明終り)

§ B. 位相的な一つの補助定理

A を大局的に正準な可微分同相写像とし，ドーナツ形 T の上で $p=0$ とし，また T の **A** による像を **A**T とする.

補助定理 A 33.8

ドーナツ形 T と **A**T とは少なくとも 2^n 個の点を共有する (点の勘定には多

重度をも勘定する）．ただし $\mathbf{A}T$ の方程式 $p=p(q)$ が条件

(A 33.9)
$$p=p(q),\quad \left|\frac{\mathrm{d}p}{\mathrm{d}q}\right|<\infty$$

を満足するものと仮定して．なおこのとき，幾何学的に相異なる共通点の個数は少なくとも $(n+1)$ 個ある．

証明：

$\mathbf{A}T$ の上で定義されたつぎの函数

(A 33.10)
$$f(x)=\int_{x_0}^{x}p(x)\mathrm{d}q(x)$$

を考えよう．ここに $x=(p(x),q(x))\in\mathbf{A}T$ とし，積分路は $\mathbf{A}T$ の上に横たわるものとする．この函数 $f(x)$ は，積分値 (A 33.10) が積分路によらないから，x_0 と x だけで確定するのである．実際，積分値が積分路によらないことは，γ を $\mathbf{A}T$ の上に横たわる閉曲線とするとき，$\mathbf{A}^{-1}$ が大局的に正準的で $\mathbf{A}^{-1}\gamma\in T$ かつ T の上で $p=0$ となることから

$$\oint_{\gamma}p\mathrm{d}q=\oint_{\mathbf{A}^{-1}\gamma}p\mathrm{d}q=0$$

を得ることによってわかる．この函数 $f(x)$ は，n 次元のドーナツ形 T^n の上で滑らかな函数である．よって Morse の不等式*) によって，f の臨界点 (critical point) の個数は少なくとも 2^n 個あり，かつ Lusternic-Schnirelman の定理によって，幾何学的に相異なる臨界点の個数は，T^n の Lusternic-Schnirelman のカテゴリイ (category) より小さくない．すなわちこの個数は少なくとも $(n+1)$ である．

(A 33.10) から $\mathbf{A}T$ の上で $\mathrm{d}f=p(x)\mathrm{d}q(x)$ である．函数 $p(x)$ は $\mathbf{A}T$ と T との交わりで 0 となる．よって T と $\mathbf{A}T$ との交点は，f の $\mathbf{A}T$ の上における臨界点になっている．逆に，条件 (A 33.9) によって，$\mathbf{A}T$ の上にある f の臨界点 x ではつねに $p\mathrm{d}q=0$ かつ $dq\neq 0$ になっている．よってこの x で $p(x)=0$ となり，f の臨界点 x は $\mathbf{A}T$ と T との交点になっているのである．

---

*) Milnor [1] をみよ．b_i を T^n の i 番目の Betti 数とすると $2^n=\sum_0^n b_i$ が成り立つ．

系 A 33. 11

ドーナツ形 T および $\mathbf{A}T$ の方程式をそれぞれ $p=p'(q)$ および $p=p''(q)$ とするとき，これらが

(A 33. 12) $$\left|\frac{\mathrm{d}p'}{\mathrm{d}q}\right|<\infty, \quad \left|\frac{\mathrm{d}p''}{\mathrm{d}q}\right|<\infty$$

を満足し，かつ T の上で $\mathrm{d}p\wedge\mathrm{d}q$ が 0 になるならば，T と $\mathbf{A}T$ との交点の個数は少なくとも 2^n である．

実際，もし T の上で $\mathrm{d}p\wedge\mathrm{d}q=0$ であるならば写像

$$p, q\rightarrow p-p'(q), q$$

は正準的可微分写像である．この写像によって (A 33. 12) は

$$p(q)=p''(q)-p'(q)$$

とした (A 33. 9) に帰着される．

注意 A 33. 13

$n=1$ のとき (円環 (annulus) のとき) にも，補助定理 (A 33. 8) は成り立つ; しかも条件 (A 33. 9) を仮定しないで．その証明は Jordon の定理を用いるもので，$n>1$ の場合に拡張することはできない．$n>1$ で条件 (A33. 9) が満足されていないときに，T と $\mathbf{A}T$ とが交わるかということは未解決の問題である．

もしも補助定理 (A 33. 8) から条件 (A 33. 9) が除けるならば，つぎのような "回帰定理 (recurrence theorem)" を沢山に得ることができる：

平面における多体問題において，いくつかの Kepler 楕円の軸の初期値 a_i, b_i が，これらの楕円が交わらないようなものとしよう．このときは任意の正数 τ に対して，初期状態[*)] l_i, g_i を適当に定めて，楕円たちの軸が時間 τ ののちにはじめの位置にもどる．

注意 A 33. 14.

もし条件 (A 33. 9) を除き去れば，$\mathbf{A}$ を可微分同相写像と仮定しないときには補助定理 (A 33. 8) は成り立たない．なんとなれば ($n=1$ のときにも)，T と

---

*) 状態を定める l_i, g_i は 2π を法とする角である；g_i は楕円の位置を，l_i は惑星のこの楕円周上の位置を示すための角である．

$\mathbf{A}T$ とが交わらないような，滑らかな正準写像を作ることができるからである．

§C. 不　動　点

ここでは $\mathbf{A}$ を次の形の大局的な正準写像としよう：

(A33. 15)　　$\mathbf{A}: p, q \to p, q+\omega(p) \qquad (\omega = (\omega_1, \dots, \omega_n))$.

ドーナツ形 $p = p_0$ の上ではすべての振動数が互いに有理比の関係にあると仮定しよう：

(A 33. 16)　　$$\omega_i(p_0) = \frac{m_i}{N} 2\pi \qquad (m_i \in \mathbf{Z},\ N \in \mathbf{Z})$$

しかもその上に "ねじり (twisting)" が退化しないと仮定しよう．すなわち

(A 33. 17)　　$$\mathrm{Det}\left(\frac{\partial \omega}{\partial p}\right)_{p_0} \neq 0.$$

としよう

このときつぎの定理が成り立つ．

定理 A 33. 18.

$\mathbf{A}$ に C^1 の意味で十分近い，大局的に正準な写像 $\mathbf{B}$ は，ドーナツ形 $p = p_0$ の近傍に周期 N の点 x を 2^n 個もつ*)．すなわち

$$\mathbf{B}^N x = x.$$

証明：

(A 33. 15)，(A 33. 16) および (A 33. 17) により，$\mathbf{A}^N$ はつぎの形に表わすことができる：

(A 33. 19)　　$\mathbf{A}^N: p, q \to p,\ q+\alpha(p) (\alpha(p_0) = 0)$

かつドーナツ形　$p = p_0$　の近傍で　$\mathrm{Det}\left(\frac{\partial \alpha}{\partial p}\right)_{p_0} \neq 0$.

上の $\alpha(p)$ としては

$$\alpha(p) = N[\omega(p) - \omega(p_0)]$$

をとればよい．ゆえに

---

*) 多重度を勘定に入れて計算する．

(A 33. 20) $\mathbf{B}^N : (p, q) \to (P, Q) = (p+\beta_1(p, q),\ q+\alpha(p)+\beta_2(p, q))$

である.

ここで動径 $Q = q$ に沿うて動く点を考えよう. この点の方程式は

(A 33. 21) $\alpha(p)+\beta_2(p, q) = 0$

である. 陰函数存在の定理によれば, つぎのことがわかる：

(1) 方程式 (A 33. 21) は $p = p_0$ に近いドーナツ形 T を定めるが, この T は動径に沿うて動く；

(2) T および $\mathbf{B}^N T$ の方程式を $p = p'(q)$ および $p = p''(q)$ と表わすと, $\left|\dfrac{\mathrm{d}p'}{\mathrm{d}q}\right| < \infty$ および $\left|\dfrac{\mathrm{d}p''}{\mathrm{d}q}\right| < \infty$ である.

写像 $\mathbf{B}^N$ は大局的に正準的であるから, $Pq+B(P, q)$ の形の生成函数をもつ. 補助定理 (A 33. 4) によれば, $B(x) = B(P(x), q(x))$ は Ω において一価函数である. ここで x を T に制限した $B(x)$ を考えよう. これは n 次元のドーナツの上で滑かな函数であるから, $\mathbf{B}$ は少なくとも 2^n 個の臨界点をもつ (補助定理 A 33. 8 と比較せよ).

つぎにこれらの臨界点はすべて, T と $\mathbf{B}^N T$ との交わりに属することを証明しよう. まず式 (A 33. 3) から

$$\mathrm{d}B = (Q-q)\mathrm{d}P+(p-P)\mathrm{d}q \qquad (\mathbf{B} : x = (p, q) \to (P(x), Q(x)).$$

ところが (A 33. 20) および (A 33. 21) によって, ドーナツ T の上では $Q-q = 0$ である. ゆえに T の上での B の臨界点では $(p-P)\mathrm{d}q = 0$ となるから, (A 33. 22) を用い, $P = p$ でなければならない. (証明終り)

注意 A 33. 23.

上の定理は補助定理 (A 33. 8) の系ではない. そのことは, つぎの正準写像の例が示すように, 多様体 $Q-q = 0$ の上では必ずしも $\mathrm{d}p \wedge \mathrm{d}q = 0$ が成り立つとは限らないことからわかる：

$$P_1 = 3p_1+4p_2+q_1+q_2,\quad P_2 = p_1+3p_2+q_2,$$
$$Q_1 = p_1+p_2+q_1,\qquad Q_2 = p_2-q_1+q_2.$$

付　　録 34

正準写像に小摂動を与えたときに不変ドーナツ形が保存されることの証明

（第4章21節の定理21.11をみよ）

不変ドーナツ形の作り方は，この付録のE節からH節において与えられる．そこではB節からD節における補助定理が用いられる．証明は，A. N. Kolmogorov [6] に示唆された Newton 型の逐次近似法に基づいてなされる．

§A. Newton の方法

函数 f の零点 x を与えられた近似度で求めるための Newton の近似法は，曲線 $y=f(x)$ を点 $(x_0, f(x_0))$ における接線で置き換えることにあるのである．ここに x_0 は求める零点 x の近似値とする．$|x-x_0|<\varepsilon$ ならば，上の置き換えの誤差は ε^2 の程度である．ゆえに線形化された方程式

$$f(x_0)+f'(x_0)(x-x_0)=0$$

の解 x_1 は，零点 x からの偏差 (deviation) が ε^2 の位数 (order) である（図A 34.1をみよ）．この操作を反復すると，加速された収束する近似に導かれる：

(A 34.2) $$|x_{n+1}-x_n|<C|x_n-x_{n-1}|^2.$$

ゆえに第 n 近似の x_n の零点 x からの近似は

$$|x-x_n|\sim \varepsilon^{2^{n-1}}$$

を満たす．

この方法は容易に Banach 空間の方程式に拡張できる*)．しかし解析学においては，しばしばいろいろな Banach 空間の関係を問題にすることになり，たとえば $f'(x_0)^{-1}$ が一つの Banach 空間を他の Banach 空間に写すような場合が論

*) Kantrovich [1] をみよ．

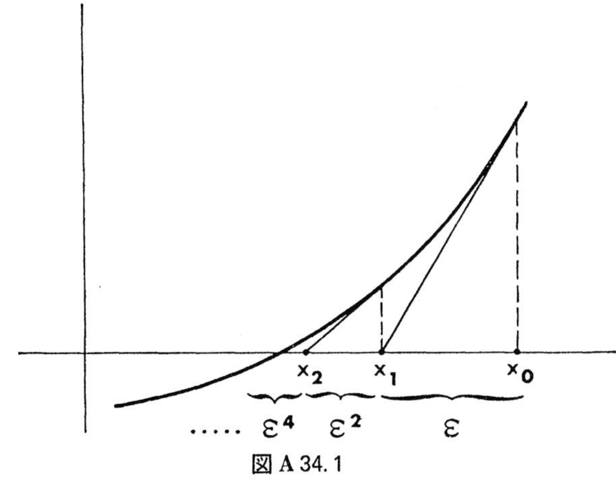

図 A 34.1

ぜられる．このような状況はつぎの補助定理によって説明されるが，これは特徴的な例を呈示するものであって，そこでは (A 34. 4) が (A 34. 2) の役割をつとめるのである．

補助定理 A 34. 2[1)]

複素領域 G で解析的な函数 $f(z)$ が，作用素 L によって領域[2)] $G-\delta$ で解析的な函数 $Lf(z)$ に写され，かつ任意の δ $(0<\delta<\delta_0)$ に対して

(A 34. 4) $$|Lf|_{G-\delta}<|f|_G{}^2\cdot\delta^{-\nu}$$

が成り立つと仮定しよう．ここに二つの正数 $\nu>0$ および $\delta_0>0$ は，函数 f に依存しない定数であるとする．このとき，任意の $\delta'>0$ に対して級数 $\Sigma_s|L^sf|$ は，$|f|_G<M=M(\delta')$ が十分に小さいならば，$G-\delta'$ で収束する．

証明：

$$M_1=\delta_1{}^{2\nu+1} \text{ および } \delta_2=\delta_1{}^{3/2},\dots,\delta_{s+1}=\delta_s{}^{3/2},\dots,$$

$$\mathrm{M}_2=M_1{}^{3/2},\dots,M_{s+1}=M_s{}^{3/2},$$

したがって

1) この補助定理は，すでに H. Cartan [1] によって知られていた．この論文は理論解析学において Newton 近似を論じた最初のものである．$|f|_G$ は G における $|f(z)|$ の supremum.

2) $G-\delta$ は，G の点で G の補集合から δ 以上の距離にあるものの全体を示すものとする．(A 34. 4) を満たす作用素 L の実例として $Lf=f\cdot\dfrac{df}{dz}$ を挙げておこう．

$$M_s = \delta_s^{2\nu+1}$$

としよう．このときもし

$$\delta_1 < 1/8,\ \delta'/2$$

とすれば

$$\Sigma\delta_s < \delta',\ \Sigma M_s < 2M_1$$

となる．ここで

$$G_1 = G,\ G_2 = G_1 - \delta_1, \ldots, G_{s+1} = G_s - \delta_s$$

とおく．そうすると，$|f|_G < M_1$ から $|L^s f|_{G_s} < M_s$ が導かれる．なんとなれば (A 34. 4) によって $|f|_{G_s} < M_s$ ならば

$$|Lf|_{G_{s+1}} = |Lf|_{G_s-\delta_s} < M_s^2\delta_s^{-\nu} < \delta_s^{3\nu+2} < \delta_{s+1}^{2\nu+1} = M_{s+1}$$

が成り立つからである．しかし $\Sigma\delta_s < \delta'$ であることから，任意の s に対して $G_s \supset G-\delta'$ である．ゆえに $G-\delta'$ において

$$|L^s f| < M_s,\ \Sigma_s|L^s f| < \Sigma M_s < 2M_1$$

が成り立つ．

§B. 小さい除数 (denominator)

$f(q)$ をドーナツ形 T^n の上の函数とし，$q = (q_1, \ldots, q_n)\ (\mathrm{mod}\, 2\pi)$ で

$$f(q) = \sum_{k \neq 0} f_k \cdot e^{i(k,q)}$$

とする．ここに k_j は整数として $(k, q) = k_1 q_1 + \cdots + k_n q_n$，かつ $\omega = (\omega_1, \ldots, \omega_n)$ は無理数を成分とするベクトルで，0 でない整数系 k と 0 でない整数 k_0 に対して決して $(k, \omega) = k_0$ とならないものとする．ここで 2π を周期とする未知の周期函数 $g(q)$ に対する方程式

(A 34. 5)
$$g(q+\omega) - g(q) = f(q)$$

を考える．この方程式の"形式"的 Fourier 級数による解は

(A 34. 6)
$$g(q) = \sum_{k \neq 0} g_k \cdot e^{i(k,q)} \quad g_k = \frac{f_k}{e^{i(k,\omega)} - 1}$$

によって与えられる．つぎの補助定理が (A 34. 6) の収束を保証する．

補助定理 A 34.7

$f(q)$ が解析函数で，かつ $|I_m q| < \rho$ においてはつねに $|f(q)| < M$ が成り立つものとしよう．そうすると，ほとんどすべてのベクトル ω に対して（すなわち Lebesgue 測度 0 の ω の集合を除いて），(A 34.6) で定義される函数 $g(q)$ は解析的であり，かつ $0 < \delta < \delta_0$ ならば $|I_m q| < \rho - \delta$ において $|g(q)| < M\delta^{-\nu}$，$\nu = 2n+4$，が成り立つ．ここに $\delta_0 > 0$ は n に依存しない定数である．

この補助定理の証明 *) は，Diophantos 近似の理論における初等的結果に基づいてなされる．実際，この補助定理は，（下に定義する）集合 $\Omega_0(K)$ のすべての ω に対して成り立つ．ただし K はある正数で $\delta_0 = \delta_0(K, n)$ とする．さてここで $\Omega(K)$ を，すべての正整数 N に対して不等式

(A 34.8) $$|e^{i(k,\omega)} - 1| > KN^{-\nu}$$

が，$|\omega - \omega_0| < KN^{-\nu}$，$\nu = n+2$，かつ $|k| \leqq N$ なるすべての ω, k に対して成り立つような ω_0 の集合とする．そして $\Omega_0(K)$ を

(A 34.9) $$|e^{i(k,\omega_0)} - 1| > KN^{-\nu},\quad \nu = n+2$$

を満足する ω_0 の集合とする．明らかに $\Omega(K) \subseteqq \Omega_0(K)$ である．

補助定理 A 34.10

（Lebesgue 測度の意味で）ほとんどすべての ω_0 は，ある $K > 0$ に対して $\Omega(K)$ に属する（したがって $\omega_0 \in \Omega_0(K)$ である）．

証明：

Ω を $\{\omega_0\}$ の空間の有界集合としよう．集合

$$\Gamma_{k,d} = \{\omega_0; |\omega - \omega_0| < d \text{ なるある } \omega \text{ で } |e^{i(k,\omega)} - 1| < d \text{ が成り立つ}\}$$

を考える．そうすると明らかに，Ω だけで定まる定数 C に対して

$$\text{meas}(\Gamma_{k,d} \cap \Omega) \leqq C \cdot d$$

が成り立つ．(A 34.8) は，$\bigcup_k \Gamma_{k,K|k|^{-\nu}}$ の外で成り立つ．ところが $\nu = n+2$ では，$\sum_k |k|^{-\nu} < \infty$ であるから

*) 小さい除数の評価が C. L. Siegel [2], [3] によって，ここと似たような問題に関連して，大規模に研究された．

$$\text{meas}\left(\bigcup_k \Gamma_{k,K|k|^{-\nu}}\right)\cap\Omega \leqq \sum_k CK|k|^{-\nu} \leqq C'K$$

となり $\Omega(K)$ の補集合の測度は，$K\to 0$ なるとき，0 に収束することがわかる．

（証明終り）

ここで

$$f(q)=\sum_k f_k\cdot e^{i(k,q)}$$

を解析函数としよう．そのときつぎの補助定理が成り立つ．

補助定理 34.11

(A) $|\mathrm{I}_m q|<\rho$ において $|f(q)|<M$ となるならば，$|f_k|<Me^{-\rho|k|}$.

(B) $|f_k|<Me^{-\rho|k|}$ ならば，$|\mathrm{I}_m q|<\rho-\delta$ $(0<\delta<\delta_0)$ なるとき

$$|f(q)|<M\delta^{-\nu},\ \ \nu=n+1$$

(C) $|\mathrm{I}_m q|<\rho$ において $|f(q)|<M$ となるならば，$|\mathrm{I}_m q|<\rho-\delta, 0<\delta<\delta_0$ において

$$R_N f=\sum_{|k|>N} f_k\cdot e^{i(k,q)}$$

は，n にのみ依存する正定数 δ_0, ν によって

$$|R_N f|<Me^{-\delta N}\cdot\delta^{-\nu}$$

が成り立つ．

(A) を証明するのには

$$f_k=\int f\cdot e^{-i(k,q)}\mathrm{d}q$$

における積分路を $\pm i\rho$ だけ移動させるとよい．

(B) および (C) の証明は，幾何級数の総和のしかたによればよい．

補助定理 (A 34. 7) は，補助定理 (A 34. 10) と (A 34. 11) から直ちに導かれる：$\Omega_0(K)$ の点 ω_0 をとり，(A 34. 6), (A 34. 9) および補助定理 (A 34. 11) の (A), (B) を考慮に入れつつ不等式

$$e^{-|k|\delta}\cdot|k|^{\nu}<C(\nu)\delta^{-\nu}$$

を用いればよい．そうして δ_0 を $<K/C(\nu)$ なるようにとれば補助定理 (A 34. 7) が証明されるのである．もつとくわしくは，Arnold [11] をみられたい．

注意 A 34.12

$\omega_0 \in \Omega(K)$ とし，$|k| > N$ なるとき $f_k = 0$ であるとしよう．このとき，(A 34.6) は有限和になり ω に連続に依存する．そのうえ，$|\omega-\omega'| < KN^{-\nu}$ なる任意の ω' に対しても，上と同じ $\delta_0 = \delta_0(K, n)$ によって補助定理 (A 34.7) がなお成り立つのである．なんとなれば，$\omega \in \Omega(K)$ なるとき (A 34.8) によって $|\omega-\omega'| < KN^{-\nu}$ なる ω' はすべて，$|k| \leqq N$ に対して (A 34.9) を満足するが，$|k| > N$ で $f_k = 0$ であるとき補助定理 (A 34.7) の証明には，$|k| \leqq N$ に対する (A 34.9) を用いるだけだからである．

§C. 証明のスケッチ

ここで，定理 21.11 における記法を思い出してみよう．(第 4 章をみよ)．集合 $\Omega = B^n \times T^n$ は正準空間の領域で，Ω の点 x は，ユークリッド空間の原点を中心とする球体の点 $p = (p_1, \ldots, p_n)$ とドーナツ形 T^n の点 $q = (q_1, \ldots, q_n) \pmod{2\pi}$ とにより $x = (P, q)$ と表わされる．写像 $\mathbf{A} : p, q \to p, q+\omega(p)$ は "摂動されない" 写像とする．$Pq+B(P, q)$ を生成函数とする写像 $\mathbf{B}$ は (付録 32 をみよ)，微小な大局的に解析的な正準写像による摂動である．われわれは写像 $\mathbf{BA}$ の不変ドーナツ形を求めようとしているのである．

摂動論 (付録 30) の考え方にしたがい，われわれは摂動 $\mathbf{B}$ を，適当に選んだ正準座標変換 $\mathbf{C}$ (その生成函数を $Pq+C(P, q)$ とする) によって "殺す" ことを考えよう．写像 $\mathbf{BA}$ は座標系 $\mathbf{C}x$ では

$$\mathbf{C}(\mathbf{BA})\mathbf{C}^{-1} = \mathbf{B}'\mathbf{A}$$

と書ける．ここに $\mathbf{B}' = \mathbf{CBAC}^{-1}\mathbf{A}^{-1}$ である．ゆえに，系 (A 32.20) により，$\mathbf{B}'$ の生成函数は

$$Pq+B'(P, q) \quad (B'(x) = C(x)+B(x)-C(\mathbf{A}^{-1}x)+O(B^2+C^2))$$

で与えられることがわかる．したがって，$\mathbf{B}$ を "殺す" ためには方程式

$$C(x)+B(x)-C(\mathbf{A}^{-1}x) = 0$$

を解いて C を求めなければならない．

ここで，この方程式は，定めたpのおのおのに対して，丁度方程式(A 34.5)の形($\omega=\omega(p)$, $f=-B$, $g=C$として)であることに注意しよう．つぎに，不変ドーナツ形への逐次近似は，$\Omega'\subset\Omega$なる領域で不等式

(A 34.13)　　$|B'|_{\Omega'}<|B|_{\Omega}{}^2\cdot\delta^{-\nu},\quad |C|_{\Omega'}<|B|_{\Omega}\cdot\delta^{-\nu}$

を求めることに帰着される．そうすれば，逐次近似の収束は補助定理(A 34.3)におけるようにして証明される．この不等式(A 34.13)は補助定理(A 34.7)の助けによって証明される．この補助定理は，"共鳴から遠いところで" すなわち$\omega(p)\in\Omega(K)$で成り立つのである．

節Eから節Hまでに上のプログラムを遂行するために，われわれはいろいろな技巧を用いる．まず**B**を "殺す" 代りに，その Fourier 級数の始めの有限和を殺すことに限定しよう；この級数の剰余項R_NBは "高次の項" で$O(B^2)$や$O(C^2)$の位数の部分である．したがって，各近似は有限個の共鳴や(A 34.6)における小さい除数などのみを取り扱おうとするのである*)．

一方において，補助定理(A 34.7)を用いるためには，まず定数項B_0(Bのqに対する平均値)を消去する必要がある．そのために，B_0を "摂動されない" 写像**A**に加える(E節の振動数の変化法)．

最後にJ. Moser [4] によって指摘されたように，Kolmogorov の方法は，解析的写像でなく可微分写像の場合にもなお適用され得ることに注意しよう：このような場合にも，解析的な場合の Fourier 級数を適当な第N項で打切ることに類する平滑法 (smoothing process) を工夫することができる．実際，Moser [1] は，$n=1$の場合(平面の写像の場合)に，解析的という要請をすてその代りに333階までの導函数が存在するという条件で置き換えることによって，定理(21.11)を改良した．最近 Moser [6] はより少ない個数だけの導函数の存在を仮定した証明を与えた．

---

*) このやり方は，すでに Bogolubov や Mitropolski [1] によって用いられた．このようにせずに，小さい除数における振動数$\omega(p)$を定数$\omega^*\in\Omega_K$で置き換えてやることもできる．

§D. 恒等写像に近い正準写像

この節ではつぎの記法を用いる：$F(\delta, M)$ を任意の函数とし，α を δ, M, F を含む命題としよう．もし $\nu_1, \nu_2>0$ と $\delta_0>0$ とが存在して，$0<\delta<\delta_0$, $M<\delta^{\nu_1}$ ならば

(A 34. 14)　　命題 α は正しく，かつ $|F| \leqq M\delta^{-\nu_2}$

が成り立つときに，“α は正しくかつ $|F| \precsim M$ である” ということにする．ここに ν_1, ν_2 および δ_0 は脚注の意味で[*] 絶対定数である．

補助定理 A 34. 15

G を複素領域，$f(z)$ は G において解析的でここで $|f(z)|<M$ を満足する函数とする．そうすると，$z \in G-\delta$ に対して f の k 次の導函数は解析的でかつ

$$\left|\frac{\mathrm{d}^k f}{\mathrm{d}z^k}\right| \precsim M$$

証明：

Cauchy の積分公式

$$\frac{d^k f}{dz^k}=\frac{k!}{2\pi i}\oint_\gamma \frac{F(\xi)}{(\xi-z)^{k+1}}d\xi,\ \ \gamma : |\xi-z|=\delta$$

から

$$\left|\frac{d^k f}{dz^k}\right| \leqq k!\,M\delta^{-k}$$

を得る．ゆえに

$$\nu_2=k+1,\ \ \delta_0=\frac{1}{k!},\ \ \nu_1=0$$

とおいて (A 34. 14) が導かれる．　(証明終り)

上の補助定理においては

---

[*] これらの定数は，命題 α が取り扱う領域の大きさと導函数の個数とだけで定まり，命題に入ってくる函数や領域には関係しない．

$$F(\delta, M) = \sup_{f, G, z \in G-\delta} \left|\frac{\mathrm{d}^k f}{\mathrm{d} z^k}\right|$$

である．ここの sup をとるときに，G はすべての有界領域を動くものとし，f は G で解析的でかつここで $|f(z)| < M$ となる任意の函数とする．

つぎに $CM\delta^{-\nu} \precsim M$ であること，また $F \precsim M$ と $G \precsim M$ とから $F+G \precsim M$ および $FG \precsim M^2$ が導かれることに注目しよう．最後に $F(\delta, M) \precsim M$ から $F(C\delta, M) \precsim M$ が導かれることも述べておこう（ここに C, ν は正の絶対定数である）．

さてここで，恒等写像に近い大局的正準写像 $\mathbf{S}$ がその生成函数 $Pq+S(P, q)$ とどのように関わりあっているかを明らかにしたい．そのために

$$\Omega = B^n \times T^n,\ \ B^n = \{p\,;\, |p| < \gamma,\ \ p \in R^n\}$$

$$T^n = \{q(\bmod 2\pi),\ \ q = (q_1, \ldots, q_n)\}$$

とし，Ω の複素近傍で

$$|p| < \gamma,\ |\mathrm{Im}\, q| < \rho,\ \ 0 < \gamma < 1,\ \ 0 < \rho < 1$$

によって定義されるものを $[\Omega]$ と書こう．

Lemma A 34. 16

$S(p, q)$ を $[\Omega]$ で解析的でかつ

$$|S(p, q)| < M$$

を満足するものとする．このとき

(A 34. 17) $$p = p + \frac{\partial S}{\partial q},\quad Q = q + \frac{\partial S}{\partial P},\quad S = S(P, q)$$

は $[\Omega]-2\delta \to [\Omega]-\delta$ なる大局的な正準可微分写像 $\mathbf{S}$ を定める：

$$P = P(p, q),\ \ Q = Q(p, q).$$

しかも $[\Omega]-2\delta$ においてつぎの不等式が成り立つ：

$$\left|P - p - \frac{\partial S(p, q)}{\partial p}\right| \precsim M^2,\qquad \left|Q - q + \frac{\partial S(p, q)}{\partial q}\right| \precsim M^2.$$

補助定理 A 34. 18

$P = P(p, q), Q(p, q)$ が大局的に解析的な正準写像であって $[\Omega]$ で $|P-p| <$

M, $|Q-q|<M$ が成り立つと仮定する．そのとき，この写像は $[\Omega]-\delta$ では (A 34.17) によって定義されるが，その S は $[\Omega]-\delta$ で解析的で

$$|S|\precsim M,\quad \left|S(p,q)-\int^{(p,q)}(Q-q)\mathrm{d}p-(P-p)\mathrm{d}q\right|\precsim M^2.$$

を満足する．

補助定理 A 34.19

$S(p,q)$ および $T(p,q)$ が $|\Omega|$ で $|S|<M, |T|<M$ を満足する解析函数とする．そうするとこれらに対応する正準写像 $\mathbf{S}$, $\mathbf{T}$ の積 $\mathbf{R}=\mathbf{ST}$ は，$[\Omega]-\delta$ において解析的な函数 R で

$$|R-(S+T)|\precsim M^2$$

を満足するような R を生成函数とするところの，$[\Omega]-3\delta$ から $[\Omega]-2\delta$ への大局的な可微分正準写像 $\mathbf{R}$ である．

つぎに，$[\Omega']$ は $|p|<\gamma'$, $|\mathrm{Im}q|<\rho'$, $0<\gamma',\rho'<1$ で与えられる Ω の複素近傍とし，$\mathbf{A}$ を $[\Omega]\to[\Omega]'$ なる解析的な大局的可微分正準写像としよう．$\alpha^{-1}|y-x|<|\mathbf{A}(y)-\mathbf{A}(x)|<\alpha|y-x|$ とし，S を $[\Omega]$ で解析函数とし，補助定理 (A 34.16) によって S に対応する正準な可微分写像を $\mathbf{S}$ としよう．

補助定理 A 34.20

式 $\mathbf{T}=\mathbf{ASA}^{-1}$ によって，$[\Omega']-3\delta$ から $[\Omega']-2\delta$ のなかえの大局的な正準可微分写像 $\mathbf{T}$ が定義される．この $\mathbf{T}$ は，$[\Omega']-\delta$ においては，解析的な生成函数 T で

$$|T(\mathbf{A}x)-S(x)|\precsim M^2$$

を満足するもの T によって与えられる*)．

これらの補助定理の証明は，付録 32 を再現するようなもので，その証明のための位数 $O(\varepsilon^2)$ の項の計算には，補助定理 (A 34.15) を用いるのである．もっとくわしいことについては Arnold [4], [5] をみられたい．

---

*) この補助定理において，定数 δ は α に依存する．

§E. 振動数変化の方法

これから，写像 **BA** の不変ドーナツ形をつくることにとりかかろう（第4章の定理 21.11 をみよ）.

E−F 節において遂行される評価を理解するためには，つぎのことがらを頭に入れておくことは有用である．それは，正数 β, γ, δ, M および ρ, K, θ は不等式

$$0 < M \ll \delta \ll \gamma \ll \beta \ll \rho, K, \theta^{-1} < 1$$

を満足すること，および γ_i, c_i は絶対定数であり，かつ $\nu_i > 1 > c_i$ となっていることなどである.

振動数の変化のやり方 A 34.21

A と **B** とを二つの大局的正準写像とする．すなわち

$$\mathbf{A} : p, q \to p, q+\omega(q)$$

で，**B** の生成函数は $Pq+B(P, q)$ とする．このとき

$$\bar{B}(p) = (2\pi)^{-n}\int\cdots\int B(p, q)\mathrm{d}q_1\ldots\mathrm{d}q_n,$$

$$\omega_1(p) = \omega(p)+\frac{\partial\bar{B}}{\partial p}$$

とおき，つぎの二つの正準写像を考えよう（図 A 34.22）をみよ：

$$\mathbf{A}_1 : p, q \to p, q+\omega_1(p),\ \ \mathbf{B}' = \mathbf{BAA}_1{}^{-1}$$

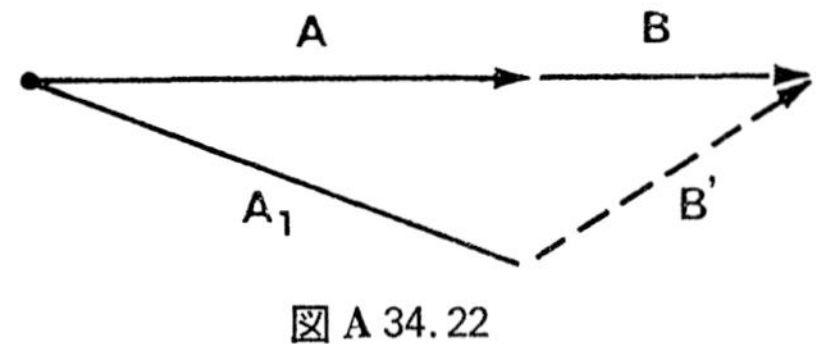

図 A 34.22

勿論 $\mathbf{B\,A} = \mathbf{B'A}_1$ が成り立つ.

振動数の変化法に関連した補助定理 A 34.23

つぎのように仮定する．すなわち，領域 $|p-p^*| < \gamma, |I_m q| < \rho$ において

$$\theta^{-1}|\mathrm{d}p| < |\mathrm{d}\omega| < \theta|\mathrm{d}p| \quad \text{および} \quad |B(p, q)| < M$$

が成り立つとしよう．このとき大局的な正準写像 $\mathbf{B}'$ は，生成函数 $Pq+B'(P, q)$ をもつが，これは

$$|\omega_1(p)-\omega(p)| \precsim M, \quad |B'| \precsim M, \quad |\bar{B}'| \precsim M^2$$

を満足する *)．ここに $\bar{B}'$ は領域

$$|p-p^*| < \gamma-\delta, \quad |I_m q| < \rho-\delta$$

での平均値

$$\bar{B}' = (2\pi)^{-n}\int\cdots\int B'(p, q)\mathrm{d}q_1\ldots\mathrm{d}q_n$$

を表わす．

証明：

補助定理 (A 34.19) を写像 $\mathbf{B}$ と，写像 $\mathbf{AA}_1^{-1}$：

$$p, q \to p, q-\frac{\partial\bar{B}}{\partial p}$$

とに応用して不等式

$$|B'-(B-\bar{B})| \precsim M^2$$

を得る．　　　　　　　　　　　　　　　　　　　　　　　　（証明終り）

§F. 基本的補助定理

ここで，小さい除数の評価 (B 節) を用い，座標を適当に変更してから $|B_1| \precsim M^2$ の型の不等式をもとめることにする．

基本的な作り方 A 34.24

$\mathbf{A}$ と $\mathbf{B}$ とを大局的な正準写像とする：

$$\mathbf{A} : p, q \to p, q+\omega_1(p)$$

で，$\mathbf{B}$ は生成函数 $Pq+B(P, q)$ によって定義せられたものとし

$$B(p, q) = \bar{B}(P)+\sum_{k\neq 0} B_k(P)e^{i(k, q)}$$

---

*) 定数 δ は最後には θ に依存することがある．

と展開せられるものとしよう．つぎに

$$
\text{(A 34. 25)}\qquad \begin{cases} C(P,q)=\sum\limits_{0<|k|\leq N} C_k(P)e^{i(k,q)}, \\ C_k(P)=\dfrac{B_k(P)}{e^{-i(k,\omega_1(P))}-1} \end{cases}
$$

とおく．そして $Pp+C(P,q)$ を生成函数とする大局的正準写像Cを考え，これを用いて大局的正準写像

$$\mathbf{B}_1=\mathbf{CBAC}^{-1}\mathbf{A}^{-1}$$

を考える．明らかに

$$\mathbf{B}_1\mathbf{A}=\mathbf{C}(\mathbf{BA})\mathbf{C}^{-1}$$

である．(図 A 34. 26 をみよ).

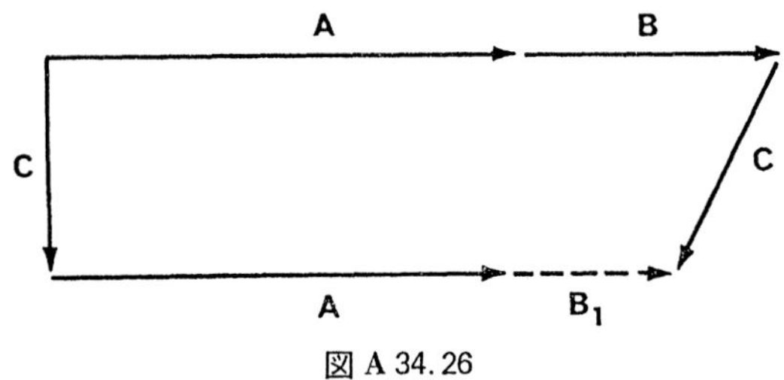

図 A 34. 26

ここでまた

$$\mathbf{A}\gg\mathbf{B}\sim\mathbf{C}\gg\mathbf{B}_1$$

なることに注意しておこう．

基本的補助定理 A 34. 27

函数 $\omega_1(p)$ と $B(p,q)$ とは，領域 $|p-p^*|<\gamma$, $|I_m q|<\rho$ において解析的でかつ不等式

$$\theta^{-1}|\mathrm{d}p|<|\mathrm{d}\omega_1(p)|<\theta|\mathrm{d}p|,\quad |B(p,q)|<M,\quad |\bar{B}(p)|<\bar{M}$$

を満足するものと仮定する．われわれはなお $\omega^*=\omega_1(p^*)$ が，補助定理 (A 34. 10) における集合 $\Omega(K)$ に属するものと仮定する．そうすると，つぎの二つのことが成り立つ：

(1) $C(P,q)$ は，領域 $|P-p^*|<\gamma$, $|I_m q|<\rho-\delta$ で解析的でかつ不等式

$$|C(P,q|<M\delta^{-\nu_1}$$

を満足する；

(2) $\mathbf{B}_1$ の生成函数 $Pq+B_1(P,q)$ は，領域 $|P-p^*|<\gamma-\delta$, $|I_m q|<\rho-\beta$ で不等式

(A 34. 28) $$|B_1(P,q)|<M^2\delta^{-\nu_1}+\bar{M}+M\cdot e^{-\beta N}\cdot\beta^{-\nu_1}$$

を満足する．ここに (1), (2) において

(A 34. 29) $$\bar{M}<M<\delta^{\nu_2},\ \delta<C_1\gamma, \gamma<C_2\beta, \beta<C_3,\ \gamma<C_4N^{-(n+2)}$$

であり，しかも $\nu_1,\nu_2>1>C_1,C_2,C_3,C_4>0$ は絶対定数[*)] である．

証明：

$|d\omega|<\theta|dp|$ と $\gamma<C_4N^{-(n+2)}, C_4<K/\theta$ から，領域 $|p-p^*|<\gamma$ の点 $\omega_1(p)$ はすべて $|\omega-\omega^*|<KN^{-(n+2)}$ を満足することがわかる．ゆえに，B 節の最後の注意によって，補助定理 (A 34. 7) の結論は三角多項式 C に対して成り立つ．$\delta_0=\delta_0(n,K)$ を補助定理 (A 34. 7) における定数とする．そうすると，もし $C_3<\delta_0$, ならば $\delta<\delta_0$ である．したがって補助定理 (A 34. 7) から $|\mathrm{Im}q|<\rho-\delta$ に対しては $|C|<M\delta^{-\nu_1}$ が成り立つことが導かれる．これがすなわちわれわれの補助定理の (1) に他ならない．

つぎに，もし ($\gamma<C_2\beta$) における C_2 が十分に小さいとすれば，$|I_m\omega(p)|<\theta\gamma<\beta$ が成り立つことに注意しよう．この条件が成り立っていれば，$\mathbf{A}$ (と $\mathbf{A}^{-1}$ と) は，$\rho''<\rho'+\theta\gamma<\rho$ なるところで

$$\{p,q\,;|p-p^*|<\gamma',|\mathrm{Im}q|<\rho'\}\rightarrow\{p,q;|p-p^*|<\gamma'',|\mathrm{I}_m q|<\rho''\}$$

なる可微分同相写像を与えている．このことは，補助定理 (A 34. 20) を $\mathbf{ACA}^{-1}$ に応用することを可能ならしめる．そのうえに，もし ν_1 と ν_2($M<\delta^{\nu_2}$ における) が十分大きくかつ C_3($\delta<\beta<C_3$ における) が十分小さいならば，補助定

---

*) すなわちこれらの定数は次元 n と定数 K と θ とにのみ依存する．基本的補助定理は，(十分に大きい) 定数 ν_1,ν_2 と (十分に小さい) 定数 C_1,C_2 で (1) と (2) を満足するものが存在することを述べているのである．

理 (A 34. 16), 補助定理 (A 34. 18), 補助定理 (A 34. 19) および 補助定理 (A 34. 20) などにおける $\widetilde{<}$ の形の関係式はいずれも $< M\delta^{-\nu_1}$ の形になる.

したがって，これらの補助定理から，基本補助定理の仮定のもとに，適当な定数 C, ν をとれば次のことがいえる．すなわち，写像 $\mathbf{B}_1 = \mathbf{CBAC}^{-1}\mathbf{A}^{-1}$ の生成函数 $Pq + B_1(P, q)$ は領域 $|P - p^*| < \gamma - \delta$, $|Imq| < \rho - \beta$ において次の条件を満足する：$B_1(P, q)$ はこの領域で解析的でかつ

(A 34. 30) $$|B_1(x) - (B(x) + C(x) - C(\mathbf{A}^{-1}x))| < M^2\delta^{-\nu_1},$$

ところが (A 34. 25) から

(A 34. 31) $$B(x) + C(x) - C(\mathbf{A}^{-1}x) = \bar{B} + R_N B$$

が導かれる．また $|\mathrm{Im}q| < \rho - \beta < \rho - \delta$ ならば，補助定理 (A 34. 11) における (C) から

(A 34. 32) $$|R_N B| < Me^{-\beta N} \cdot \beta^{-\nu_1}$$

が導かれる．そして $|\bar{B}| < \bar{M}$ であるから, (A 34. 30), (A 34. 31) および (A 34. 32) から (A 34. 28) が導かれる.

§G. 帰納的な補助定理

不変ドーナツ形の作り方は反復法を用いる．その各段階はつぎの作り方に基づいてなされるのである.

帰納的な作り方 A 34. 33

A と **B** とを正準写像とし，

$$\mathbf{A} : p, q \to p, q + \omega(p)$$

で，また **B** は生成函数 $Pq + B(P, q)$ で与えられるものとし，N は正の整数とする．(E 節の) 振動数の変化法を行なえば，

$$\mathbf{A}_1 : p, q \to p, q + \omega_1(p)$$

および $\mathbf{B}'$ が得られる．この $\mathbf{B}'$ は生成函数 $Pq + B'(P, q)$ によって与えられ，かつ $\mathbf{B}'\mathbf{A}_1 = \mathbf{BA}$ が成り立つ．われわれはここで，F 節の基本的作り方を写像 $\mathbf{A}_1$ と $\mathbf{B}'$ とに応用しよう．そうして正準写像 $\mathbf{C}$ と $\mathbf{B}_1 = \mathbf{CB}'\mathbf{A}_1\mathbf{C}^{-1}\mathbf{A}_1{}^{-1}$ が得られ

る；かくして(図 A 34. 34 をみよ)

$$\mathbf{B}_1\mathbf{A}_1 = \mathbf{C}(\mathbf{BA})\mathbf{C}^{-1}$$

が得られる.

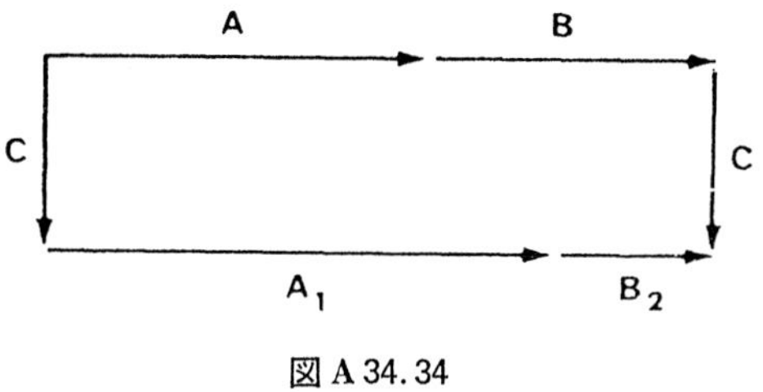

図 A 34. 34

帰納的な補助定理 A 34. 35

領域 $|p-p^*|<\gamma$, $|\mathrm{Im}q|<\rho$ において，つぎの条件が成り立っているものとしよう：

$$\theta^{-1}|\mathrm{d}p| < |\mathrm{d}\omega| < \theta|\mathrm{d}p|, \qquad \theta < \theta_0$$

$$|B(p, q)| < M, \qquad \omega(p^*) = \omega^* \in \Omega(K).$$

p_1^* を $\omega_1(p_1^*) = \omega^*$ によって定義し，$\mathbf{B}_1$ および $\mathbf{C}$ の生成函数をそれぞれ $Pq+B_1(P, q)$ および $Pq+C(P, q)$ とする．そうすると：

(1)　領域 $|P-p^*|<\gamma$, $|\mathrm{I}_mq|<\rho-\delta$ においては，函数 $C(P, q)$ は解析的でありかつ $|C|<M\delta^{-\nu_1}$ を満足する；

(2)　領域 $|P-p^*|<\gamma_1$, $|\mathrm{I}_mq|<\rho_1=\rho-\beta$ は，領域 $|P-p^*|<\gamma$, $|\mathrm{I}_mq|<\rho$ に属する．この小さい方の領域においては，B_1 は解析的でありかつ

$$|B_1 < M^2\delta^{-\nu_4}+Me^{-\beta N}\beta^{-\nu_1}$$

を満足する；

(3)　もし

$$M<\delta^{\nu_2};\ \delta<C_1\gamma, \gamma<C_2\beta, \beta<C_3\ ;\ \gamma<C_4N^{-(n+2)}, \gamma_1<C_5\gamma$$

であるならば

$$\theta_1^{-1}|\mathrm{d}p| < |\mathrm{d}\omega_1| < \theta_1|\mathrm{d}p|, |\theta_1-\theta|<\delta, |\omega_1-\omega|<\delta$$

が成り立つ．ここで $\nu_1, \nu_2, \nu_3, \nu_4 > 1 > C_1, C_2, C_3, C_4, C_5 > 0$ は絶対定数である．すなわち，これらは次元 n と定数 θ_0, K とのみに依存し，B, ω, θ, M などには

依存しない.

証明：

帰納的な補助定理の証明は，これに先立つ二つの補助定理からただちに導かれる．そこで新しい二つの事実は，つぎに述べるとおりである：

(1)　$p_1{}^*$ の存在：

$p_1{}^*$ の存在と不等式 $|p_1{}^*| < C_5\gamma$ とは E 節の不等式

$$|\mathrm{d}\omega_s| > |\theta_0{}^{-1}|\mathrm{d}p|, \quad |\omega_1-\omega| < M\delta^{-\nu}, \quad \left|\frac{\mathrm{d}\omega_1}{\mathrm{d}p}-\frac{\mathrm{d}\omega}{\mathrm{d}p}\right| < M\delta^{-\nu}$$

と，不等式 $M\delta^{-\nu} < C_6\cdot\gamma$ (これは十分大きい ν_2 に対して成り立つ $M\delta^{-\nu} < \delta^{\nu_2-\nu} < C_6\cdot\gamma$ から導かれる) とから導かれる．$\gamma_1 < C_4\gamma$ によって，領域 $|p-p_1{}^*| < \gamma_1$ は領域 $|p-p^*| < \gamma-\delta$ に属する．$\delta < C_1\gamma$ であるからである．

(2)　B_1 の評価：

節 E から B' の平均は

$$|\overline{B}'| < M^2\delta^{-\nu} = \overline{M}$$

を満足する．これで (A 34. 28) における $\overline{M}$ を置き換えると

$$M^2\delta^{-\nu_1}+\overline{M} < M^2\delta^{-\nu_4}$$

を得る.

§ H.　定理 (21. 11) の証明

(第 4 章をみよ)

作り方 A 34. 36.

写像 **BA** の不変ドーナツ形で，振動数 ω^* に対応するものは，前節のやり方を用いて作られる．このやり方は，あとからはっきり規定されるところの数列 $0 < N_1 < N_2 < \cdots < N_s < \cdots$ (ただし $N_s \to \infty$) に依存しているのである.

この数列が選ばれたならば，つぎのようにして不変ドーナツ形を作る．$\mathbf{A}_1 = \mathbf{A}, \mathbf{B}_1 = \mathbf{B}$, $N_1 = N$ とおいて G 節の皈納的な作り方を用いる．この作り方によって正準写像 $\mathbf{C}_1, \mathbf{A}_2, \mathbf{B}_2$ が定まって

$$\mathbf{B}_2\mathbf{A}_2 = \mathbf{C}_1(\mathbf{B}_1\mathbf{A}_1)\mathbf{C}_1^{-1}$$

つぎに $\mathbf{A}_2 = \mathbf{A}$, $\mathbf{B}_2 = \mathbf{B}$, $N_2 = N$ とおいて，ふたたび上と同じ作り方で $\mathbf{A}_3$, $\mathbf{B}_3$, $\mathbf{C}_2$ が得られる．以下同様にして，$\mathbf{A}_s$, $\mathbf{B}_s$ が作られたならば，$\mathbf{A}_s = \mathbf{A}$, $\mathbf{B}_s = \mathbf{B}$, $N = N_s$ として，G 節の作り方によって $\mathbf{A}_{s+1}$, $\mathbf{B}_{s+1}$, $\mathbf{C}_s$ が作られて (図 A 34.37 をみよ)

$$\mathbf{B}_{s+1}\mathbf{A}_{s+1} = \mathbf{C}_s(\mathbf{B}_s\mathbf{A}_s)\mathbf{C}_s^{-1}.$$

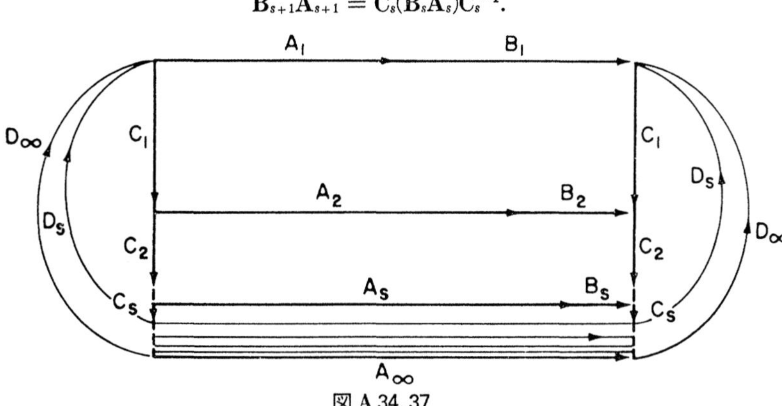

図 A 34.37

この作り方は，$\omega_s(p_s^*) = \omega^*$ を満たす点 p_s^* をも定める．ここでドーナツ形 $p = p_s^*$ を $T_s(\omega^*)$ によって表わす．写像 $\mathbf{A}_s$ をこのドーナツ形に制限したものは，ω^* で定義された移動である．$\lim_{s\to\infty} p_s = p_\infty^*$ とおき，ドーナツ形 $p = p_\infty^*$ を T_∞^* と表わすと，$T_\infty^* \to T_\infty^*$ なる写像 $\mathbf{A}_\infty$ が

$$\mathbf{A}_\infty q = q + \omega^*$$

によって定義される．

最後に

$$\mathbf{D}_s = \mathbf{C}_1^{-1}\mathbf{C}_2^{-1}\ldots\mathbf{C}_{s-1}^{-1}, \qquad \mathbf{D} = \lim_{s\to\infty}\mathbf{D}_s$$

とおくと，**BA** の不変ドーナツ形は

$$T(\omega^*) = \mathbf{D}T_\infty^*$$

によって与えられる．つぎの節にわれわれは，上の極限 $\lim_{s\to\infty}\mathbf{D}_s$ の存在することと，$T(\omega^*)$ のうえで $\mathbf{DA}_\infty = \mathbf{BAD}$ が成り立つこととを証明して，定理 21.11 の証明を終ることにする．

収束の証明 A 34.38

$\mathrm{d}\omega/\mathrm{d}p \neq 0$ であるから,

$$\theta^{-1}|\mathrm{d}p| < |\mathrm{d}\omega(p)| < \theta|\mathrm{d}p|$$

と仮定しても差し支えない．ここで $\omega^* \in \Omega(K)$ であると仮定しよう．補助定理(A 34.10)によれば，ほとんどすべての ω^* は，ある $K>0$ に対して，$\Omega(K)$ に属する．$\theta_0 = 2\theta$ とおいて，定数の列を

$$\delta_1 = \delta > 0,\ \ \delta_2 = \delta_1^{3/2},\ \ \delta_3 = \delta_2^{3/2}, \ldots,\ \ \delta_{s+1} = \delta_s^{3/2}, \ldots$$

によって定める．ここで

$$\gamma_s = \delta_s^{1/2},\ \ \beta_s = \gamma_s^{1/4(n+2)},\ \ N_s = \beta_s^{-2} = \gamma_s^{-1/2(n+2)}$$

とおくと

$$\gamma_{s+1} = \gamma_s^{3/2},\ \ \beta_{s+1} = \beta_s^{3/2},\ \ N_{s+1} = N_s^{3/2}$$

である．これらの数をすべて定義するには，δ をちゃんと定めなければならない．定数 α が十分大きくとられて

$$\alpha > \nu_2,\ \ \alpha > 2\nu_4 + 1,\ \ \alpha > \nu_1 + 2$$

を満足するとしよう．$0 < C < 1/10$ なる C が絶対定数であるとしよう．すなわち C は，n, K, θ_0, α および帰納的補助定理に登場してくる定数 ν_k, C_k などのみに依存する定数と仮定しよう．もし $\delta < C$ ならば，明らかに

(1)
(A 34.39)
$$\sum \beta_s < \frac{1}{10}\rho;$$

(2)
(A 34.40)
$$\sum \delta_s < \theta;$$

(3)
(A 34.41)
$$\begin{cases} s = 1, 2, \ldots \text{ に対して} \\ \delta_s < C_1\gamma_s, \gamma_s < C_2\beta_s, \beta_s < C_3, \gamma_s < C_4 N_s^{-(n+2)}, \\ \gamma_{s+1} < C_5\gamma_1; \end{cases}$$

(4)
(A34.42)
$$e^{-\beta_s N_s} = e^{-1/\beta_s} < \delta_s^{(\alpha/2+\nu_1)+1}$$

が成り立つ．ここに C_1, C_2, C_3, C_4, C_5 は帰納的補助定理における定数で，上の K と θ_0 とに依存しているものである．δ はこうして $0 < \delta < C$ なるように選ばれたものとしよう．このようにして，われわれの作り方が依存しておるとこ

ろの数 N_s が定められたことになる.

さてここで写像 $\mathbf{B}_1=\mathbf{B}$ は，領域 $|p-p_1^*|<\gamma_1$, $|\mathrm{Im}q|<\rho_1=1/2\rho$ において $|B_1|<M_1=\delta_1{}^\alpha$ を満足する函数 B_1 によって作られた，生成函数 $Pq+B_1(P,q)$ をもつ．補助定理 (A 34. 18) によれば，この不等式は，定理 (21. 11) (第 4 章の) 陳述のなかにおける ε が十分に小さいならば，成り立つのである．不等式 (A 34. 41) を考慮に入れれば，帰納的補助定理における仮定は $\mathbf{A}=\mathbf{A}_1, \mathbf{B}=\mathbf{B}_1$ に対して満足されている ($\alpha>\nu_2$ であるから)，ゆえに，$\mathbf{A}_2, \mathbf{B}_2, \mathbf{C}_1, p_2^*$ などが帰納的補助定理によって求められるのである.

ここでまた $\mathbf{B}_2, \mathbf{A}_2$ が，領域 $|p-p_2^*|<\gamma_2$, $|\mathrm{Im}q|<\rho_2=\rho_1-\beta_1$ において帰納的補助定理のすべての条件を満足することを証明しよう．実際，(A 34. 39) から $\rho_2>0$ が導かれる；そして (A 34. 40) と帰納的補助定理の第 3 部とから，$\mathbf{A}_2$ が不等式

$$\theta_2{}^{-1}|\mathrm{d}p|<\mathrm{d}\omega_2(p)|<\theta_2|\mathrm{d}p| \quad (\theta_2<\theta_0)$$

を満足することがわかる．最後に帰納的補助定理における (A 34. 42) と $\alpha>2\nu_4+1$, $\alpha>\nu_1+2$ とから

$$|B_2|<M_1{}^2\delta_1{}^{-\nu_4}+M_1e^{-\beta_1N_1}\cdot\delta^{-\nu_1}<\delta_1{}^{2\alpha-\nu_4}+\delta_1{}^{\frac{3}{2}(\alpha+1)}<\delta_1{}^{3\alpha/2}$$

が導かれる．いいかえれば

$$|B_2|<M_2=\delta_2{}^\alpha$$

よって $\mathbf{B}_2$ と $\mathbf{A}_2$ とは，帰納的補助定理におけるすべての条件を満足する.

この論法を繰り返すと

$$|p-p_s^*|<\gamma_s,\ |\mathrm{Im}q|<\rho_s \text{ において } |B_s|<M_s=\delta_s{}^\alpha$$

の成り立つことがわかる.

ここで領域 $|p-p_s^*|<\gamma_s$, $|\mathrm{Im}q|<\rho_s$ を G_s と書けば，可微分同相写像 $\mathbf{C}_s{}^{-1}$ は G_{s+1} を G_s のなかに写し，C^1–ノルムの意味で，G_{s+1} において

(A 34. 43) $$\|\mathbf{C}_s{}^{-1}-E\|_{C^1}<\delta_s \quad (E=\text{恒等写像})$$

が成り立つ．点 p_∞^* は球領域

$$|p-p_s^*|<\gamma_s$$

の系の $s\to\infty$ なるときの共通部分である．評価 (A 34. 43) により，ただちに，

ドーナツ形

$$T_\infty^* = \bigcap_{s \geqq 1} G_s$$

の上における，$\mathbf{D}_s$ の収束がわかる．不等式 $|B_s| < \delta_s^\alpha$ から，$s \to \infty$ なるときに，T_∞^* の上での収束

$$|\mathbf{D}_s^{-1}\mathbf{B}\mathbf{A}\mathbf{D}_s - \mathbf{A}_s| = |\mathbf{B}_s\mathbf{A}_s - \mathbf{A}_s| \to 0$$

が導かれる．

最後に，$|\omega_{s+1} - \omega_s| < \delta_s$ から，T_∞^* の上における写像 $\mathbf{A}_s$ の収束がいえる：

$$\lim_{s\to\infty} \mathbf{A}_s = \mathbf{A}_\infty : q \to q + \omega^*.$$

ゆえに求める

$$\mathbf{D}^{-1}(\mathbf{BA})\mathbf{D} = \mathbf{A}_\infty \quad (T_\infty^* \text{ の上で})$$

が証明された．

文　　献

Abramov, L. M.

[1] Rectificatif à une note de Genis, *Rz Math.* V 8 (1963) p. 439.

[2] Les automorphismes métriques à Spectre quasi-direct, *Isvestia. serie Math.*, V 26 (1962). p. 513-531.

Adler, R. L. et Rivlin, T. V.

[1] Ergodic and mixing properties of Chebyschev polynomials, *Proc. Amer. Math. Soc.* V 15, N 5 (1964) p. 794-796.

Andronov, A. A. et Pontrjagin, L. S.

[1] Rough systems, *Dokl. Akad. Nauk.* 14 (1937) p. 247-250.

Anosov, D. V.

[1] Roughness of geodesic flows on compact riemannian manifolds of negative curvature, *Dokl. Akad. Nauk.* 145 (1962) p. 707-709. ≅ *Sov. Math. Dokl.* V 3, N 4 (1962) p. 1068-1069.

[2] Ergodic properties of geodesic flows on closed riemannian manifolds of negative curvature, *Dokl. Akad. Nauk.* 151 (1963) p. 1250-1253. ≅ *Sov. Math. Dokl.* V 4, N 4 (1963) p. 1153-1156.

[3] Averaging in systems of ordinary differential equations with rapidly oscillating solutions. *Izvestia, serie Math.* 24 (1960) p. 721-742.

Anzaï, H.

[1] Ergodic skew product transformations on the torus, *Osaka Math. J.* (1951) p. 83-99.

Arnold, V. I.

[1] Sur la géométrie des groupes de difféomorphismes et ses applications en hydrodynamique des fluides parfaits, *Ann. Inst. Fourier* (1966).

[2] Remarks on rotation numbers, *Sibirskï Mat. Zhurnal.* V 2, N 6 (1961) p. 807-813.

[3] Some remarks on flows of line elements and frames, *Dokl. Akad. Nauk.* 138, N 2 (1961) p. 255-257. ≅ *Sov. Math. Dokl.* V 2 (1961) p. 562-564.

[4] Small denominators and problems of stability of motion in classical and celestial mechanics, *Uspehi Math. Nauk.* V 18, N 6 (1963) p. 91–196. ≅ *Russian Math. Surveys* V 18, N 6 (1963) p. 85–193.

[5] Proof of a theorem of A. N. Kolmogorov on the invariance of quasi-periodic motions under small perturbations of the hamiltonian, *Uspehi Math. Nauk.* V 18, N 5 (1963) p. 13–40. ≅ *Russian Math. Surveys* V 18, N 5 (1963) p. 9–36.

Arnold, V. I. et Sinaï, Y.

[6] Small perturbations of the automorphisms of a torus, *Dokl. Akad. Nauk.* 144, N 4 (1962) p. 695–698. ≅ *Sov. Math. Dokl.* V 3 (1962) p. 783–786.

Arnold, V. I.

[7] On the stability of positions of equilibrium of a Hamiltonian system of ordinary differential equations in the general elliptic case, *Dokl. Akad. Nauk.* 137, N 2 (1961) p. 255–257 ≅ *Sov. Math. Dokl.* 2, p. 247–249.

[8] On the generation of a quasi-periodic motion from a set of periodic motions. *Dokl. Akad. Nauk.* 138, N 1 (1961) p. 13–15 ≅ *Sov. Math. Dokl.* 2, p. 501–503.

[9] On the behaviour of an adiabatic invariant under a slow periodic change of the hamiltonian, *Dokl. Akad. Nauk.* 142, N 4 (1962) p. 758–761. ≅ *Sov. Math. Dokl.* 3, p. 136–139.

[10] On the classical theory of perturbations and the problem of stability of planetary systems, *Dokl. Akad. Nauk.* 145, N 3 (1962), p. 487–490 ≅ *Sov. Math. Dokl.* 3 (1962) p. 1008–1011.

[11] Small denominators I, on the mapping of a circle into itself *Izvestia Akad. Nauk.* serie Math., 25, 1 (1961) p. 21–86. ≅ *Transl. Amer. Math. Soc.* serie 2, V 46 (1965) p. 213–284.

[12] Conditions for the applicability, and estimate of the error, of an averaging method for systems which pass through states of resonance in the course of their evolution, *Dokl, Akad. Nauk.* 161, N 1 (1965) p. 9–12 ≅ *Sov. Math. Dokl.* V 6, N 2 (1965) p. 331–337.

[13] Instability of dynamical systems with many degrees of freedom, *Dokl. Akad. Nauk.* 156, N 1 (1964), p. 9–12 ≅ *Sov. Math. Dokl.* V 5, N 3 (1964) p. 581–585.

[14] Stability and instability in Classical Mechanics, *Second Summer Math. School,* 1964 2, Kiev (1965), p. 110.

Artin, M. et Mazur, B.

[1] On periodic points, *Annals of Math.* 81, N 1 (1965) p. 82–99.

Auslander, L. et Green. L, et Hahn, F.

[1] Flows on homogeneous spaces, *Annals of Math. Studies* 53 (1963).

Avez, A.

[1] Quelques inégalités de géométrie différentielle globale déduite de la théorie ergodique, *C. R. Acad. Sci. Paris.* t 261 (1965), p. 2274-2277.

[2] Spectre discret des systèms ergodiques classiques, *C. R. Acad. Sci. Paris,* t 264 (1967), pp. 45-52.

Birkhoff, G. D.

[1] Dynamical Systems, New York (1927).

Blum, J. R. et Hanson, D. L.

[1] On the isomorphism problem for Bernouilli schemes, *Bull. Amer. Math. Soc.* V 69, N 2 (1963), p. 221-223.

Bogolubov, N. N. et Mitropolski, Yu. A.

[1] Les méthodes asymptotiques en théorie des oscillations non linéaires, Gauthier-Villars, Paris (1962).

Bogolubov, N. N.

[2] Proceedings of a summer math. school at Kanev (1963) éditions ((Naukova Dumka)), Kiev (1964).

Bohl, P.

[1] Uber ein in der Theorie der säkularen Störungen vorkommendes Problem, *Jour. Reine u. Angew. Math.* V 135 (1909) p. 189-283.

Cairns, S. S.

[1] On the triangulation of regular loci, *Annals of Math.* N 2, V 35 (1934) p. 579-587.

Callahan, F. P.

[1] Density and uniform density, *Proc. Amer. Math. Soc.* V 15, N 5 (1964) p. 841-843.

Cartan, H.

[1] Sur des matrices holomorphes de n variables complexes, *J. Math. pures appli.* 19 (1940) p. 1-26.

Coddington K. et Levinson, N.

[1] Theory of Ordinary Differential Equations, Mac Graw Hill, New York (1955).

Chacon, R. V.

[1] Change of velocity in flows, *J. Math. Mech.* 16, No. 5 (1966).

De Baggis, H. F.

[1] Dynamical Systems with Stable Structure. Contribution to the Theory of Nonlinear Oscillations. V 2, p. 37–59. *Annals of Math. Studies* 29 (1952).

Denjoy, A.

[1] Sur des courbes définies par des équations différentielles à la surface du tore, *J. de Math.* 9 (1932) p. 333–375.

Euler, L.

[1] Theoria Motus Corporum Solidorum Seu Rigidorum (1765).

Gelfand, I M. et Shapiro-Piatetzskï, I. I.

[1] A theorem of Poincaré, *Dokl. Akad. Nauk.* 127, N 3 (1959) p. 490–493 ≅ *Math. review* (1960) ♯ 6460.

Gelfand, I. M. et Fomin, S. V.

[2] Geodesic flow on manifold of constant negative curvature, *Uspehi Mat. Nauk.* 47, N 1 (1952) p. 118–137 ≅ *Amer. Math. Soc Transl.* V 2, N 1 (1955) p. 49–67.

Gelfand, I. M. et Graev, M. I., Zueva, H. M., Michaïlova, M. S., Morosov, A. I.

[3] An example of a toroïdal magnetic field not having magnetic surfaces, *Dokl. Akad. Nauk.* 143, N 1 (1962) p. 81–83 ≅ *Sov. Phys. Dokl.* 7, p. 223–224.

Gelfand, I. M. et Lidsky, V. B.

[4] On the structure of regions of stability of linear canonical systems of differential equations with periodic coefficients, *Uspehi Math. Nauk.* 10, N 1 (63) (1955) p. 3–40 ≅ *Amer. Math. Soc. Transl.* (2) 8 (1958) p. 143–181.

Genis, A. L.

[1] Metric properties of the endomorphisms of the n-dimensional torus, *Dokl. Akad. Nauk.* 138 (1961) p. 991–993 ≅ *Sov. Math. Dokl.* 2 (1961) p. 750–752.

Gourevitch, B. M.

[1] The entropy of horocycle flows, *Dokl. Akad. Nauk.* 136, N 4 (1961) p. 768–770 ≅ *Sov. Math. Dokl.* V 2 (1961) p. 124–130.

Grant, A.

[1] Surfaces of negative curvature and permanent regional transitivity, *Duke Math. J.* N 5 (1939), p. 207–229.

Guirsanov, I. V.

[1] On the spectra of dynamical systems which arise from stationnary Gaussian process, *Dokl. Akad. Nauk.* 119, N 5 (1958) p. 851–853.

Gysin, W.

[1] Zur Homologietheorie der Abbildungen und Faserungen von Mannigfaltigkeiten, *Comment. Math. Helv.* V 14 (1941) p. 61–122.

Hadamard, J.

[1] Les surfaces a courbures opposées et leurs lignes geodésques, *J. Math. pures appl.* (1898), pp. 27–73.

Hajian, A. B.

[1] On ergodic measure preserving transformations defined on an infinite measure space, *Proc. Amer. Math. Soc.* 16 (1965) p. 45–48.

Halmos, P. R.

[1] Lectures on Ergodic Theory, Chelsea, New York (1958).
[2] Measure Theory, New York (1951).
[3] Introduction to Hilbert Spaces, Chelsea, New York (1957).

Hedlund, G.

[1] The dynamics of geodesic flows, *Bull. Amer. Math. Soc.* 45 (1939) p. 241–246.

Helgason, S.

[1] Differential Geometry and Symmetric Spaces, Academic Press, New York (1962).

Hénon, M. et Heiles, C.

[1] The applicability of the third integral of motion : some numerical experiments, *Astronomical Journal* 69, N 1 (1964) p. 73–79.

Hopf, E.

[1] Ergodentheorie, Springer, Berlin (1937).

Iusvinski, S. A.

[1] On metrical automorphisms with simple spectrum, *Dokl. Acad. Nauk*, 172, No. 5 (1967).

Jacoubovitch, V. I.

[1] Questions of the stability of solutions of a system of linear differential equations of canonical form with periodic coefficients, *Mat. Sbornik*. 37 (79) (1955) p. 21–68 ≅ *Amer. Math. Soc. Transl.* 2, 10 (1958) p. 125–175.

Kagan, V. F.

[1] Foundations of the Theory of Surfaces. Osnovy Teorii Poverchnosteï, V. 1, Moscou (1947).

Kantorovitch, L. B.

[1] Functionnal Analysis and Applied Mathematics, *Uspehi Mat. Nauk*. V 3, N 6 (1948) p. 89–185.

Kasuga, T.

[1] On the adiabatic theorem for the Hamiltonian system of differential equations in the classical mechanics, I. II. III. *Proc. Japan. Acad.* 37, N 7 (1961) p. 366–382.

Katok, A. B.

[1] Entropy and Approximation of Dynamical Systems by Periodical Mappings, *Funkzionalnyi Analys i ego Prilojenija*, Moscow, 1, No. 1 (1967) pp. 75–85.

[2] On Dynamical Systems with Integral Invariants on the Torus, *Funkz. Anal. i ego Prilojenija*, Moscow, 1 No. 3 (1967).

Katok, A. B. and Stepin, A. M.

[1] On the approximations of ergodic dynamical systems by periodical mappings, *Dokl. Akad. Nauk*. 171, No. 6 (1966) pp. 1268–1271.

Kolmogorov, A. N.

[1] Sur les systèmes dynamiques avec un invariant intégral à la surface du tore, *Dokl. Akad. Nauk.* V 93, N 5 (1953) p. 763–766.

[2] A new metric invariant of transitive systems and automorphisms of Lebesgue spaces, *Dokl. Akad. Nauk.* 119 (1958) p. 861-864. ≅ *Math. review.* 21 ♯ 2035 a.

[3] Foundations of Probability Theory. Chelsea. New York (1956).

[4] On the entropy per time unit as a metric invariant of automorphisms, *Dokl. Akad. Nauk.* 124 (1959) p. 754–755.

[5] La théorie générale des systèmes dynamiques et la mécanique classique, Amsterdam congress V 1 (1954) p. 315–333 ≅ *Math. review* 20 ♯ 4066.

[6] On the conservation of quasi-periodic motions for a small change in the hamiltonian function, *Dokl. Akad. Nauk.* 98, N 4 (1954) p. 527–530 ≅ *Math. review* 16 ♯ 924.

[7] Lectures given in Paris (1956).

Koopman, B. O.

[1] Hamiltonian systems and transformations in Hilbert spaces, *Proc. Nat. Acad. Sci.* V 17 (1931) p. 315–318.

Kouchnirenko, A. G.

[1] An estimate from above for the entropy of a classical system, *Dokl. Akad. Nauk.* 161, N 1 (1965) p. 37–38 ≅ *Sov. Math. Dokl.* V 6, N 2 (1965) p. 360–362.

[2] Every Analytical Action of a Semi-Simple Lie Group in the Neighborhood of a Fixed Point is Equivalent to the Linear Action, *Funkz. Analys i ego Prilojenija*, Moscow, 1 No. 1 (1967) pp. 103–104.

[3] Sur les invariants métriques du type entropie (Russian) Int. Congress, Moscow VIII (1966).

Krasinskii, G. A.

[1] Normalization of a System of Canonical Differential Equations Near a Quasi-Periodic Motion, *Bull. Inst. Theor. Astr.*, Leningrad (1967).

Krein, M. G.

[1] A generalisation of several investigations of A. M. Lyapounov, *Dokl, Akad. Nauk.* 73 (1950) p. 445–448 ≅ *Math. review* 12 ♯ 100.

[2] The basic propositions of the theory of λ-zones of stability of a ca-

nonical system of linear differential equations with periodic coefficients, Pamyati A. A. Andronova, 413-498, *Izvestia Akad. Nauk.* Moscou (1955) ≅ *Math. review* 17 ♯ 738.

Kupka, I.

[1] Stabilitè des variétés invariantes d'un champ de vecteurs pour les petites perturbations, *C. R. Acad. Sci. Paris* 258 (1964) p. 4197–4200.

Lagrange, R.

[1] Oeuvres, t. 5, p. 123–344.

Leontovitch, A. M.

[1] On the stability of the Lagrange periodic solutions for the reduced problem of the three bodies, *Dokl. Akad. Nauk.* 143, N 3 (1962) p. 525–528 ≅ *Sov. Math. Dokl.* V 3, N 2 (1962) p. 425–430.

Levi-Civita, T.

[1] Sopra alcuni criteri di instabilita, *Ann. Mat.pura i* appl. (3), 5 (1901) p. 221–307.

Margoulis, A.

[1] Sun quelques questions liées a la théorie des *C*–systèmes d'Anosov (Russian). Int. Conguss, Moscow,8(1966).

Melnikov, V. K.

[1] On the stability of a center for time periodic perturbations, *Trudy Moskovskogo Math. obschestva* V 12 N 3 (1963) p. 3–53 ≅ *Math. review* (1964) ♯ 5981.

[2] On Some Case of Conservation of Conditionally Periodic Motions under a Small Change of the Hamiltonian Function, *Dokl. Akad. Nauk.* 165 (1965) pp. 1245–1248.

Meshalkin, L. D.

[1] A case of isomorphism of Bernouilli schemes, *Dokl. Akad. Nauk.* 128 (1959) p. 41–44.

Milnor, J.

[1] Morse theory, Annals of Mathematics studies, Princeton (1961).

Moser, J.

[1] On invariant curves of area-preserving mappings of an annulus, *Nachr. Acad. Wissenschaff Göttingen* N 1 (1962).

[2] On invariant surfaces and almost periodic solutions for ordinary differential equations, *Amer. Math. Soc. Notices*, 12, N 1, p. 124 issue 79 (Jan. 1965).

[3] New aspect in the theory of stability of Hamiltonian systems, *Communications pure and applied Math.* V. 11 (1958) p. 81–114.

[4] A new technique for the construction of solutions of non linear differential equations, *Proc. Nat. Acad. Sci.* V 47 (1961) p. 1824–1831.

[5] On theory of quasi-periodic motion, *Siam Review* 1966.

[6] A Rapidly Convergent Iteration Method and Non-Linear Partial Differential Equations I, II, *Annali Della Scuala Normale Superiore di Pisa*, Serie III, 20, Fasc. II, III (1966) pp. 265–315; pp. 499–535.

[7] Convergent Series Expansions for Quasi-Periodic Motions, *Math. Annalen*, 169 (1967) pp. 136–176.

[8] On a Theorem of V. Anosov (in press).

Moser, J. and Jeffreys, W. H.

[9] Quasi-Periodic Solutions for the Three-Body Problem, *Astron. J.* 71, No. 7 (1966) pp. 568–578.

Nemytskii, V. et Stepanov, V. V.

[1] Qualitative Theory of Differential Equations, Princeton (1960).

Ochozimski, D. E. ; Sarychev, V. A. ; Zlatoustov, V A ; Torzevski, A. P.

[1] Etude des oscillations d'un satellite dans le plan d'une orbite elliptique, *Kosmicheskie Isslédovania* V 2, N 5 (1964) p. 657–666.

Peixoto, M. H.

[1] On structural stability, *Annals of Math.* serie 2, t. 69 (1959), p. 199–222.

Poincaré, H.

[1] Oeuvrs Complètes, V 1, p. 3–221.

[2] Les Méthodes Nouvelles de la Mécanique Céleste. V 3. Gauthier-Villars, Paris (1899).

[3] Sur un théorème de géométrie, *Rendiconti Circolo Mathematica di Palermo*, t. 33 (1912) p. 375–407.

Polya, G. et Szegö, G.

[1] Aufgaben und Lehrsetze aus der Analysis, vol. 1, 2e édit. Springer, Berlin (1954).

Rohlin, V. A.

[1] In general a measure preserving transformation is not mixing, *Dokl. Akad. Nauk.* 13 (1949) p. 329–340.

[2] On endomorphisms of compact commutative groups, *Izvestia Math. Nauk.* 13 (1949), p. 329–340.

[3] On the fundamental ideas of measure theory, *Mat. Sbornik.* (N. S.) 25 (67) (1949) p. 107–150 ≅ *Amer. Math. Soc. Trans.* (1) 10 (1962) p. 1–54.

[4] Exact endomorphisms of Lebesgue spaces, *Izvestia Akad. Nauk.* 25 (1961) p. 499–530 ≅ *Amer. Math. Soc. Transl.* (2) 39 (1964) p. 1–36.

Rohlin, V. A. et Sinaï, Ya.

[5] Construction and properties of invariant measurable partitions, *Dokl. Akad. Nauk.* 141, N 6 (1961) p. 1038–1041 ≅ *Sov. Math. Dokl.* V 2, N 6 (1961) p. 1611–1614.

Schwartzman, S.

[1] Asymptotic cycles, *Annals of Math.* V 66, N 2 (1957) p. 270–284.

Siegel, C. L.

[1] Iterations of analytical functions, *Ann. of Math.* 43 (1942) p. 607–612.

[2] Vorlesungen über Himmelsmechanik, Springer, Berlin (1956).

[3] Über die Existenz einer Normalform analytischer Hamiltonsche Differentialgleichungen in der Nähe einer Gleichgewichtslösung, *Math. Annalen.* 128 (1954) p. 144–170.

Sinaï, Ya.

[1] The central limit theorem for geodesic flows on manifolds of constant negative curvature, *Dokl. Akad. Nauk.* 133 (1960) p. 1303–1306 ≅ *Sov. Math. Dokl.* 1, N 4 (1961) p. 983–987.

[2] Properties of spectra of ergodic dynamical systems, *Dokl. Akad. Nauk.* 150 (1963) p. 1235–1237 ≅ *Sov. Math. Dokl.* V 4, N 3 (1963) p. 875–877.

[3] Some remarks on the spectral properties of ergodic dynamical systems, *Uspehi Mat. Nauk.* V 18, N 5 (1963) p. 41–54 ≅ *Russian*

Math. Surveys V 18 N 5 (1963) p. 37–51.

[4] On the foundations of the ergodic hypothesis for a dynamical system of statistical mechanics, *Dokl. Akad. Nauk.* 153, N 6 (1963) ≅ *Sov. Math. Dokl.* V 4, N 6 (1963) p. 1818–1822.

[5] *Westnik Moscovskogo Gosudrastvennogo Universitata.* Serie Math. N 5 (1962).

[6] Dynamical systems with countably multiple Lebesgue spectra, *Izvestia Math. Nauk.* 25 (1961) p. 899–924 ≅ *Amer. Math. Soc. Transl.* serie 2, V 39 (1961) p. 83–110.

[7] On the concept of entropy of a dynamical system, *Dokl. Akad. Nauk.* 124 (1959) p. 768–771 ≅ *Math. review* 21 ♯ 2036 a.

[8] Lettre à l'éditeur, *Uspehi. Math. Nauk.* V 20 N 4 (124) (1965) p. 232.

[9] A weak isomorphism of transformations with an invariant measure, *Dokl. Akad. Nauk.* 147 (1962) p. 797–800 ≅ *Sov. Math. Dokl.* 3 (1962) p. 1725–1729.

[10] Geodesic flows on compact surfaces of negative curvature, *Dokl. Akad. Nauk.* 136 (1961) p. 549 ≅ *Sov. Math. Dokl.* V 2, No. 1 (1961) p. 106–109.

[11] Dynamical Systems with Countably Multiple Lebesgue Spectra II. *Izvestia Math. Nauk.* 30, No. 1 (1966) pp. 15–68.

Sitnikov, K.

[1] The existence of oscillatory motions in the three-bodies problem, *Dokl. Akad. Nauk.* 133, No. 2 (1960) p. 303–306 ≅ *Sov. Phys. Dokl.* 5 (1961) p. 647–650.

Slater, N. B.

[1] Distribution problems and physical applications, *Compositio Mathematica,* V 16, fasc. 1. 2 (1963) p. 176–183.

Smale, S.

[1] Dynamical systems and the topological conjugacy problem for diffeomorphisms, *Proc. int. congress of Math.* (1962) p. 490–496.

[2] Structurally stable systems are not dense, *Am. J. Math.* 88 (1966) p. 491–496.

[3] Differentiable Dynamical Systems, *Bull. Am. Math. Soc.* 73 (1967) pp. 747–817.

Stepin, A. M.

[1] On the Approximation of Dynamical Systems by Periodic Mappings and Its Spectrum, *Funkz. Analys i ego Prilojenija,* Moscos 1,

No. 2 (1967).

Weyl, H.

[1] Sur une application de la théorie des nombres à la mécanique statistique, *Enseignement Math.* V 16 (1914) p. 455–467.
[2] Über die Gleichveirteiligung von Zahlen mod. 1, *Math. Annalen*, 77 (1916) p. 313–352.
[3] Selecta Hermann Weyl, Basel-Stuttgart (1956) p. 111–147.
[4] Mean motion I, *Amer. J. Mah.* 60 (1938) p. 889–896.
[5] Mean motion II, *Amer J. Math.* 61 (1939) p. 143–148.

Wintner, A.

[1] Upon a Statistical Method in the Theory of Diophantine Approximations, *Am. J. Math.* 55 (1933) pp. 309–331.

Yaglom, A. M. et Yaglom, I. M.

[1] Probabilités et Informations, Dunod (Paris).

索　引

古典力学のエルゴード問題　　1972 ©

1972年11月15日　第1刷発行

訳　者　吉田耕作

発行者　吉岡　清

発行所　株式会社　吉岡書店
京都市左京区田中門前町87

発売元　丸善株式会社
東京都中央区日本橋

宮崎印刷・池田製本所

古典力学のエルゴード問題［POD版］

2000年8月1日　発行

著　者　アーノルド・アベズ

発行者　吉岡　誠

発　行　株式会社　吉岡書店
〒606-8225
京都市左京区田中門前町87
TEL 075-781-4747　FAX 075-701-9075

印刷・製本　ココデ印刷株式会社
〒173-0001
東京都板橋区本町34-5

ISBN978-4-8427-0288-9 C3341　Printed in Japan